微信小程序商城开发

界面设计实战

黄菊华 编著

机械工业出版社
China Machine Press

图书在版编目（CIP）数据

微信小程序商城开发：界面设计实战 / 黄菊华编著 . —北京：机械工业出版社，2019.7

ISBN 978-7-111-63301-3

I. 微… II. 黄… III. 移动终端 – 应用程序 – 程序设计 IV. TN929.53

中国版本图书馆 CIP 数据核字（2019）第 154402 号

微信小程序商城开发：界面设计实战

出版发行：机械工业出版社（北京市西城区百万庄大街 22 号 邮政编码：100037）

责任编辑：吴 怡　　责任校对：李秋荣

印 刷：北京瑞德印刷有限公司　　版 次：2019 年 8 月第 1 版第 1 次印刷

开 本：186mm×240mm 1/16　　印 张：22.75

书 号：ISBN 978-7-111-63301-3　　定 价：99.00 元

客服电话：（010）88361066 88379833 68326294　　投稿热线：（010）88379604

华章网站：www.hzbook.com　　读者信箱：hzit@hzbook.com

Preface 前 言

微信小程序自 2017 年 1 月 9 日正式上线后，就引发了一系列的热烈讨论。小程序为开发者提供了一种新的能力，使开发者可以快速地开发一个小程序商城。用户可便捷地获取小程序服务，无须安装或下载；小程序具有更丰富的功能和出色的使用体验；小程序具有封装一系列接口的能力，有助于快速开发和迭代，同时在安卓和苹果手机上都通用。

本书是讲解微信小程序前端界面设计的入门书籍，有详细的理论知识、布局分析、逻辑分析，还有丰富的实战案例以及详细的代码解说，具有很强的实用性。微信小程序使用大量的组件，官方提供了详细的文档；本书在此基础上，结合作者的理解，配备了更详细的实战案例，同时为代码添加了详细的注释，读者拷贝代码到开发工具即可看到效果，这样读者可以在最快的时间内掌握基础知识，快速进入实战开发。

微信小程序的前端样式开发基于传统的 CSS，所以从前端 UI 的实现角度来讲，读者只需要熟悉 CSS 就能轻松上手微信小程序的界面设计；当然，有些 CSS 语法微信小程序是不支持的。

微信小程序开发框架的逻辑层使用 JavaScript 引擎为小程序开发者提供运行环境，并提供小程序的特有功能。在 JavaScript 的基础上还增加了一些功能，以方便小程序的开发。本书详细讲解了前端逻辑层用到的 JavaScript 基础语法。

如果读者没有小程序基础，建议先将第 1 和第 2 章的基础知识通读一遍。

第 3～6 章为小程序样式入门，主要讲解小程序页面样式布局，这都是前端 UI 设计所要用到的知识，建议读者仔细阅读，动手操作。掌握了基础知识，后面学习小程序商城界面设计才能得心应手。

第 7～9 章为前端开发入门，主要讲解小程序中前端 JavaScript 基础知识和实战应用，有别于传统的 JavaScript 代码，建议读者详细阅读，动手练习。

第 10～17 章为实战部分。其中，第 10 和第 11 章讲解小程序开发所需的常用组件和 API。第 12～16 章介绍微信小程序商城界面的制作，包括布局分析和逻辑分析，读者按照书中的步骤练习，便可快速掌握。第 17 章讲解官方 WeUI 框架如何使用，以及如何引用第三方插件。

本书示例代码力求完整，但由于篇幅有限，有些代码没有写入书里。需要完整代码的读者请访问以下网址：

http://www.4317.org/book

http://www.yaoyiwangluo.com/book

Contents 目 录

第三部分 前端开发入门

第四部分 实战

第一部分 *Part 1*

小程序基础

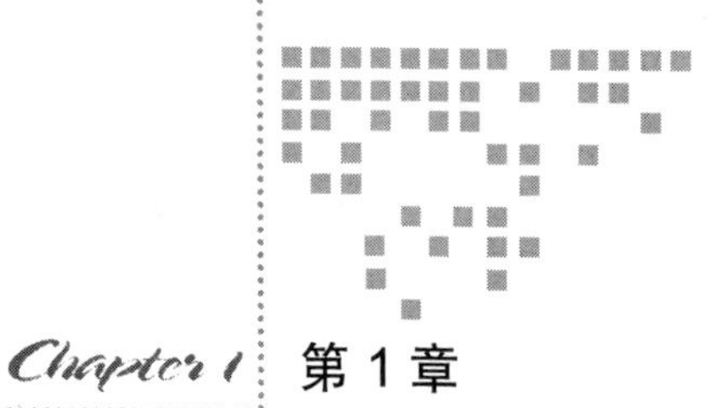

Chapter 1 第1章

小程序起步

工欲善其事，必先利其器。本章主要讲解微信小程序开发需要的一些基本知识，为后面的小程序开发做好准备。本章主要内容有：开发准备工作，写出第一个微信小程序，小程序的代码构成和能力，如何准备并发布小程序等。

1.1 开发准备

在开发微信小程序前，大家有必要了解一下需要做的准备工作。

提示 官方参考地址为 https://developers.weixin.qq.com/miniprogram/dev/

1. 接入流程

大致接入流程如下：

1）注册。在微信公众平台注册小程序，完成注册后可以同步进行信息完善和开发。

2）小程序信息完善。填写小程序基本信息，包括名称、头像、介绍及服务范围等。

3）开发小程序。完成小程序开发者绑定和开发信息配置后，开发者可下载开发者工具，参考开发文档进行小程序的开发和调试。

4）提交审核和发布。完成小程序开发后，提交代码至微信团队审核，审核通过后即可发布（公测期间不能发布）。

2. 申请账号

注册地址为 https://mp.weixin.qq.com/wxopen/waregister?action=step1

根据指引填写信息并提交相应的资料，之后便拥有了自己的小程序帐号。页面打开效果如图 1-1 所示。

图 1-1　注册页面

在这个小程序管理平台，你可以管理你的小程序权限，查看数据报表，发布小程序等。

3. 获取微信小程序 AppID

登录网址：https://mp.weixin.qq.com。我们可以在菜单“设置”→“开发设置”中看到小程序的 AppID，如图 1-2 所示。

小程序的 AppID 相当于小程序平台的一个身份证，后续你会在很多地方要用到 AppID（注意，这里要区别于服务号和订阅号的 AppID）。有了小程序帐号之后，我们需要一个工具来开发小程序。

4. 安装开发工具

根据自己的操作系统下载对应的安装包来安装开发工具，操作系统如下：

- Windows 64 位
- Windows 32 位
- Mac OS

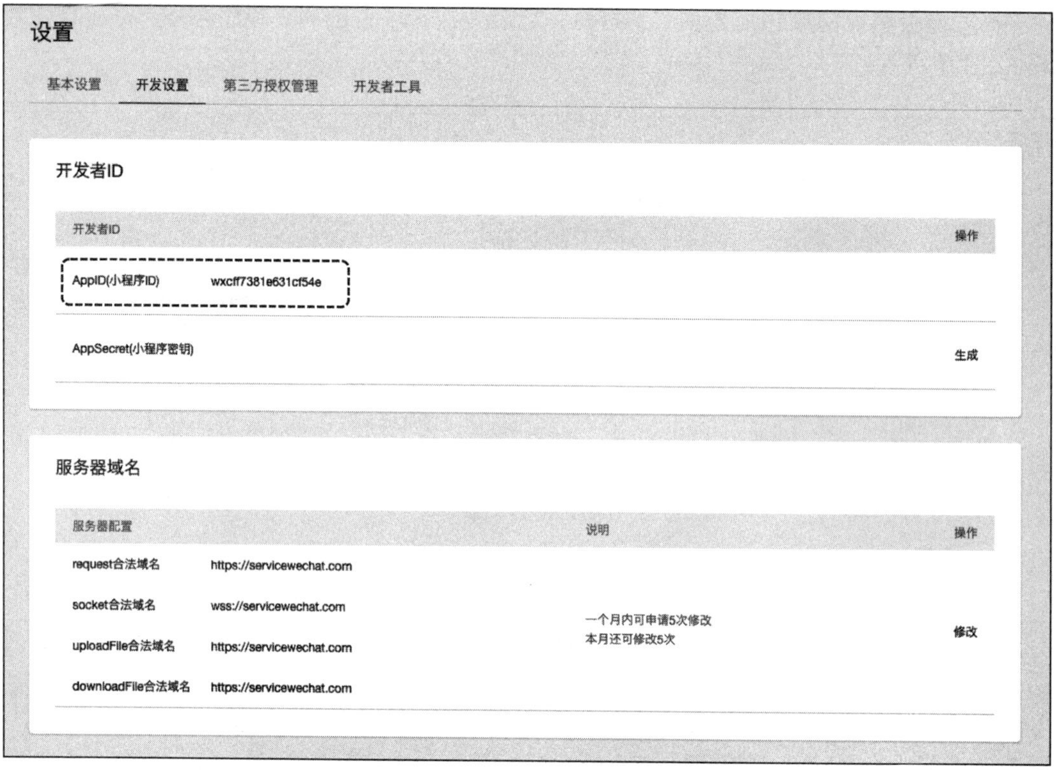

图 1-2 小程序的 AppID

准备好你的手机和微信小程序的 AppID，打开小程序开发者工具，通过微信扫码登录开发者工具，准备开发你的第一个小程序吧！

为了帮助开发者简单高效地开发和调试微信小程序，微信官方在原有的公众号网页调试工具的基础上，推出了全新的微信开发者工具，集成了公众号网页调试和小程序调试两种开发模式：

- 使用公众号网页调试，开发者可以完成微信网页授权和微信 JS-SDK。
- 使用小程序调试，开发者可以完成小程序的 API 和页面的开发调试、代码查看和编辑、小程序预览和发布等功能。

安装后的微信开发者工具如图 1-3 所示。

提示 Windows 仅支持 Windows 7 及以上版本。

开发者工具下载地址：https://developers.weixin.qq.com/miniprogram/dev/devtools/download.html?t=18110616

开发者工具介绍：

https://developers.weixin.qq.com/miniprogram/dev/devtools/devtools.html?t=18110616

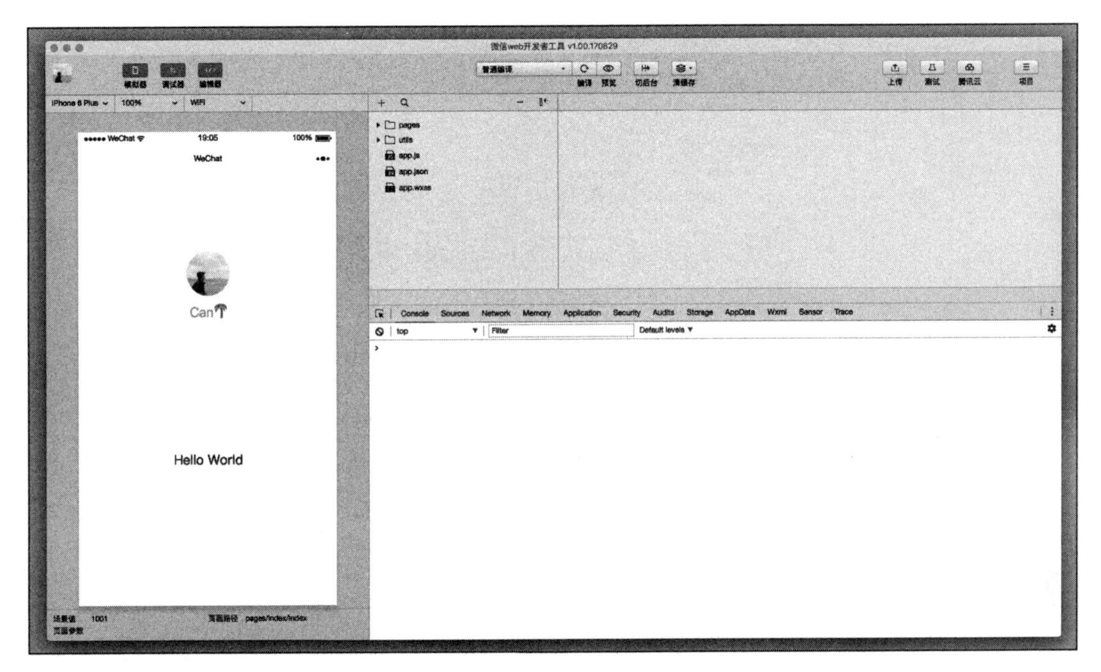

图 1-3　微信开发者工具

1.2　第一个微信小程序

新建项目选择小程序项目，选择代码存放的硬盘路径，填入刚刚申请的小程序的 AppID，给你的项目起一个好听的名字，最后，勾选“建立普通快速启动模板”（注意，你要选择一个空的目录才会有这个选项），点击“确定”，就得到了你的第一个微信小程序了。点击顶部菜单预览就可以在微信开发者工具中预览你的第一个小程序，效果如图 1-4 所示。

点击工具上的“编译”按钮，可以在工具的左侧模拟器界面看到这个小程序的表现，也可以点击“预览”按钮，通过微信的“扫一扫”在手机上体验你的第一个小程序，效果如图 1-5 所示。

通过以上步骤，你已经成功创建了第一个微信小程序，并且在微信客户端上体验到它流畅的表现。

1.3　代码构成

在上一节中，我们通过开发者工具快速创建了一个“建立普通快速启动模板”项目。你可以留意到这个项目里生成了以下不同类型的文件：

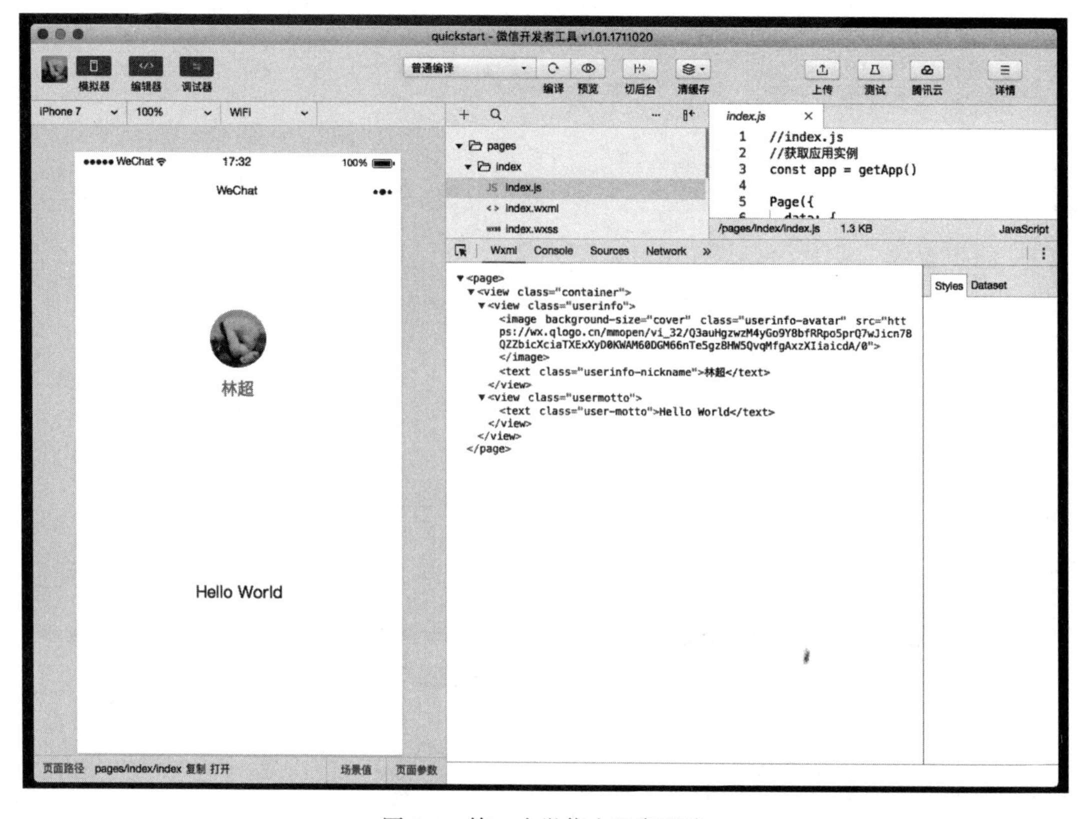

图 1-4 第一个微信小程序预览

- ❑ 带 .json 后缀的是 JSON 配置文件。
- ❑ 带 .wxml 后缀的是 WXML 模板文件。
- ❑ 带 .wxss 后缀的是 WXSS 样式文件。
- ❑ 带 .js 后缀的是 JavaScript 脚本逻辑文件。

接下来我们分别阐述这 4 类文件的作用。

1.3.1 JSON 配置

我们可以看到，在项目的根目录下有一个 app.json 和 project.config.json 文件，此外在 pages/logs 目录下还有一个 logs.json 文件，我们依次说明它们的用途。

1. app.json（小程序配置）

app.json 是当前小程序的全局配置，包括小程序的所有页面路径、界面表现、网络超时时间、底部 tab 等。项目里面的 app.json 配置内容如下：

图 1-5 第一个微信小程序手机效果图

```
{
  "pages":[
    "pages/index/index",
    "pages/logs/logs"
  ],
  "window":{
    "backgroundTextStyle":"light",
    "navigationBarBackgroundColor": "#fff",
    "navigationBarTitleText": "WeChat",
    "navigationBarTextStyle":"black"
  }
}
```

其中，各配置项的含义如下。

- pages 字段：用于描述当前小程序的所有页面路径，目的是让微信客户端知道当前的小程序页面定义在哪个目录下。
- window 字段：定义小程序所有页面的顶部背景颜色、文字颜色等。

2. project.config.json（项目配置）

在使用一个工具的时候，开发者通常会根据各自喜好做一些个性化配置，例如界面颜色、编译配置等，如果换了另外一台电脑重新安装工具的时候，还要重新配置。

考虑到这点，小程序开发者工具会在每个项目的根目录下生成一个 project.config.json，这样，开发者在工具上做的任何配置都会写入这个文件。当重新安装工具或者更换电脑工作时，你只要载入同一个项目的代码包，开发者工具就会自动帮你恢复到以前开发项目时的个性化配置，包括编辑器的颜色、代码上传时自动压缩等一系列选项。

3. page.json（页面配置）

这里的 page 指的某个具体的小程序页面，比如 a.json、b.json，page 代表的 a 或者 b。每个小程序都有一个对应的文件名，后缀为 .json 的配置文件。比如你的小程序文件名是 huang，那么对应肯定有一个 huang.json 的配置文件。比如 logs.json 用于表示 pages/logs 小程序页面相关的配置。

如果你的小程序的风格是蓝色调，那么可以在 app.json 里声明顶部颜色是蓝色。实际情况可能不是这样，可能小程序里每个页面都用不同的颜色来区分不同功能模块，因此小程序开发者工具提供了 page.json，让开发者可以独立定义每个页面的一些属性，例如设置顶部颜色、是否允许下拉刷新等。

1.3.2 WXML 模板

从事过网页编程的人都知道，网页编程采用的工具是 HTML+CSS+JavaScript 这样的组合，其中，HTML 用来描述当前页面的结构，CSS 用来描述页面的样子，JavaScript 通常用来处理这个页面和用户的交互逻辑。

同样，在小程序开发中也有类似的组合，其中 WXML 充当 HTML 的角色。打开 pages/index/index.wxml，你会看到 WXML 文件，.wxml 文件代码示例如下：

```
<view class="container">
  <view class="userinfo">
    <button wx:if="{{!hasUserInfo && canIUse}}">获取头像昵称</button>
    <block wx:else>
      <image src="{{userInfo.avatarUrl}}" background-size="cover"></image>
      <text class="userinfo-nickname">{{userInfo.nickName}}</text>
    </block>
  </view>
  <view class="usermotto">
    <text class="user-motto">{{motto}}</text>
  </view>
</view>
```

和 HTML 非常相似，WXML 由标签、属性等构成。但是它们也有很多不一样的地方，下面我们一一阐述。

1. 标签名字稍有不同

写 HTML 的时候，经常会用到的标签是 div、p、span。开发者在写一个页面的时候可以根据这些基础标签组合出不一样的组件，例如日历、弹窗等。既然大家都需要这些组件，为什么我们不能把这些常用的组件包装起来，大大提高开发效率呢？

从上面的例子可以看到，小程序的 WXML 用的标签是 view、button、text 等，这些标签是小程序给开发者包装好的基本能力，另外还提供了地图、视频、音频等组件。

2. 多了一些类似于 wx:if 的属性以及 {{ }} 的表达式

在网页的一般开发流程中，我们通常会通过 JavaScript 操作 DOM（对应 HTML 的描述产生的树），以引起界面的一些变化来响应用户的行为。例如，用户点击某个按钮时，JavaScript 会把一些状态记录到 JavaScript 变量里，同时通过 DOM API 操控 DOM 的属性或者行为，进而引起界面的一些变化。当项目越来越大的时候，代码会充斥着非常多的界面交互逻辑和程序的各种状态变量，显然这不是一个很好的开发模式，因此就有了 MVVM 开发模式（例如 React、Vue 等），提倡把渲染和逻辑分离。简单来说，就是不要再让 JavaScript 直接操控 DOM，JavaScript 只需要管理状态即可，然后再通过一种模板语法来描述状态和界面结构的关系。

小程序的框架也是利用了这个思路。例如，把一个 Hello World 的字符串显示在界面上。

.wxml 文件代码示例如下：

```
<text>{{msg}}</text>
```

.js 文件代码示例如下：

```
this.setData({ msg: "Hello World" })
```

通过 {{ }} 语法把一个变量绑定到界面上，我们称为数据绑定。仅仅通过数据绑定尚不能完整地描述状态和界面的关系，还需要 if/else、for 等控制能力，在小程序里，这些控制能力都用 wx: 开头的属性来表示。

1.3.3　WXSS 样式

WXSS 具有 CSS 大部分的特性，小程序对 WXSS 还做了一些扩充和修改。例如，新增了尺寸单位。在写 CSS 样式时，开发者需要根据手机屏幕所具有的不同宽度和设备像素比，采用一些技巧来换算像素单位。WXSS 在底层支持新的尺寸单位 rpx，开发者可以免去换算的烦恼，只要交给小程序底层进行换算即可。由于换算采用的是浮点数运算，所以运算结果会和预期结果稍有偏差。

小程序提供了全局样式和局部样式。和前面 app.json、page.json 的概念类似，app.wxss 可作为全局样式，作用于当前小程序的所有页面，page.wxss 为局部样式，仅对当前页面生效。

此外，WXSS 仅支持部分 CSS 选择器。

1.3.4　.js 脚本交互逻辑

一个服务只有界面展示是不够的，还需要和用户进行交互，如响应用户的点击，获取用户的位置等。在小程序里面，我们可以通过编写 .js 脚本文件来处理用户的操作。.wxml 文件代码示例如下：

```
<view>{{ msg }}</view>
<button bindtap="clickMe">点击我</button>
```

点击 button 按钮的时候，我们希望把界面上 msg 显示成“Hello World”，于是我们在 button 上声明一个属性 bindtap，在 .js 文件里面声明了 clickMe 方法来响应这次点击操作。.js 文件代码示例如下：

```
Page({
  clickMe: function() {
    this.setData({ msg: "Hello World" })
  }
})
```

响应用户的操作就是这么简单。

此外，还能在 .js 脚本中调用小程序提供的丰富的 API，利用这些 API 可以很方便地调用微信提供的能力，例如获取用户信息、本地存储、微信支付等。在前边 1.2 节“第一个微信小程序”例子中，在 pages/index/index.js 就调用了 wx.getUserInfo 获取微信用户的头像和昵称，最后通过 setData 把获取到的信息显示到界面上。

通过本节，你了解了小程序涉及的文件类型以及对应的角色，在下一节中，我们介绍小程序提供的能力。

1.4 小程序的能力

1. 启动

微信客户端在打开小程序之前，会把整个小程序的代码包下载到本地。

接下来，通过 app.json 的 pages 字段可以知道当前小程序的所有页面路径，代码示例如下：

```
{
  "pages":[
    "pages/index/index",
    "pages/logs/logs"
  ]
}
```

这个配置说明在“第一个微信小程序”项目中定义了两个页面，分别位于 pages/index/index 和 pages/logs/logs。写在 pages 字段的第一个页面就是这个小程序的首页（打开小程序看到的第一个页面）。于是微信客户端把首页的代码装载进来，通过小程序底层的一些机制可以渲染出这个首页。

小程序启动之后，会执行在 app.js 定义的 App 实例的 onLaunch 回调，代码示例如下：

```
App({
  onLaunch: function () {
    //小程序启动之后触发
  }
})
```

整个小程序只有一个 App 实例，由全部页面共享。接下来，我们简单看看小程序的一个页面是怎么写的。

2. 页面

可以观察到 pages/logs/logs 下包括了 4 种文件，微信客户端会先根据 logs.json 配置生成一个界面，顶部的颜色和文字都可以在这个 JSON 文件里面定义好。接下来，客户端会装载这个页面的 WXML 结构和 WXSS 样式。最后，客户端会装载 logs.js，你可以看到 logs.js 的大体内容，代码示例如下：

```
Page({
  data: {  //参与页面渲染的数据
    logs: []
  },
  onLoad: function () {
    //页面渲染后执行
  }
})
```

Page 是一个页面构造器，这个构造器生成了一个页面。在生成页面的时候，小程序框架会把 data 数据和 index.wxml 一起渲染出最终的结构，于是就得到了你看到的小程序的样子。

在渲染完界面之后，页面实例就会收到一个 onLoad 回调，可以在这个回调处理你的逻辑。

3. 组件

小程序为开发者提供了丰富的基础组件，开发者可以像搭积木一样组合各种组件，将其拼合成自己的小程序。

与 HTML 的 div、p 等标签一样，在小程序里，你只需要在 WXML 中写上对应的组件标签名字，就可以把该组件显示在界面上。例如，你需要在界面上显示地图，只需要如下编写代码即可：

```
<map></map>
```

使用组件的时候，可以通过属性将值传递给组件，让组件展现不同的状态。例如，我们希望地图一开始时中心的经纬度是广州，那么需要声明地图的 longitude（中心经度）和 latitude（中心纬度）两个属性，代码示例如下：

```
<map longitude="广州经度" latitude="广州纬度"></map>
```

组件的内部行为也会通过事件让开发者可以感知。例如，用户点击了地图上的某个标记，你可以在 .js 脚本中编写 markertap 函数来处理，代码示例如下：

```
<map bindmarkertap="markertap" longitude="广州经度" latitude="广州纬度"></map>
```

当然你也可以通过 style 或者 class 来控制组件的外层样式，以便适应你的界面宽度和高度等。

4. API

为了让开发者可以很方便地调用微信提供的能力，例如获取用户信息、微信支付等，小程序为开发者提供了很多 API。

获取用户的地理位置，代码示例如下：

```
wx.getLocation({
  type: 'wgs84',
  success: (res) => {
    var latitude = res.latitude   //纬度
    var longitude = res.longitude //经度
  }
})
```

调用微信扫一扫能力，代码示例如下：

```
wx.scanCode({
  success: (res) => {
    console.log(res)
  }
})
```

需要注意的是，多数 API 的回调都是异步的，你需要处理好代码逻辑的异步问题。

当你开发一个小程序之后，就需要发布你的小程序。下节将介绍发布前需要做的准备工作。

1.5 小程序发布准备

如果你只是一个人开发小程序，可以暂时先跳过这部分，如果是一个团队开发小程序，需要先了解一些概念。

1. 用户身份

如果是一个团队开发小程序，那么团队成员的身份管理是很有必要的。管理员可在小程序管理后台统一管理项目成员（包括开发者、体验者及其他成员），设置项目成员的权限。管理入口位于“小程序管理后台→用户身份→成员管理”，如图 1-6 所示。

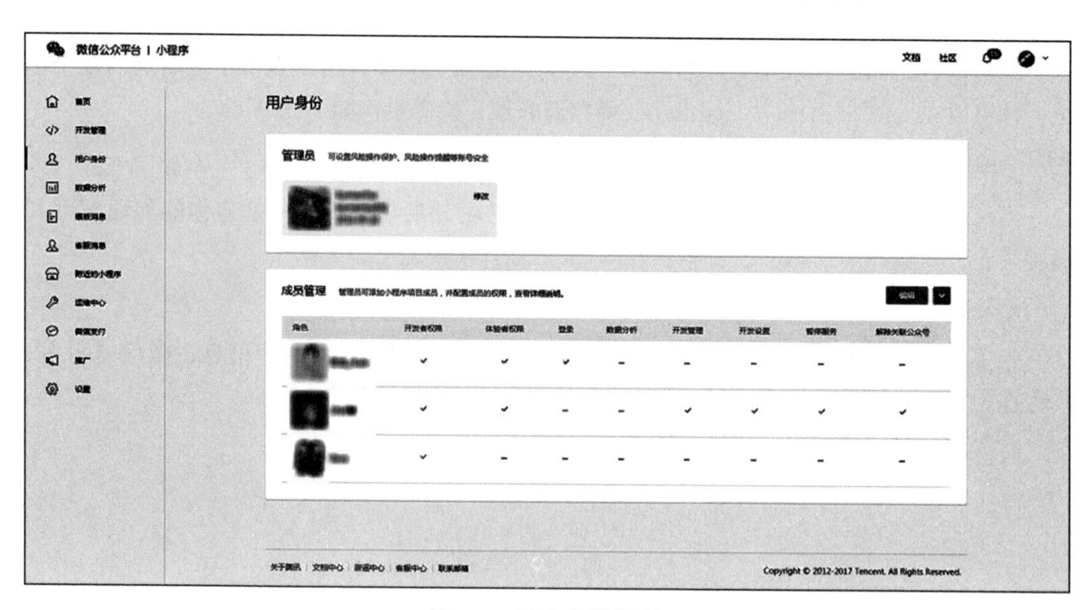

图 1-6 用户身份管理

对不同的用户可以设置不同的使用权限，如下所示。

- ❑ 开发者权限：可使用小程序开发者工具及开发版小程序进行开发。
- ❑ 体验者权限：可使用体验版小程序。

- ❑ 登录：可登录小程序管理后台，无须管理员确认。
- ❑ 数据分析：使用小程序数据分析功能查看小程序数据。
- ❑ 开发管理：小程序提交审核、发布、回退。
- ❑ 开发设置：设置小程序服务器域名、消息推送及扫描普通链接二维码打开小程序。
- ❑ 暂停服务设置：暂停小程序线上服务。

2. 预览

使用开发者工具可以预览小程序，帮助开发者检查小程序在移动客户端上的真实表现。点击开发者工具顶部操作栏的“预览”按钮，开发者工具会自动打包当前项目，并上传小程序代码至微信的服务器，成功之后会在界面上显示一个二维码。使用当前小程序开发者的微信扫码即可看到小程序在手机客户端上的真实表现。

3. 上传代码

同预览不同，上传代码是用于提交体验或者审核的。点击开发者工具顶部操作栏的“上传”按钮，填写版本号以及项目备注。需要注意的是，这里“版本号”以及项目“备注”是为了方便管理员检查版本，开发者可以根据自己的实际要求来填写这两个字段。

上传成功之后，登录“小程序管理后台→开发管理→开发版本”，就可以找到刚提交上传的版本了。可以将这个版本设置为“体验版”或者“提交审核”。

4. 小程序的版本

小程序的版本有如下几种。

- ❑ 开发版本：使用开发者工具，可将代码上传到开发版本中。开发版本只保留每人最新的一份上传代码。点击“提交审核”，可将代码提交审核。开发版本可删除，不影响线上版本和审核版本中的代码。可以使用小程序开发者助手方便快捷地预览和体验线上版本、体验版本以及开发版本。
- ❑ 审核中版本：只能有一份代码处于审核中。审核结果通过后可以发布到线上，也可直接重新提交审核，覆盖原审核版本。
- ❑ 线上版本：线上所有用户使用的代码版本，该版本代码在新版本代码发布后被覆盖更新。

1.6　小程序上线

小程序上线需要两步：提交审核，发布。

1. 提交审核

为了保证小程序的质量并符合相关的规范，小程序需要经过审核才可发布。在开发者工具中上传小程序代码之后，登录“小程序管理后台”，点击“开发管理→开发版本”，找到提交上传的版本。

在开发版本的列表中点击“提交审核”。按照页面提示填写相关的信息，即可以将小程序提交审核。

> 注意 开发者要在严格测试版本之后，提交审核；多次审核不通过，可能会影响后续的审核时间。

2. 发布

审核通过之后，管理员的微信中会收到小程序通过审核的通知，此时登录“小程序管理后台”，在“开发管理→审核版本”中可以看到通过审核的版本。点击“发布”，即可发布小程序。

第2章 Chapter 2

小程序基础知识

第1章为小程序入门的各项事宜，接下来本章将介绍微信小程序开发的基础知识：项目有哪些配置文件，微信小程序的各种配置，WXSS样式语言，逻辑层.js脚本，WXML视图层开发等。

2.1 项目配置文件

可以在项目根目录使用project.config.json文件（参见1.3.1节）对项目进行配置，项目配置文件的内容参见表2-1。

表2-1 项目配置文件

字段名	类型	说明
miniprogramRoot	Path String	指定小程序源码的目录（需为相对路径）
qcloudRoot	Path String	指定腾讯云项目的目录（需为相对路径）
pluginRoot	Path String	指定插件项目的目录（需为相对路径）
compileType	String	编译类型
setting	Object	项目设置
libVersion	String	基础库版本
appid	String	项目的AppID，只在新建项目时读取
projectname	String	项目名字，只在新建项目时读取
packOptions	Object	打包配置选项
debugOptions	Object	调试配置选项
scripts	Object	自定义预处理

其中，compileType 的有效值如下。

- miniprogram：当前为普通小程序项目。
- plugin：当前为小程序插件项目。

setting 中可以指定的内容如下：

字段名	类型	说明
es6	Boolean	是否启用 es6 转 es5
postcss	Boolean	上传代码时样式是否自动补全
minified	Boolean	上传代码时是否自动压缩
urlCheck	Boolean	是否检查安全域名和 TLS 版本
uglifyFileName	Boolean	是否进行代码保护

scripts 中指定自定义预处理的命令如下。

- beforeCompile：编译前预处理命令。
- beforePreview：预览前预处理命令。
- beforeUpload：上传前预处理命令。

packOptions 用于配置项目在打包过程中的选项。打包是预览、上传时对项目进行的必须步骤。目前可以指定 packOptions.ignore 字段，忽略配置打包时符合指定规则的文件或文件夹，以跳过打包过程，这些文件或文件夹将不会出现在预览或上传的结果内。

packOptions.ignore 为一对象数组，对象元素类型如下：

字段名	类型	说明
value	string	路径 1 或取值
type	string	类型

其中，type 可以取值为 folder、file、suffix、prefix、regexp、glob，分别对应文件夹、文件、后缀、前缀、正则表达式、Glob 规则。所有规则值都会自动忽略大小写。

> 提示 value 字段的值若表示文件或文件夹路径，以小程序目录（miniprogramRoot）为根目录。regexp、glob 仅 1.02.1809260 及以上版本工具支持。

配置示例代码如下：

```
{
  "packOptions": {
    "ignore": [{
      "type": "file",
      "value": "test/test.js"
    }, {
      "type": "folder",
      "value": "test"
```

```
    }, {
      "type": "suffix",
      "value": ".webp"
    }, {
      "type": "prefix",
      "value": "test-"
    }, {
      "type": "glob",
      "value": "test/**/*.js"
    }, {
      "type": "regexp",
      "value": "\\.jsx$"
    }]
  }
}
```

注意　这部分设置的更改可能需要重新打开项目才能生效。

debugOptions 用于配置在对项目代码进行调试时的选项。目前可以指定 debugOptions.hidedInDevtools 字段，用于配置是否显示调试器的源代码。

hidedInDevtools 的配置规则和 packOptions.ignore 是一致的。当某个 .js 文件符合此规则时，调试器 Sources 面板中此文件源代码正文内容将被隐藏，显示代码示例如下：

```
// xxx.js has been hided by project.config.json
注：配置此规则后，可能需要关闭并重新打开项目才能看到效果。
```

项目配置代码示例如下：

```
{
  "miniprogramRoot": "./src",
  "qcloudRoot": "./svr",
  "setting": {
    "postcss": true,
    "es6": true,
    "minified": true,
    "urlCheck": false
  },
  "packOptions": {
    "ignore": []
  },
  "debugOptions": {}
}
```

2.2　全局配置和页面配置

每个微信小程序项目都有一个全局配置文件和多个页面配置文件。全局配置文件针对整个微信小程序项目的相关配置信息；页面配置文件只针对对应的页面，每个微信小程序都有一个对应的页面配置文件。全局配置文件和页面配置文件如果有相同的配置项目，页面配置文件的优先级高于全局配置文件，也就是以页面配置文件的效果为主。

2.2.1 全局配置

我们利用小程序根目录下的 app.json 文件对微信小程序进行全局配置，决定页面文件的路径、窗口表现、设置网络超时时间、设置多 tab 等。

每个微信小程序项目只有一个全局配置文件。下面是一个包含了部分常用配置选项的 app.json：

```
{
  "pages": [
    "pages/index/index",
    "pages/logs/index"
  ],
  "window": {
    "navigationBarTitleText": "Demo"
  },
  "tabBar": {
    "list": [{
      "pagePath": "pages/index/index",
      "text": "首页"
    }, {
      "pagePath": "pages/logs/logs",
      "text": "日志"
    }]
  },
  "networkTimeout": {
    "request": 10000,
    "downloadFile": 10000
  },
  "debug": true,
  "navigateToMiniProgramAppIdList": [
    "wxe5f52902cf4de896"
  ]
}
```

app.json 配置项列表参见表 2-2。

表 2-2 app.json 配置项列表

属　性	类　型	必填	说　明	支持版本
pages	String/Array	是	页面路径列表	
window	Object	否	全局的默认窗口表现	
tabBar	Object	否	底部 tab 栏的表现	
networkTimeout	Object	否	网络超时时间	

（续）

属　性	类　型	必填	说　明	支持版本
debug	Boolean	否	是否开启 debug 模式，默认关闭	
functionalPages	Boolean	否	是否启用插件功能页，默认关闭	2.1.0
subpackages	Object/Array	否	分包结构配置	1.7.3
workers	String	否	Worker 代码放置的目录	1.9.90
requiredBackgroundModes	String/ Array	否	需要在后台使用的能力，如“音乐播放”	
plugins	Object	否	使用到的插件	1.9.6
preloadRule	Object	否	分包预下载规则	2.3.0
resizable	Boolean	否	iPad 小程序是否支持屏幕旋转，默认关闭	2.3.0
navigateToMiniProgramAppIdList	String /Array	否	需要跳转的小程序列表	2.4.0

（1）pages

pages 用于指定小程序由哪些页面组成，是一个数组，数组中每一项都对应一个页面的“路径 + 文件名”信息。文件名不需要写文件后缀，开发框架会自动去寻找对应位置的 .json、.js、.wxml、.wxss 四个文件进行处理。数组的第一项代表小程序的初始页面（首页）。小程序中新增 / 减少页面，都需要对 pages 数组进行修改。例如，如下开发目录中：

```
├── app.js
├── app.json
├── app.wxss
├── pages
│   │── index
│   │   ├── index.wxml
│   │   ├── index.js
│   │   ├── index.json
│   │   └── index.wxss
│   └── logs
│       ├── logs.wxml
│       └── logs.js
└── utils
```

要在 app.json 中编写页面，则需要配置 pages 数组，代码如下所示。

```
{
  "pages":[
    "pages/index/index",
    "pages/logs/logs"
  ]
}
```

（2）window

window 用于设置小程序的状态栏、导航条、标题、窗口背景色等，属性参见表 2-3。

表 2-3 window 属性

属 性	类型	默认值	说 明	最低版本
navigationBarBackgroundColor	HexColor	#000000	导航栏背景颜色，如 #000000	
navigationBarTextStyle	String	white	导航栏标题颜色，仅支持 black/white	
navigationBarTitleText	String		导航栏标题文字内容	
navigationStyle	String	default	导航栏样式，仅支持以下值： default 默认样式 custom 自定义导航栏，只保留右上角胶囊按钮	微信版本 6.6.0
backgroundColor	HexColor	#ffffff	窗口的背景色	
backgroundTextStyle	String	dark	下拉 loading 的样式，仅支持 dark/light	
backgroundColorTop	String	#ffffff	顶部窗口的背景色，仅 iOS 支持	微信版本 6.5.16
backgroundColorBottom	String	#ffffff	底部窗口的背景色，仅 iOS 支持	微信版本 6.5.16
enablePullDownRefresh	Boolean	false	是否开启全局页面的下拉刷新	
onReachBottomDistance	Number	50	页面上拉触底事件触发时距页面底部距离，单位为 px	
pageOrientation	String	portrait	屏幕旋转设置	微信版本 6.7.3

其中，HexColor 为十六进制颜色值，#ffffff 表示白色，#000000 表示黑色。

注意 navigationStyle 只在 app.json 中生效。开启 custom 后，低版本客户端需要做好兼容。开发者工具基础库版本切到客户端 6.7.2 版本开始，navigationStyle: custom 对 <web-view> 组件无效。

app.json 示例代码如下，界面示例如图 2-1 所示：

```
{
  "window":{
    "navigationBarBackgroundColor": "#ffffff",
    "navigationBarTextStyle": "black",
    "navigationBarTitleText": "微信接口功能演示",
    "backgroundColor": "#eeeeee",
    "backgroundTextStyle": "light"
  }
}
```

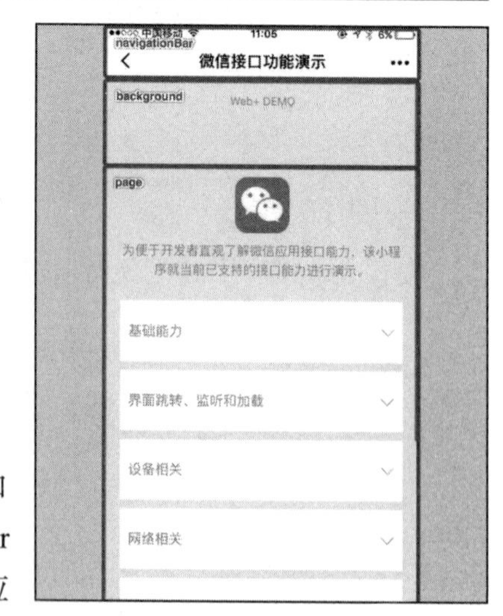

图 2-1 app.json 示例界面

（3）tabBar

tabBar 用于设置小程序多 tab。例如，客户端窗口的底部或顶部有 tab 栏可以切换页面，可以通过 tabBar 配置项指定 tab 栏的表现，以及 tab 切换时显示的对应页面。tabBar 属性参见表 2-4。

表 2-4　tabBar 属性

属　性	类型	必填	默认值	说　明
color	HexColor	是		tab 上的文字默认颜色
selectedColor	HexColor	是		tab 上的文字选中时的颜色
backgroundColor	HexColor	是		tab 的背景色
borderStyle	String	否	black	tabBar 上边框的颜色，仅支持 black/whitet
list	Array	是		tab 的列表，详见 list 属性说明，最少 2 个、最多 5 个 tab
position	String	否	bottom	tabBar 的位置，仅支持 bottom/top

其中，list 接受一个数组，只能配置最少 2 个、最多 5 个 tab。tab 按数组的顺序排序，每个项都是一个对象，其属性值如下：

属性	类型	必填	说　明
pagePath	String	是	页面路径，必须在 pages 中先定义
text	String	是	tab 上按钮文字
iconPath	String	否	图片路径，icon 大小限制为 40kb，建议尺寸为 81px×81px，不支持网络图片
selectedIconPath	String	否	选中时的图片路径，icon 大小限制为 40kb，建议尺寸为 81px×81px，不支持网络图片

当属性 iconPath 和 selectedIconPath 的 postion 为 top 时，不显示 icon。list 属性如图 2-2 所示。

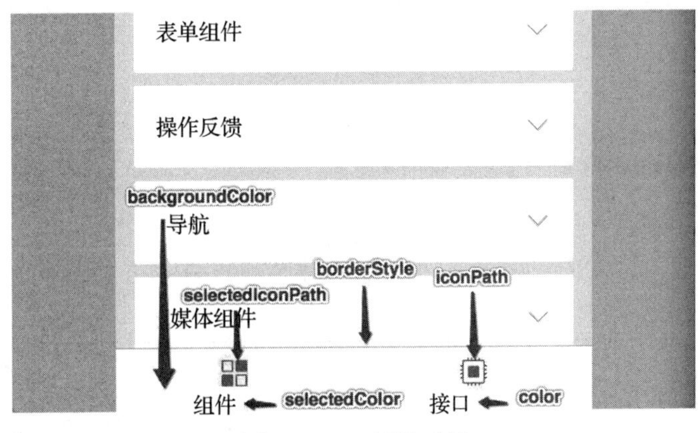

图 2-2　list 属性示例

（4）networkTimeout

networkTimeout 用于指定各类网络请求的超时时间，单位均为毫秒，networkTimeout 属性参见表 2-5。

表 2-5 networkTimeout 属性

属 性	类 型	必 填	默认值	说 明
request	Number	否	60000	wx.request 的超时时间
connectSocket	Number	否	60000	wx.connectSocket 的超时时间
uploadFile	Number	否	60000	wx.uploadFile 的超时时间
downloadFile	Number	否	60000	wx.downloadFile 的超时时间

（5）debug

可以在开发者工具中开启 debug 模式，在开发者工具的控制台面板，调试信息以 info 的形式给出，其信息有 Page 的注册、页面路由、数据更新、事件触发等，可以帮助开发者快速定位一些常见的问题。

（6）functionalPages

基础库 2.1.0 开始支持，低版本需做兼容处理。启用插件功能页时，插件所有者小程序需要将 functionalPages 设置为 true。

（7）subpackages

微信客户端 6.6.0、基础库 1.7.3 及以上版本支持。启用分包加载时，声明项目分包结构。写成 subPackages 也支持。

（8）workers

使用 Worker 处理多线程任务时，设置 Worker 代码放置的目录。

（9）requiredBackgroundModes

微信客户端 6.7.2 及以上版本支持。声明需要后台运行的能力，类型为数组。目前支持以下项目：Audio 后台音乐播放，代码示例如下：

```
{
  "pages": ["pages/index/index"],
  "requiredBackgroundModes": ["audio"]
}
```

注意 此处声明了后台运行的接口，开发版和体验版上可以直接生效，正式版还需通过审核。

（10）plugins

基础库 1.9.6 开始支持，低版本需做兼容处理。声明小程序需要使用的插件。

（11）preloadRule

基础库 2.3.0 开始支持，低版本需做兼容处理。声明分包预下载的规则。

（12）resizable

基础库 2.3.0 开始支持，低版本需做兼容处理。在 iPad 上运行的小程序可以设置支持屏幕旋转。

（13）navigateToMiniProgramAppIdList

基础库 2.4.0 开始支持，低版本需做兼容处理。当小程序需要使用 wx.navigateToMiniProgram 接口跳转到其他小程序时，需要先在配置文件中声明需要跳转的小程序的 AppID 列表，最多允许填写 10 个。

2.2.2 页面配置

每一个小程序的页面可以使用 .json 文件对本页面的窗口表现进行配置。页面配置只能设置 app.json 中部分 window 配置项的内容，页面中配置项会覆盖 app.json 的 window 中相同的配置项，页面配置属性参见表 2-6。

配置样例代码如下：

```
{
  "navigationBarBackgroundColor": "#ffffff",
  "navigationBarTextStyle": "black",
  "navigationBarTitleText": "微信接口功能演示",
  "backgroundColor": "#eeeeee",
  "backgroundTextStyle": "light"
}
```

表 2-6 页面配置属性

属 性	类 型	默认值	说 明
navigationBarBackgroundColor	HexColor	#000000	导航栏背景颜色，如 #000000
navigationBarTextStyle	String	white	导航栏标题颜色，仅支持 black/white
navigationBarTitleText	String		导航栏标题文字内容
backgroundColor	HexColor	#ffffff	窗口的背景色
backgroundTextStyle	String	dark	下拉 loading 的样式，仅支持 dark/light
enablePullDownRefresh	Boolean	false	是否开启当前页面的下拉刷新
onReachBottomDistance	Number	50	页面上拉触底事件触发时距页面底部距离，单位为 px
disableScroll	Boolean	false	设置为 true，则页面整体不能上下滚动；只在页面配置中有效，无法在 app.json 中设置该项

提示 页面的 .json 只能设置 window 相关的配置项，以决定本页面的窗口表现，所以无须写 window 这个键。

2.3 WXSS 样式语言

WXSS（WeiXin Style Sheets）是一套样式语言，用于描述 WXML 的组件样式。WXSS

用来决定 WXML 的组件应该怎么显示。为了适应广大的前端开发者，WXSS 具有 CSS 大部分特性。同时，为了更适合开发微信小程序，WXSS 对 CSS 进行了修改和扩充。

与 CSS 相比，在微信小程序 WXSS 扩展的特性有：

- 尺寸单位。
- 样式导入。
- 全局样式和局部样式。

内联样式和选择器沿用了 CSS 的功能写法。

1. 尺寸单位

尺寸单位为 rpx（responsive pixel），可以根据屏幕宽度进行自适应。规定屏幕宽为 750rpx。如在 iPhone6 上，屏幕宽度为 375px，共有 750 个物理像素，则 750rpx=375px=750 物理像素，1rpx=0.5px=1 物理像素，不同设备的换算方式如下：

设　　备	rpx 换算 px（屏幕宽度 /750）
iPhone5	1rpx=0.42px
iPhone6	1rpx=0.5px
iPhone6 Plus	1rpx=0.552px

在开发微信小程序时，建议设计师使用 iPhone6 作为视觉稿的标准。

注意　在较小的屏幕上不可避免会有一些毛刺，在开发时尽量避免这种情况。

2. 样式导入

可以使用 @import 语句导入外联样式表，@import 后跟需要导入的外联样式表的相对路径，用分号“;”表示语句结束。代码示例如下：

```
/** common.wxss **/
.small-p {
  padding:5px;
}

/** app.wxss **/
@import "common.wxss";
.middle-p {
  padding:15px;
}
```

3. 全局样式与局部样式

定义在 app.wxss 中的样式为全局样式，作用于每一个页面。在 page 的 .wxss 文件中定义的样式为局部样式，只作用于对应的页面，并会覆盖 app.wxss 中相同的选择器。

4. 内联样式

框架组件上支持使用 style 和 class 属性来控制组件的样式，说明如下。

- style：静态的样式统一写到 class 中，style 接收动态的样式，在运行时会进行解析，尽量不要将静态的样式写进 style，以免影响渲染速度，代码示例如下：

```
<view style="color:{{color}};" />
```

- class：用于指定样式规则，其属性值是样式规则中类选择器名（样式类名）的集合，样式类名不需要带上 .，样式类名之间用空格分隔，代码示例如下：

```
<view class="normal_view" />
```

5. 选择器

目前支持的选择器有：

选择器	样　例	样例描述
.class	.intro	选择所有拥有 class="intro" 的组件
#id	#firstname	选择拥有 id="firstname" 的组件
element	view	选择所有 view 组件
element, element	view, checkbox	选择所有文档的 view 组件和所有的 checkbox 组件
::after	view::after	在 view 组件后插入内容
::before	view::before	在 view 组件前插入内容

还有很多支持的选择器，不在这里一一列出，读者可以自行尝试，我们在后面第 3 章会讲解常用选择器在微信小程序中的使用。

2.4　逻辑层 .js 脚本

小程序开发框架的逻辑层使用 JavaScript 引擎，向小程序开发者提供 JavaScript 代码的运行环境以及微信小程序的特有功能。逻辑层对数据进行处理并发送给视图层，同时接受视图层的事件反馈。开发者写的所有代码最终将打包成一份 JavaScript 文件，并在小程序启动的时候运行，直到小程序销毁。这一行为类似于 ServiceWorker，所以逻辑层也称为 App Service。

在 JavaScript 的基础上，为了方便小程序开发增加了以下功能：

- 增加 App 和 Page 方法，进行程序和页面的注册。
- 增加 getApp 和 getCurrentPages 方法，用来获取 App 实例和当前页面栈。
- 提供丰富的 API，如微信用户数据、扫一扫、支付等微信特有能力。
- 每个页面有独立的作用域，并提供模块化能力。

注意 小程序框架的逻辑层并非运行在浏览器中，因此 JavaScript 在 Web 中的一些能力无法使用，如 window、document 等。

2.4.1 App 方法

小程序的 App 方法包含一系列函数，例如：App(Object)、onLaunch(Object)、onShow(Object)、onHide()、onError(String error)、onPageNotFound(Object)、getApp(Object) 等。

1. App(Object)

App() 函数用来注册一个小程序。接受一个 Object 参数，指定小程序的生命周期回调等。App() 必须在 app.js 中调用且只能调用一次，否则会出现无法预期的后果。Object 参数说明参见表 2-7。

表 2-7 App() 函数的 Object 参数表

属　性	类　型	说　　明	触发时机
onLaunch	Function	生命周期回调函数，监听小程序初始化	小程序初始化完成时（全局只触发一次）
onShow	Function	生命周期回调函数，监听小程序显示	小程序启动，或从后台进入前台显示时
onHide	Function	生命周期回调函数，监听小程序隐藏	小程序从前台进入后台时
onError	Function	错误监听函数	小程序发生脚本错误或者 API 调用失败时触发，会带上错误信息
onPageNotFound	Function	页面不存在监听函数	小程序要打开的页面不存在时触发，会带上页面信息回调该函数
其他	Any	开发者可以添加任意的函数或数据到 Object 参数中，用 this 可以访问	

前台、后台的含义是，当用户点击左上角关闭，或者按了设备 Home 键离开微信，小程序并没有直接销毁，而是进入了后台；当再次进入微信或再次打开小程序，小程序又会从后台进入前台。需要注意的是，只有当小程序进入后台一定时间，或者系统资源占用过高，小程序才会被真正销毁。

关闭小程序（基础库版本 1.1.0 开始支持）是指，当用户从扫一扫、转发等入口（场景值为 1007, 1008, 1011, 1025）进入小程序，且没有置顶小程序的情况下退出，小程序会被销毁。

小程序运行机制在基础库版本 1.4.0 有所改变：上面“关闭小程序”逻辑在新版本已不适用。

代码示例如下：

```
App({
  onLaunch: function(options) {
    // Do something initial when launch.
  },
  onShow: function(options) {
    // Do something when show.
  },
  onHide: function() {
    // Do something when hide.
  },
  onError: function(msg) {
    console.log(msg)
  },
  globalData: 'I am global data'
})
```

2. onLaunch(Object)

onLaunch() 函数在小程序初始化完成时触发，全局只触发一次，其中，Object 参数说明参见表 2-8。

表 2-8　onLaunch() 函数的 Object 参数表

字　段	类　型	说　　明
path	String	打开小程序的路径
query	Object	打开小程序的 query
scene	Number	打开小程序的场景值
shareTicket	String	shareTicket 获取更多转发信息
referrerInfo	Object	当场景为从另一个小程序、公众号或 App 打开时，返回此字段
referrerInfo.appId	String	来源小程序、公众号或 App 的 appId
referrerInfo.extraData	Object	来源小程序传过来的数据，scene=1037 或 1038 时支持

其中，referrerInfo.appId 场景值参见表 2-9。

表 2-9　referrerInfo.appId 场景值

场景值	appId 信息含义	场　　景
1020	来源公众号 appId	公众号 profile 页相关小程序列表
1035	来源公众号 appId	公众号自定义菜单
1036	来源应用 appId	App 分享消息卡片
1037	来源小程序 appId	小程序打开小程序
1038	来源小程序 appId	从另一个小程序返回
1043	来源公众号 appId	公众号模板消息

3. onShow(Object)

小程序启动时或从后台进入前台显示时触发 onShow() 函数。Object 参数说明与 onLaunch() 函数一致。

4. onHide()

小程序从前台进入后台时触发 onHide() 函数。

5. onError(String error)

小程序发生脚本错误或者 API 调用失败时触发 onError() 函数。参数说明如下：

名　称	类　型	说　明
error	String	错误信息，包含堆栈

6. onPageNotFound(Object)

基础库 1.9.90 开始支持，低版本需做兼容处理。小程序要打开的页面不存在时触发 onPageNotFound() 函数。Object 参数说明如下：

字　段	类　型	说　明
path	String	不存在页面的路径
query	Object	打开不存在页面的 query
isEntryPage	Boolean	是否本次启动的首个页面（例如从分享等入口进来，首个页面是开发者配置的分享页面）

开发者可以在 onPageNotFound 回调中进行重定向，但必须在回调中同步处理，异步处理（例如 setTimeout 异步执行）无效。代码示例如下：

```
App({
  onPageNotFound(res) {
    wx.redirectTo({
      url: 'pages/...'
    })      //如果是tabBar页面，请使用wx.switchTab
  }
})
```

注意

- 如果开发者没有添加 onPageNotFound 监听，当跳转页面不存在时，将推入“微信客户端原生的页面不存在”提示页面。
- 如果 onPageNotFound 回调中又重定向到另一个不存在的页面，将推入“微信客户端原生的页面不存在”提示页面，并且不再回调 onPageNotFound。

7. getApp(Object)

getApp() 函数是全局函数，可以用来获取小程序 App 实例。Object 参数说明如下：

字段	类型	说明	最低版本
allowDefault	Boolean	在 App 未定义时返回默认实现。当 App 被调用时，默认实现中定义的属性会被覆盖合并到 App 中。一般用于独立分包	2.2.4

代码示例如下：

```
// other.js
var appInstance = getApp()
console.log(appInstance.globalData)      // I am global data
```

注意
- ❑ 不要在定义于 App() 内的函数中调用 getApp()，使用 this 就可以获取 App 实例。
- ❑ 通过 getApp() 获取实例之后，不要私自调用生命周期函数。

2.4.2 运行机制

小程序启动会有两种情况，一种是“冷启动”，一种是“热启动”。假如用户已经打开过某小程序，然后在一定时间内再次打开该小程序，此时无须重新启动，只需将后台状态的小程序切换到前台，这个过程就是“热启动”。“冷启动”指的是用户首次打开小程序，或小程序被微信主动销毁后再次打开，此时小程序需要重新加载启动。

小程序冷启动时如果发现有新版本，将会异步下载新版本的代码包，并同时用客户端本地的包进行启动，即新版本的小程序需要等下一次冷启动才会应用。如果需要马上应用最新版本，可以使用 wx.getUpdateManager API 进行处理。

小程序没有重启的概念。当小程序进入后台，客户端会维持一段时间的运行状态，超过一定时间后（目前是 5 分钟）会被微信主动销毁。当短时间内（5 分钟）连续收到两次以上系统内存告警，会对小程序进行销毁。

再次打开逻辑：基础库 1.4.0 开始支持，低版本需做兼容处理。

打开小程序有 A 和 B 两类场景。

A 场景，打开首页。场景值有以下几项：

场景值 ID	说明
1001	发现栏小程序主入口，“最近使用”列表
1019	微信钱包
1022	聊天顶部置顶小程序入口
1023	安卓系统桌面图标
1038	从另一个小程序返回
1056	音乐播放器菜单

B 场景，打开小程序指定的某个页面。场景值为除上面场景以外的其他内容，再次打开一个小程序的逻辑如下：

上一次的场景	当前打开的场景	效果
A	A	保留原来的状态
B	A	清空原来的页面栈，打开首页（相当于执行 wx.reLaunch 到首页）
A 或 B	B	清空原来的页面栈，打开指定页面（相当于执行 wx.reLaunch 到指定页）

2.4.3 场景值

当前支持的场景值参数见表 2-10。基础库 1.1.0 开始支持，低版本需做兼容处理。

表 2-10 场景值参数

场景值 ID	说明
1001	发现栏小程序主入口，“最近使用”列表（基础库 2.2.4 版本起包含“我的小程序”列表）
1005	顶部搜索框的搜索结果页
1006	发现栏小程序主入口搜索框的搜索结果页
1007	单人聊天会话中的小程序消息卡片
1008	群聊会话中的小程序消息卡片
1011	扫描二维码
1012	长按图片识别二维码
1013	手机相册选取二维码
1014	小程序模板消息
1017	前往体验版的入口页
1019	微信钱包
1020	公众号 profile 页相关小程序列表
1022	聊天顶部置顶小程序入口
1023	安卓系统桌面图标
1024	小程序 profile 页
1025	扫描二维码
1026	附近小程序列表
1027	顶部搜索框搜索结果页“使用过的小程序”列表
1028	我的卡包
1029	券详情页
1030	自动化测试下打开小程序
1031	长按图片识别二维码
1032	手机相册选取二维码
1034	微信支付完成页

（续）

场景值 ID	说　　明
1035	公众号自定义菜单
1036	App 分享消息卡片
1037	小程序打开小程序
1038	从另一个小程序返回
1039	摇电视
1042	添加好友搜索框的搜索结果页
1043	公众号模板消息
1044	带 shareTicket 的小程序消息卡片
1045	朋友圈广告
1046	朋友圈广告详情页
1047	扫描小程序码
1048	长按图片识别小程序码
1049	手机相册选取小程序码
1052	卡券的适用门店列表
1053	搜一搜的结果页
1054	顶部搜索框小程序快捷入口
1056	音乐播放器菜单
1057	钱包中的银行卡详情页
1058	公众号文章
1059	体验版小程序绑定邀请页
1064	微信连 WiFi 状态栏
1067	公众号文章广告
1068	附近小程序列表广告
1069	移动应用
1071	钱包中的银行卡列表页
1072	二维码收款页面
1073	客服消息列表下发的小程序消息卡片
1074	公众号会话下发的小程序消息卡片
1077	摇周边
1078	连 WiFi 成功页
1079	微信游戏中心

（续）

场景值 ID	说 明
1081	客服消息下发的文字链
1082	公众号会话下发的文字链
1084	朋友圈广告原生页
1089	微信聊天主界面下拉，“最近使用”栏（基础库 2.2.4 版本起包含“我的小程序”栏）
1090	长按小程序右上角菜单唤出最近使用历史
1091	公众号文章商品卡片
1092	城市服务入口
1095	小程序广告组件
1096	聊天记录
1097	微信支付签约页
1099	页面内嵌插件
1102	公众号 profile 页服务预览
1103	发现栏小程序主入口，“我的小程序”列表（基础库 2.2.4 版本起废弃）
1104	微信聊天主界面下拉，“我的小程序”栏（基础库 2.2.4 版本起废弃）

可以在 App 的 onLaunch 和 onShow 中获取上述场景值，部分场景值下还可以获取来源应用、公众号或小程序的 AppID。

由于 Android 系统限制，目前还无法获取到按 Home 键退出到桌面，然后从桌面再次进小程序的场景值，对于这种情况，会保留上一次的场景值。

2.4.4 Page 方法

小程序的 Page 方法用于页面的注册和配置。

1. 页面 Page() 函数

Page() 函数用来注册一个页面。接受一个 Object 类型参数，指定页面的初始数据、生命周期回调、事件处理函数等。Object 参数说明参见表 2-11。

表 2-11 Page() 函数的 Object 参数

属 性	类 型	说 明
data	Object	页面的初始数据
onLoad	Function	生命周期回调函数，监听页面加载
onShow	Function	生命周期回调函数，监听页面显示

（续）

属　性	类　型	说　明
onReady	Function	生命周期回调函数，监听页面初次渲染完成
onHide	Function	生命周期回调函数，监听页面隐藏
onUnload	Function	生命周期回调函数，监听页面卸载
onPullDownRefresh	Function	监听用户下拉动作
onReachBottom	Function	页面上拉触底事件的处理函数
onShareAppMessage	Function	用户点击右上角转发
onPageScroll	Function	页面滚动触发事件的处理函数
onResize	Function	页面尺寸改变时触发
onTabItemTap	Function	当前是 tab 页时，点击 tab 时触发
其他	Any	开发者可以添加任意函数或数据到 Object 参数中，在页面的函数中用 this 可以访问

代码示例如下：

```
//index.js
Page({
  data: {
    text: "This is page data."
  },
  onLoad: function(options) {
    // Do some initialize when page load.
  },
  onReady: function() {
    // Do something when page ready.
  },
  onShow: function() {
    // Do something when page show.
  },
  onHide: function() {
    // Do something when page hide.
  },
  onUnload: function() {
    // Do something when page close.
  },
  onPullDownRefresh: function() {
    // Do something when pull down.
  },
  onReachBottom: function() {
    // Do something when page reach bottom.
  },
  onShareAppMessage: function () {
    // return custom share data when user share.
  },
```

```
  onPageScroll: function() {
    // Do something when page scroll
  },
  onResize: function() {
    // Do something when page resize
  },
  onTabItemTap(item) {
    console.log(item.index)
    console.log(item.pagePath)
    console.log(item.text)
  },
  // Event handler.
  viewTap: function() {
    this.setData({
      text: 'Set some data for updating view.'
    }, function() {
      // this is setData callback
    })
  },
  customData: {
    hi: 'MINA'
  }
})
```

页面可以像自定义组件一样使用Component来创建，这样就可以使用自定义组件的特性。

2. 初始数据data

data是页面第一次渲染使用的初始数据。页面加载时，data将会以JSON字符串的形式由逻辑层传至渲染层，因此data中的数据必须可以转成JSON的类型，如字符串、数字、布尔值、对象、数组等。

渲染层可以通过WXML对数据进行绑定。代码示例如下：

```
<view>{{text}}</view>
<view>{{array[0].msg}}</view>

Page({
  data: {
    text: 'init data',
    array: [{msg: '1'}, {msg: '2'}]
  }
})
```

3. 生命周期回调函数

注册页面时的生命周期回调函数包括onLoad()、onShow()、onReady()、onHide()、onUnload()。

onLoad(Object query) 页面加载时触发。一个页面只会调用一次，可以在onLoad的参数中获取打开当前页面路径中的参数。

参数说明如下：

名 称	类 型	说 明
query	Object	打开当前页面路径中的参数

onShow() 页面显示 / 切入前台时触发。

onReady() 页面初次渲染完成时触发。一个页面只会调用一次，该函数执行完毕代表页面已经准备妥当，可以和视图层进行交互。

注意 对界面内容进行设置的 API 如 wx.setNavigationBarTitle，请在 onReady 之后进行。

onHide() 页面隐藏 / 切入后台时触发，如 navigateTo 或底部 tab 切换到其他页面，小程序切入后台等。

onUnload() 页面卸载时触发，如 redirectTo 或 navigateBack 到其他页面时。

4. 页面事件处理函数

（1）onPullDownRefresh()

监听用户下拉刷新事件。需要在 app.json 的 window 选项中或页面配置中开启 enablePullDownRefresh。可以通过 wx.startPullDownRefresh 触发下拉刷新，调用后触发下拉刷新动画，效果与用户手动下拉刷新一致。当处理完数据刷新后，wx.stopPullDownRefresh 可以停止当前页面的下拉刷新。

（2）onReachBottom()

监听用户上拉触底事件。可以在 app.json 的 window 选项中或页面配置中设置触发距离 onReachBottomDistance。在触发距离内滑动，本事件只会被触发一次。

（3）onPageScroll(Object)

监听用户滑动页面事件。Object 参数如下：

属 性	类 型	说 明
scrollTop	Number	页面在垂直方向已滚动的距离（单位 px）

（4）onShareAppMessage(Object)

监听用户点击页面内转发按钮（<button> 组件 open-type="share"）或右上角菜单“转发”按钮的行为，并自定义转发内容。

注意 只有定义了此事件处理函数，右上角菜单才会显示“转发”按钮。

Object 参数如下：

参 数	类 型	说 明	最低版本
from	String	转发事件来源 button：页面内转发按钮；menu：右上角转发菜单	1.2.4
target	Object	如果 from 值是 button，则 target 是触发这次转发事件的 button，否则为 undefined	1.2.4
webViewUrl	String	页面中包含 <web-view> 组件时，返回当前 <web-view> 的 url	1.6.4

此事件需要返回一个 Object，用于自定义转发内容，返回内容如下：

字 段	说 明	默 认 值	最低版本
title	转发标题	当前小程序名称	
path	转发路径	当前页面路径，必须是以 / 开头的完整路径	
imageUrl	自定义图片路径	使用默认截图	1.5.0

图片路径可以是本地文件路径、代码包文件路径或者网络图片路径。支持 PNG 及 JPG。显示图片长宽比是 5∶4。

代码示例如下：

```
Page({
  onShareAppMessage: function (res) {
    if (res.from === 'button') {
      //来自页面内转发按钮
      console.log(res.target)
    }
    return {
      title: '自定义转发标题',
      path: '/page/user?id=123'
    }
  }
})
```

（5）onTabItemTap(Object)

基础库 1.9.0 开始支持，低版本需做兼容处理。点击 tab 时触发，Object 参数如下：

参 数	类 型	说 明	最低版本
index	String	被点击 tabItem 的序号，从 0 开始	1.9.0
pagePath	String	被点击 tabItem 的页面路径	1.9.0
text	String	被点击 tabItem 的按钮文字	1.9.0

代码示例如下：

```
Page({
  onTabItemTap(item) {
```

```
    console.log(item.index)
    console.log(item.pagePath)
    console.log(item.text)
  }
})
```

5. 组件事件处理函数

Page 中还可以定义组件事件处理函数。在渲染层的组件中加入事件绑定，当事件被触发时，执行 Page 中定义的事件处理函数。

代码示例如下：

```
<view bindtap="viewTap"> click me </view>

Page({
  viewTap: function() {
    console.log('view tap')
  }
})
```

6. route

Page.route 表示到当前页面的路径，类型为 String，基础库 1.2.0 开始支持，低版本需做兼容处理。代码示例如下：

```
Page({
  onShow: function() {
    console.log(this.route)
  }
})
```

7. setData

Page.prototype.setData(Object data, Function callback) 函数用于将数据从逻辑层发送到视图层（异步），同时改变对应的 this.data 的值（同步）。参数说明如下：

字　段	类　型	必　填	说　明	最低版本
data	Object	是	这次要改变的数据	
callback	Function	否	setData 引起的界面更新渲染完毕后的回调函数	1.5.0

Object 以 key: value 的形式表示，将 this.data 中 key 对应的值改变成 value。

其中 key 可以用数据路径的形式给出，支持改变数组中的某一项或对象的某个属性，如 array[2].message，a.b.c.d，并且不需要在 this.data 中预先定义。

注意

- 直接修改 this.data 而不调用 this.setData 是无法改变页面的状态的，并会造成数据不一致。

- 仅支持设置可 JSON 化的数据。单次设置的数据不能超过 1024kb，请尽量避免一次设置过多的数据。请不要把 data 中任何一项的 value 设为 undefined，否则这一项将不被设置并可能遗留一些潜在问题。

代码示例如下：

```
<!--index.wxml-->
<view>{{text}}</view>
<button bindtap="changeText"> Change normal data </button>
<view>{{num}}</view>
<button bindtap="changeNum"> Change normal num </button>
<view>{{array[0].text}}</view>
<button bindtap="changeItemInArray"> Change Array data </button>
<view>{{object.text}}</view>
<button bindtap="changeItemInObject"> Change Object data </button>
<view>{{newField.text}}</view>
<button bindtap="addNewField"> Add new data </button>

// index.js
Page({
  data: {
    text: 'init data',
    num: 0,
    array: [{text: 'init data'}],
    object: {
      text: 'init data'
    }
  },
  changeText: function() {
    // this.data.text = 'changed data' //不要直接修改this.data
    //应该使用setData
    this.setData({
      text: 'changed data'
    })
  },
  changeNum: function() {
    //或者，可以修改this.data之后马上用setData设置一下修改了的字段
    this.data.num = 1
    this.setData({
      num: this.data.num
    })
  },
  changeItemInArray: function() {
    //对于对象或数组字段，可以直接修改一个其下的子字段，这样做通常比修改整个对象或数组更好
    this.setData({
      'array[0].text':'changed data'
    })
  },
  changeItemInObject: function(){
    this.setData({
      'object.text': 'changed data'
```

```
    });
  },
  addNewField: function() {
    this.setData({
      'newField.text': 'new data'
    })
  }
})
```

8. 生命周期

理解生命周期的含义，将会帮助你理解开发。图 2-3 为 Page 实例的生命周期。

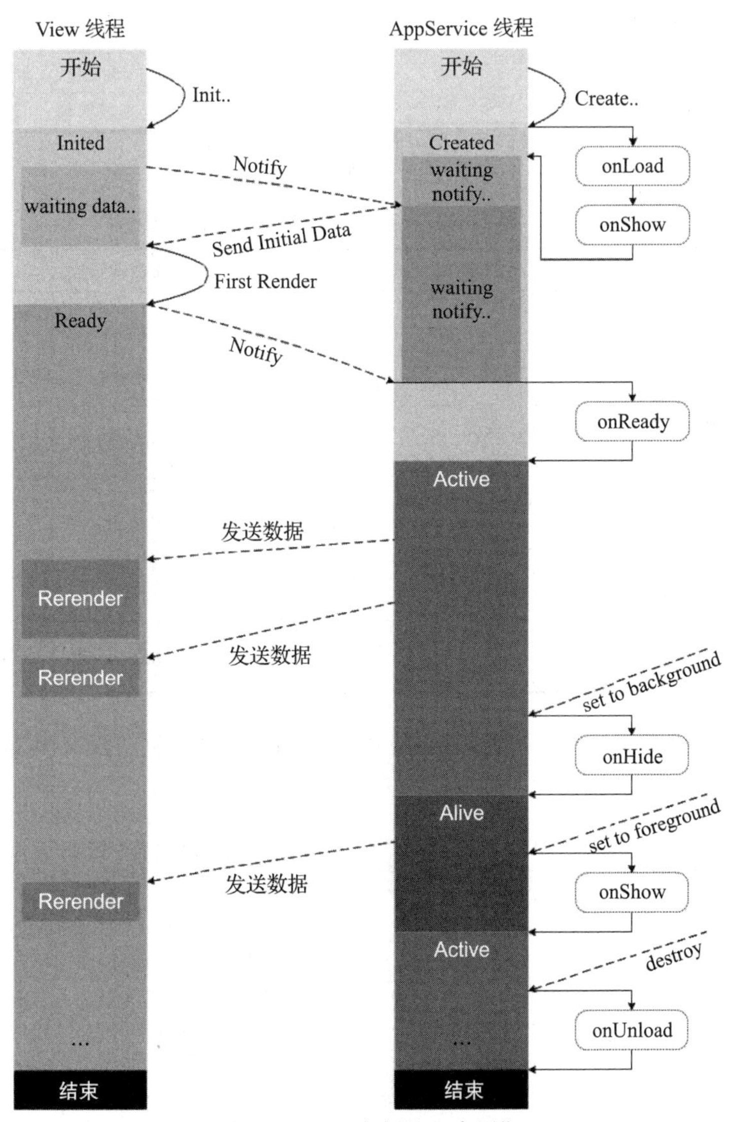

图 2-3 Page 实例的生命周期

2.4.5 路由

在小程序中，所有页面的路由全部由框架进行管理。框架以栈的形式维护了当前的所有页面。当发生路由切换的时候，页面栈的表现如表 2-12 所示。

getCurrentPages() 函数用于获取当前页面栈的实例，以数组形式按栈的顺序给出，第一个元素为首页，最后一个元素为当前页面。

注意
- 不要尝试修改页面栈，会导致路由以及页面状态错误。
- 不要在 App.onLaunch 的时候调用 getCurrentPages()，此时 page 还没有生成。

表 2-12 当路由切换时页面栈的表现

路由方式	页面栈表现
初始化	新页面入栈
打开新页面	新页面入栈
页面重定向	当前页面出栈，新页面入栈
页面返回	页面不断出栈，直到目标返回页
Tab 切换	页面全部出栈，只留下新的 Tab 页面
重加载	页面全部出栈，只留下新的页面

路由的触发方式以及页面生命周期函数参见表 2-13。

表 2-13 路由的触发方式以及页面生命周期函数

路由方式	触发时机	路由前页面	路由后页面
初始化	小程序打开的第一个页面		onLoad, onShow
打开新页面	调用 API wx.navigateTo，或使用组件 <navigator open-type="navigateTo"/>	onHide	onLoad, onShow
页面重定向	调用 API wx.redirectTo，或使用组件 <navigator open-type="redirectTo"/>	onUnload	onLoad, onShow
页面返回	调用 API wx.navigateBack，或使用组件 <navigator open-type="navigateBack">，或用户按左上角返回按钮	onUnload	onShow
Tab 切换	调用 API wx.switchTab，或使用组件 <navigator open-type="switchTab"/>，或用户切换 Tab		各种情况请参考下表
重启动	调用 API wx.reLaunch，或使用组件 <navigator open-type="reLaunch"/>	onUnload	onLoad, onShow

例如，A、B 页面为 TabBar 页面，C 是从 A 页面打开的页面，D 页面是从 C 页面打开的页面，Tab 切换对应的生命周期如下：

当前页面	路由后页面	触发的生命周期（按顺序）
A	A	无操作
A	B	A.onHide(), B.onLoad(), B.onShow()
A	B（再次打开）	A.onHide(), B.onShow()
C	A	C.onUnload(), A.onShow()
C	B	C.onUnload(), B.onLoad(), B.onShow()
D	B	D.onUnload(), C.onUnload(), B.onLoad(), B.onShow()
D（从转发进入）	A	D.onUnload(), A.onLoad(), A.onShow()
D（从转发进入）	B	D.onUnload(), B.onLoad(), B.onShow()

提示

- navigateTo 或 redirectTo 只能打开非 tabBar 页面。
- switchTab 只能打开 tabBar 页面。
- reLaunch 可以打开任意页面。
- 页面底部的 tabBar 由页面决定，即只要是定义为 tabBar 的页面，底部都有 tabBar。
- 调用页面路由所带的参数可以在目标页面的 onLoad 中获取。

2.4.6 模块化

在 JavaScript 文件中声明的变量和函数只在该文件中有效；不同的文件中可以声明相同名字的变量和函数，不会互相影响。通过全局函数 getApp() 可以获取全局的应用实例，如果需要全局的数据可以在 App() 中设置，代码示例如下：

```
// app.js
App({
  globalData: 1
})

// a.js
// The localValue can only be used in file a.js.
var localValue = 'a'
// Get the app instance.
var app = getApp()
// Get the global data and change it.
app.globalData++

// b.js
// You can redefine localValue in file b.js, without interference with the local-
   Value in a.js.
var localValue = 'b'
// If a.js it run before b.js, now the globalData shoule be 2.
console.log(getApp().globalData)
```

可以将一些公共的代码抽离成一个单独的 .js 文件，作为一个模块。模块只有通过 module.exports 或 exports 才能对外暴露接口。

注意

exports 是 module.exports 的一个引用，在模块里面随意更改 exports 的指向会造成未知的错误。所以推荐开发者采用 module.exports 来暴露模块接口，除非你已经清晰知道这两者的关系。小程序目前不支持直接引入 node_modules，开发者需要使用到 node_modules 时建议拷贝相关的代码到小程序的目录中，或者使用小程序支持的 npm 功能。

代码示例如下：

```
// common.js
function sayHello(name) {
  console.log(`Hello ${name} !`)
```

```
}
function sayGoodbye(name) {
  console.log(`Goodbye ${name} !`)
}
module.exports.sayHello = sayHello
exports.sayGoodbye = sayGoodbye
```

在需要使用这些模块的文件中，使用 require(path) 将公共代码引入，代码示例如下：

```
var common = require('common.js')
Page({
  helloMINA: function() {
    common.sayHello('MINA')
  },
  goodbyeMINA: function() {
    common.sayGoodbye('MINA')
  }
})
```

提示 require 暂时不支持绝对路径。

2.4.7 API

小程序开发框架提供丰富的微信原生 API，可以方便地调用微信提供的能力，如获取用户信息、本地存储、支付功能等。通常，小程序 API 有以下几种类型：事件监听 API，同步 API，异步 API。

1. 事件监听 API

以 on 开头的 API 为事件监听 API，用来监听某个事件是否触发，如 wx.onSocketOpen、wx.onCompassChange 等。这类 API 接受一个回调函数作为参数，当事件触发时会调用这个回调函数，并将相关数据以参数形式传入。代码示例如下：

```
wx.onCompassChange(function (res) {
  console.log(res.direction)
})
```

2. 同步 API

以 Sync 结尾的 API 都是同步 API，如 wx.setStorageSync、wx.getSystemInfoSync 等。此外，也有一些其他的同步 API，如 wx.createWorker、wx.getBackgroundAudioManager 等。同步 API 的执行结果可以通过函数返回值直接获取，如果执行出错会抛出异常。代码示例如下：

```
try {
  wx.setStorageSync('key', 'value')
} catch (e) {
  console.error(e)
}
```

3. 异步 API

大多数 API 都是异步的，如 wx.request、wx.login 等。这类 API 接口通常都接受一个 Object 类型的参数，这个参数用于指定如何接收接口调用结果。

异步 API 的 Object 参数说明如下：

参数名	类　型	必　填	说　明
success	function	否	接口调用成功的回调函数
fail	function	否	接口调用失败的回调函数
complete	function	否	接口调用结束的回调函数（调用成功、失败都会执行）
其他	Any	—	接口定义的其他参数

API 通常的回调函数有三个：success、fail 和 complete。回调函数调用时会传入一个 Object 类型参数，包含以下字段：

属　性	类　型	说　明
errMsg	string	错误信息，如果调用成功返回 ${apiName}:ok
errCode	number	错误码，仅部分 API 支持，具体含义请参考对应 API 文档，成功时为 0
其他	Any	接口返回的其他数据

异步 API 的执行结果需要通过 Object 类型的参数中传入的对应回调函数获取。部分异步 API 也会有返回值，可以用来实现更丰富的功能，如 wx.request、wx.connectSockets 等。代码示例如下：

```
wx.login({
  success(res) {
    console.log(res.code)
  }
})
```

2.5　WXML 视图层开发

WXML（WeiXin Markup Language）是框架设计的类似于 HTML 的标签语言，结合基础组件、事件系统就可以构建出页面的结构，组成 .wxml 文件。WXML 中的动态数据均来自对应 Page 的 data。本节主要讲解视图层开发中 .wxml 文件常用的语法，包含数据绑定、列表渲染、条件渲染、模板、事件、引用等处理。

2.5.1　数据绑定

数据绑定是指在小程序的 .js 文件里，将 data 定义的各类数据显示在 .wxml 页面中。当然 data 里面定义的各类数据可以通过其他方式进行变更。

1. 简单绑定

数据简单绑定是指使用 Mustache 语法（双大括号）将变量包起来。

.wxml 文件代码示例如下：

```
<view> {{ message }} </view>
```

.js 文件代码示例如下：

```
Page({
  data: {
    message: 'Hello MINA!'
  }
})
```

组件属性需要在双引号之内，.wxml 文件代码示例如下：

```
<view id="item-{{id}}"> </view>
```

.js 文件代码示例如下：

```
Page({
  data: {
    id: 0
  }
})
```

控制属性需要在双引号之内，.wxml 文件代码示例如下：

```
<view wx:if="{{condition}}"> </view>
```

.js 文件代码示例如下：

```
Page({
  data: {
    condition: true
  }
})
```

关键字（需要在双引号之内）包括。

- ❑ true：boolean 类型的 true，代表真值。
- ❑ false：boolean 类型的 false，代表假值。

.wxml 文件代码示例如下：

```
<checkbox checked="{{false}}"> </checkbox>
```

注意 不要直接写 checked="false"，其计算结果是一个字符串，转成 boolean 类型后代表真值。

2. 运算

可以在 {{}} 内进行简单的运算，支持如下几种运算：

三元运算，.wxml 文件代码示例如下：

```
<view hidden="{{flag ? true : false}}"> Hidden </view>
```

算数运算，.wxml 文件代码示例如下：

```
<view> {{a + b}} + {{c}} + d </view>
```

.js 文件代码示例如下：

```
Page({
  data: {
    a: 1,
    b: 2,
    c: 3
  }
})
```

view 中的内容为 3+3+d。

逻辑判断，.wxml 文件代码示例如下：

```
<view wx:if="{{length > 5}}"> </view>
```

字符串运算，.wxml 文件代码示例如下：

```
<view>{{"hello" + name}}</view>
```

.js 文件代码示例如下：

```
Page({
  data:{
    name: 'MINA'
  }
})
```

数据路径运算，.wxml 文件代码示例如下：

```
<view>{{object.key}} {{array[0]}}</view>
```

.js 文件代码示例如下：

```
Page({
  data: {
    object: {
      key: 'Hello '
    },
    array: ['MINA']
  }
})
```

3. 组合

也可以在 Mustache 内直接进行组合，构成新的数组或者对象。

（1）数组

.wxml 文件代码示例如下：

```
<view wx:for="{{[zero, 1, 2, 3, 4]}}"> {{item}} </view>
```

.js 文件代码示例如下：

```
Page({
  data: {
    zero: 0
  }
})
```

最终组合成数组 [0, 1, 2, 3, 4]。

（2）对象

.wxml 文件代码示例如下：

```
<template is="objectCombine" data="{{for: a, bar: b}}"></template>
```

.js 文件代码示例如下：

```
Page({
  data: {
    a: 1,
    b: 2
  }
})
```

最终组合成对象 {for: 1, bar: 2}。

也可以用扩展运算符 ... 将一个对象展开。.wxml 文件代码示例如下：

```
<template is="objectCombine" data="{{...obj1, ...obj2, e: 5}}"></template>
```

.js 文件代码示例如下：

```
Page({
  data: {
    obj1: {
      a: 1,
      b: 2
    },
    obj2: {
      c: 3,
      d: 4
    }
  }
})
```

最终组合成对象 {a: 1, b: 2, c: 3, d: 4, e: 5}。

如果对象的 key 和 value 相同，也可以间接地表达。.wxml 文件代码示例如下：

```
<template is="objectCombine" data="{{foo, bar}}"></template>
```

.js 文件代码示例如下：

```
Page({
  data: {
    foo: 'my-foo',
    bar: 'my-bar'
  }
})
```

最终组合成对象 {foo: 'my-foo', bar:'my-bar'}。

注意　上述方式可以随意组合，但如存在变量名相同的情况，后边的会覆盖前面的，如：

```
<template is="objectCombine" data="{{...obj1, ...obj2, a, c: 6}}"></template>
Page({
  data: {
    obj1: {
      a: 1,
      b: 2
    },
    obj2: {
      b: 3,
      c: 4
    },
    a: 5
  }
})
```

最终组合成的对象是 {a: 5, b: 3, c: 6}。花括号和引号之间如果有空格，将最终被解析成字符串。

.wxml 文件代码示例如下：

```
<view wx:for="{{[1,2,3]}} ">
  {{item}}
</view>
```

等同于代码：

```
<view wx:for="{{[1,2,3] + ' '}}">
  {{item}}
</view>
```

2.5.2　列表渲染

列表渲染是指，在小程序 .js 文件里，把 data 定义的数组数据通过 for 循环语句显示在 .wxml 页面中。当然 data 里面定义的各类数据可以通过其他方式进行变更。在实际的应用中，通过列表渲染可以输出产品列表、新闻列表等。

1. wx:for

在组件上使用 wx:for 控制属性绑定一个数组，即可使用数组中各项的数据重复渲染该组件。

数组的当前项的下标变量名默认为 index，数组当前项的变量名默认为 item，.wxml 文件代码示例如下：

```
<view wx:for="{{array}}">
  {{index}}: {{item.message}}
</view>
```

.js 文件代码示例如下：

```
Page({
  data: {
    array: [{
      message: 'foo',
    }, {
      message: 'bar'
    }]
  }
})
```

使用 wx:for-item 可以指定数组当前元素的变量名，使用 wx:for-index 可以指定数组当前下标的变量名，.wxml 文件代码示例如下：

```
<view wx:for="{{array}}" wx:for-index="idx" wx:for-item="itemName">
  {{idx}}: {{itemName.message}}
</view>
```

wx:for 也可以嵌套，下面是一个九九乘法表的 .wxml 文件代码示例：

```
<view wx:for="{{[1, 2, 3, 4, 5, 6, 7, 8, 9]}}" wx:for-item="i">
  <view wx:for="{{[1, 2, 3, 4, 5, 6, 7, 8, 9]}}" wx:for-item="j">
    <view wx:if="{{i <= j}}">
      {{i}} * {{j}} = {{i * j}}
    </view>
  </view>
</view>
```

2. block wx:for

可以将 wx:for 用在 <block/> 标签上，以渲染一个包含多节点的结构块。.wxml 文件代码示例如下：

```
<block wx:for="{{[1, 2, 3]}}">
  <view> {{index}}: </view>
  <view> {{item}} </view>
</block>
```

注意 <block/> 并不是一个组件，它仅仅是一个包装元素，不会在页面中做任何渲染，只接受控制属性。

3. wx:key

如果列表中项目的位置会动态改变或者有新的项目添加到列表中，并且希望列表中的项目保持自己的特征和状态（如 <input/> 中的输入内容，<switch/> 的选中状态），需要使用 wx:key 来指定列表中项的唯一标识符。

wx:key 的值有以下两种形式。

- 字符串：代表在 for 循环的 array 中 item 的某个 property，该 property 的值需要是列表中唯一的字符串或数字，且不能动态改变。
- 保留关键字（*this）：代表在 for 循环中的 item 本身，这种表示需要 item 本身是一个唯一的字符串或者数字，例如，当数据改变触发渲染层重新渲染的时候，会校正带有 key 的组件，框架会将它们重新排序，而不是重新创建，以确保组件保持自身的状态，并且提高列表渲染时的效率。如不提供 wx:key，会报错；如果明确知道该列表是静态的，或者不必关注其顺序，可以选择忽略。

.wxml 文件代码示例如下：

```
<switch wx:for="{{objectArray}}" wx:key="unique" style="display: block;"> {{item.
    id}} </switch>
<button bindtap="switch"> Switch </button>
<button bindtap="addToFront"> Add to the front </button>
<switch wx:for="{{numberArray}}" wx:key="*this" style="display: block;"> {{item}}
    </switch>
<button bindtap="addNumberToFront"> Add to the front </button>
```

.js 文件代码示例如下：

```
Page({
  data: {
    objectArray: [
      {id: 5, unique: 'unique_5'},
      {id: 4, unique: 'unique_4'},
      {id: 3, unique: 'unique_3'},
      {id: 2, unique: 'unique_2'},
      {id: 1, unique: 'unique_1'},
      {id: 0, unique: 'unique_0'},
    ],
    numberArray: [1, 2, 3, 4]
  },
  switch: function(e) {
    const length = this.data.objectArray.length
    for (let i = 0; i < length; ++i) {
      const x = Math.floor(Math.random() * length)
```

```
        const y = Math.floor(Math.random() * length)
        const temp = this.data.objectArray[x]
        this.data.objectArray[x] = this.data.objectArray[y]
        this.data.objectArray[y] = temp
      }
      this.setData({
        objectArray: this.data.objectArray
      })
    },
    addToFront: function(e) {
      const length = this.data.objectArray.length
      this.data.objectArray = [{id: length, unique: 'unique_' + length}].concat
          (this.data.objectArray)
      this.setData({
        objectArray: this.data.objectArray
      })
    },
    addNumberToFront: function(e){
      this.data.numberArray = [ this.data.numberArray.length + 1 ].concat(this.
          data.numberArray)
      this.setData({
        numberArray: this.data.numberArray
      })
    }
  })
```

注意，当 wx:for 的值为字符串时，会将字符串解析成字符串数组，.wxml 文件代码示例如下：

```
<view wx:for="array">
  {{item}}
</view>
```

等同于：

```
<view wx:for="{{['a','r','r','a','y']}}">
  {{item}}
</view>
```

花括号和引号之间如果有空格，将最终被解析成字符串，.wxml 文件代码示例如下：

```
<view wx:for="{{[1,2,3]}} ">
  {{item}}
</view>
```

等同于：

```
<view wx:for="{{[1,2,3] + ' '}}" >
  {{item}}
</view>
```

2.5.3　条件渲染

条件渲染是指，根据 if 语句中的条件来决定 if 语句所在区块是显示还是隐藏，如果 if 条件语句为 True，则渲染显示；如果 if 条件语句为 False，则隐藏不做渲染显示。在实际开发中，可以通过按钮来改变 if 条件语句的变量状态（True 和 False 之间转换）来实现某个区块的显示或隐藏。

1. wx:if

在框架中，使用 wx:if="{{condition}}" 来判断是否需要渲染该代码块，.wxml 文件代码示例如下：

```
<view wx:if="{{condition}}"> True </view>
```

也可以用 wx:elif 和 wx:else 来添加一个 else 块，.wxml 文件代码示例如下：

```
<view wx:if="{{length > 5}}"> 1 </view>
<view wx:elif="{{length > 2}}"> 2 </view>
<view wx:else> 3 </view>
```

2. block wx:if

因为 wx:if 是一个控制属性，需要将它添加到一个标签上。如果要一次性判断多个组件标签，可以使用一个 <block/> 标签将多个组件包装起来，并在上边使用 wx:if 控制属性，.wxml 文件代码示例如下：

```
<block wx:if="{{true}}">
  <view> view1 </view>
  <view> view2 </view>
</block>
```

3. wx:if vs hidden

因为 wx:if 之中的模板也可能包含数据绑定，所以当 wx:if 的条件值切换时，框架有一个局部渲染的过程，以确保条件块在切换时销毁或重新渲染。

同时，wx:if 也是惰性的，如果初始渲染条件为 False，框架什么也不做，在条件第一次变成真的时候才开始局部渲染。相比之下，hidden 就简单多了，组件始终会被渲染，只是简单地控制显示与隐藏。一般来说，wx:if 有更高的切换消耗，而 hidden 有更高的初始渲染消耗。因此，在需要频繁切换的情景下，用 hidden 更好；而在运行时条件不大可能改变时，则用 wx:if 较好。

2.5.4　模板

模板用于将一些公用的 WXML 代码单独整理成一个 .wxml 文件，然后在有需要的地方直接引入即可。可以在模板中定义代码片段，然后在不同的地方调用。

1. 定义模板

使用 name 属性作为模板的名字，然后在 <template/> 内定义代码片段。.wxml 文件代码示例如下：

```
<!--
  index: int
  msg: string
  time: string
-->
<template name="msgItem">
  <view>
    <text> {{index}}: {{msg}} </text>
    <text> Time: {{time}} </text>
  </view>
</template>
```

2. 使用模板

使用 is 属性声明需要使用的模板，然后将模板所需要的 data 传入。.wxml 文件代码示例如下：

```
<template is="msgItem" data="{{...item}}"/>
```

.js 文件代码示例如下：

```
Page({
  data: {
    item: {
      index: 0,
      msg: 'this is a template',
      time: '2016-09-15'
    }
  }
})
```

is 属性可以使用 Mustache 语法，动态决定具体需要渲染哪个模板。.wxml 文件代码示例如下：

```
<template name="odd">
  <view> odd </view>
</template>
<template name="even">
  <view> even </view>
</template>
<block wx:for="{{[1, 2, 3, 4, 5]}}">
  <template is="{{item % 2 == 0 ? 'even' : 'odd'}}"/>
</block>
```

模板拥有自己的作用域，只能使用 data 传入的数据以及模板定义文件中定义的 <wxs /> 模块。

2.5.5　事件

事件是控件可以识别的操作，如按下某个按钮，选择某个复选框。每一种控件有自己可以识别的事件，如小程序页面的加载、按钮的单击、表单的提交等事件，也包括编辑框（文本框）的文本改变事件等。

事件有如下特征：

- 事件是视图层到逻辑层的通信方式。
- 事件可以将用户的行为反馈到逻辑层进行处理。
- 事件可以绑定在组件上，当达到触发事件，就会执行逻辑层中对应的事件处理函数。
- 事件对象可以携带额外信息，如 id、dataset、touches。

1. 事件的使用方式

在组件中绑定一个事件处理函数，如 bindtap，当用户点击该组件的时候，会在该页面对应的 Page 中找到相应的事件处理函数，.wxml 文件代码示例如下：

```
<view id="tapTest" data-hi="WeChat" bindtap="tapName"> Click me! </view>
```

在相应的 Page 定义中写入相应的事件处理函数，参数是 event，.js 文件代码示例如下：

```
Page({
  tapName: function(event) {
    console.log(event)
  }
})
```

可以看到，log 出来的信息大致如下：

```
{
  "type":"tap",
  "timeStamp":895,
  "target": {
    "id": "tapTest",
    "dataset":  {
      "hi":"WeChat"
    }
  },
  "currentTarget":  {
    "id": "tapTest",
    "dataset": {
      "hi":"WeChat"
    }
  },
  "detail": {
    "x":53,
    "y":14
  },
```

```
  "touches":[{
    "identifier":0,
    "pageX":53,
    "pageY":14,
    "clientX":53,
    "clientY":14
  }],
  "changedTouches":[{
    "identifier":0,
    "pageX":53,
    "pageY":14,
    "clientX":53,
    "clientY":14
  }]
}
```

2. 事件分类

事件分为冒泡事件和非冒泡事件。

- 冒泡事件：当一个组件上的事件被触发后，该事件会向父节点传递。
- 非冒泡事件：当一个组件上的事件被触发后，该事件不会向父节点传递。

WXML 的冒泡事件参见表 2-14。

表 2-14 WXML 的冒泡事件列表

类 型	触发条件	最低版本
touchstart	手指触摸动作开始	
touchmove	手指触摸后移动	
touchcancel	手指触摸动作被打断，如来电提醒、弹窗	
touchend	手指触摸动作结束	
tap	手指触摸后马上离开	
longpress	手指触摸后，超过 350ms 再离开，如果指定了事件回调函数并触发了这个事件，tap 事件将不被触发	1.5.0
longtap	手指触摸后，超过 350ms 再离开（推荐使用 longpress 事件代替）	
transitionend	会在 WXSS transition 或 wx.createAnimation 动画结束后触发	
animationstart	会在一个 WXSS animation 动画开始时触发	
animationiteration	会在一个 WXSS animation 一次迭代结束时触发	
animationend	会在一个 WXSS animation 动画完成时触发	
touchforcechange	在支持 3D Touch 的 iPhone 设备上重按时会触发	1.9.90

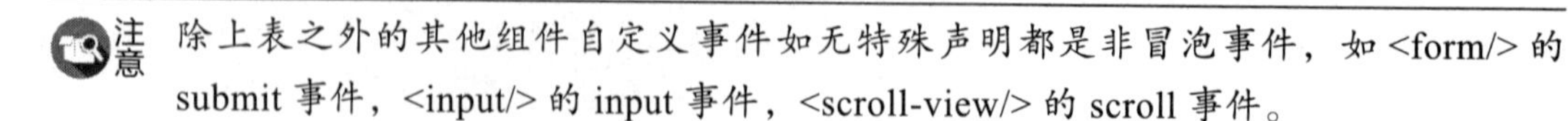
注意 除上表之外的其他组件自定义事件如无特殊声明都是非冒泡事件，如 <form/> 的 submit 事件，<input/> 的 input 事件，<scroll-view/> 的 scroll 事件。

3. 事件绑定和冒泡

事件绑定的写法与组件的属性相关，分为 key 和 value 两种形式：

- key 以 bind 或 catch 开头，后跟事件的类型，如 bindtap、catchtouchstart。自基础库版本 1.5.0 起，在非原生组件中，bind 和 catch 后可以紧跟一个冒号，其含义不变，如 bind:tap、catch:touchstart。
- value 是一个字符串，需要在对应的 Page 中定义同名的函数，否则当触发事件的时候会报错。

提示　bind 事件绑定不会阻止冒泡事件向上冒泡，catch 事件绑定可以阻止冒泡事件向上冒泡。

例如，在下面这个例子中，点击 inner view 会依次调用 handleTap3 和 handleTap2（因为 tap 事件会冒泡到 middle view，而 middle view 阻止了 tap 事件冒泡，不再向父节点传递），点击 middle view 会触发 handleTap2，点击 outer view 会触发 handleTap1，.wxml 文件代码示例如下：

```
<view id="outer" bindtap="handleTap1">
  outer view
  <view id="middle" catchtap="handleTap2">
    middle view
    <view id="inner" bindtap="handleTap3">
      inner view
    </view>
  </view>
</view>
```

4. 事件的捕获阶段

自基础库版本 1.5.0 起，触摸类事件支持捕获阶段。捕获阶段位于冒泡阶段之前，在捕获阶段中，事件到达节点的顺序与冒泡阶段恰好相反。需要在捕获阶段监听事件时，可以采用 capture-bind、capture-catch 关键字，后者将中断捕获阶段和取消冒泡阶段。

在下面的 .wxml 文件代码中，点击 inner view 会依次调用 handleTap2、handleTap4、handleTap3、handleTap1：

```
<view id="outer" bind:touchstart="handleTap1" capture-bind:touchstart="handleTap2">
  outer view
  <view id="inner" bind:touchstart="handleTap3" capture-bind:touchstart="handleTap4">
    inner view
  </view>
</view>
```

如果将上面代码中的第一个 capture-bind 改为 capture-catch，将只触发 handleTap2。.wxml 文件代码示例如下：

```
<view id="outer" bind:touchstart="handleTap1" capture-catch:touchstart="handleTap2">
  outer view
  <view id="inner" bind:touchstart="handleTap3" capture-bind:touchstart="handleTap4">
    inner view
  </view>
</view>
```

5. 事件对象

如无特殊说明，当组件触发事件时，逻辑层绑定该事件的处理函数会收到一个事件对象。

BaseEvent 基础事件对象属性如下：

属　性	类　型	说　明
type	String	事件类型
timeStamp	Integer	事件生成时的时间戳
target	Object	触发事件的组件的一些属性值集合
currentTarget	Object	当前组件的一些属性值集合

其中，type 代表事件的类型。

timeStamp 页面打开到触发事件所经过的毫秒数。

target 触发事件的源组件，属性如下：

属　性	类　型	说　明
id	String	事件源组件的 id
tagName	String	当前组件的类型
dataset	Object	事件源组件上由 data- 开头的自定义属性组成的集合

currentTarget 事件绑定的当前组件，属性如下：

属　性	类　型	说　明
id	String	当前组件的 id
tagName	String	当前组件的类型
dataset	Object	当前组件上由 data- 开头的自定义属性组成的集合

说明：target 和 currentTarget 可以参考上例，点击 inner view 时，handleTap3 收到的事件对象 target 和 currentTarget 都是 inner，而 handleTap2 收到的事件对象 target 就是 inner，currentTarget 就是 middle。

CustomEvent 自定义事件对象属性（继承 BaseEvent）如下：

属　性	类　型	说　明
detail	Object	额外的信息

TouchEvent 触摸事件对象属性（继承 BaseEvent）如下：

属　性	类　型	说　明
detail	Array	触摸事件，当前停留在屏幕中的触摸点信息的数组
changedTouches	Array	触摸事件，当前变化的触摸点信息的数组

特殊事件：<canvas/> 中的触摸事件不可冒泡，所以没有 currentTarget。

6. dataset

在组件中可以定义数据，这些数据将会通过事件传递给 SERVICE。书写方式：以 data-开头，多个单词由连字符 - 链接，不能有大写（大写会自动转成小写），如 data-element-type，最终在 event.currentTarget.dataset 中会将连字符转成驼峰形式，如 elementType。

.wxml 文件代码示例如下：

```
<view data-alpha-beta="1" data-alphaBeta="2" bindtap="bindViewTap"> DataSet Test
    </view>
```

.js 文件代码示例如下：

```
Page({
  bindViewTap:function(event){
    event.currentTarget.dataset.alphaBeta === 1 // -会转为驼峰写法
    event.currentTarget.dataset.alphabeta === 2 //大写会转为小写
  }
})
```

7. touches

touches 是一个数组，每个元素为一个 Touch 对象（canvas 触摸事件中携带的 touches 是 CanvasTouch 数组）。表示当前停留在屏幕上的触摸点。

Touch 对象属性如下：

属　性	类　型	说　明
identifier	Number	触摸点的标识符
x, y	Number	距离 Canvas 左上角的距离，Canvas 的左上角为原点，横向为 X 轴，纵向为 Y 轴

8. changedTouches

changedTouches 数据格式同 touches，表示有变化的触摸点，如从无变有（touchstart），位置变化（touchmove），从有变无（touchend、touchcancel）。

9. detail

自定义事件所携带的数据，如表单组件的提交事件会携带用户的输入，媒体的错误事件会携带错误信息，详见组件定义中各个事件的定义。

点击事件的 detail 带有的 x 和 y，同 pageX 和 pageY，代表到文档左上角的距离。

2.5.6 引用

WXML 提供两种文件引用方式：import 和 include。

1. import

import 可以在该文件中使用目标文件定义的 template，例如，在 item.wxml 中定义了一个名为 item 的 template，.wxml 文件代码示例如下：

```
<!-- item.wxml -->
<template name="item">
  <text>{{text}}</text>
</template>
```

在 index.wxml 中引用了 item.wxml，就可以使用 item 模板，.wxml 文件代码示例如下：

```
<import src="item.wxml"/>
<template is="item" data="{{text: 'forbar'}}"/>
```

import 有作用域的概念，即只输入目标文件中定义的模板，而不输入目标文件自己输入的模板。例如，C import B，B import A，在 C 中可以使用 B 定义的 template，在 B 中可以使用 A 定义的 template，但是 C 不能使用 A 定义的 template。

.wxml 文件代码示例如下：

```
<!-- A.wxml -->
<template name="A">
  <text> A template </text>
</template>
```

.wxml 文件代码示例如下：

```
<!-- B.wxml -->
<import src="a.wxml"/>
<template name="B">
  <text> B template </text>
</template>
```

.wxml 文件代码示例如下：

```
<!-- C.wxml -->
<import src="b.wxml"/>
<template is="A"/>  <!-- Error! Can not use tempalte when not import A. -->
<template is="B"/>
```

2. include

include 可以将目标文件除 <template/> <wxs/> 之外的整个代码引入，相当于拷贝到 include 位置，.wxml 文件代码示例如下：

```
<!-- index.wxml -->
<include src="header.wxml"/>
<view> body </view>
<include src="footer.wxml"/>
```

.wxml 文件代码示例如下：

```
<!-- header.wxml -->
<view> header </view>

<!-- footer.wxml -->
<view> footer </view>
```

第二部分 Part 2

小程序样式入门

Chapter 3 第3章

小程序样式基础

小程序 WXSS 中的样式语法沿用了传统的 CSS 和 CSS3 语法，本章主要讲解在小程序中如何应用一些基础的 CSS 语法，主要涉及元素选择器、ID 选择器、类选择器、样式的几种写法、背景颜色、文本、字体、轮廓等知识点。

每个小节我们会先讲解常规 CSS 的基础语法，然后介绍在微信小程序中如何应用。

3.1 元素选择器

在 W3C 标准中，元素选择器又称为类型选择器（type selector）。类型选择器匹配文档树中该元素类型的每一个实例。在网页开发中，元素选择器可以理解为 HTML 的元素；在微信小程序中，元素选择器可以理解为微信小程序中的组件。

1. 基础语法

最常见的 CSS 选择器是元素选择器。换句话说，文档的元素就是最基本的选择器。如果设置 HTML 的样式，选择器通常是某个 HTML 元素，比如 p、h1、em、a，甚至可以是 HTML 本身，代码示例如下：

```
html {color:black;}
h1 {color:blue;}
h2 {color:silver;}
```

可以将某个样式从一个元素切换到另一个元素。假设将上面的段落文本（而不是 h1 元素）设置为灰色，只需要把 h1 选择器改为 p，代码示例如下：

```
html {color:black;}
```

```
p {color:gray;}
h2 {color:silver;}
```

2. 小程序应用

微信小程序中，我们可以把每个组件当作一个元素，比如小程序中常用的 view 组件和 text 组件。我们可以借鉴 CSS 的使用方式。

.wxml 文件代码示例如下：

```
<view>
  <text>文本</text>
</view>
```

.wxss 文件代码示例如下：

```
/*元素选择器*/
page{
  background-color:  gainsboro;                /* page表示整个页面*/
}
view{
  background-color:  aliceblue;                /*定义整个view的背景颜色*/
}
text{
  background-color:  burlywood; color: red;    /*定义text的背景颜色和字体颜色*/
}
```

元素选择器使用效果如图 3-1 所示。给 view 加了一个背景颜色，给 text 也增加了一个背景颜色和红色文字。

图 3-1　元素选择器的使用效果

3.2　ID 选择器

有些情况下，文档中会出现某个特定 ID 值，但是并不知道它会出现在哪个元素上，所以你想声明独立的 ID。ID 选择器允许以一种独立于文档元素的方式来指定样式，类似于类，可以独立于元素来选择 ID。

1. 基础语法

ID 选择器以 "#" 来定义。ID 选择器可以为标有特定 ID 的 HTML 元素指定特定的样式。

例如，有两个 ID 选择器，第一个定义元素的颜色为红色，第二个定义元素的颜色为绿色，代码如下：

```
#red {color:red;}          /*定义红色*/
#green {color:green;}      /*定义绿色*/
```

下面的 HTML 代码中，id 属性为 red 的 p 元素显示为红色，而 id 属性为 green 的 p 元素显示为绿色：

```
<p id="red">这个段落是红色。</p>
<p id="green">这个段落是绿色。</p>
```

注意 id 属性只能在每个 HTML 文档中出现一次。

---

2. 小程序应用

小程序中 ID 选择器使用方式同 CSS，在 WXML 页面的组件中定义 ID，然后在 WXSS 中使用 # 号来定义组件的样式。

.wxml 文件代码示例如下：

```
<view>
  <text>普通文本</text>
  <text id="myid">ID选择器里面的文本</text><!—在组件中定义样式的id-->
</view>
```

.wxss 文件代码示例如下：

```
/*元素选择器*/
page{
  background-color:  gainsboro;
}
view{
 background-color:  aliceblue;
}
/* id选择器*/
#myid{
  color: white;background-color: black; /*定义在wxml页面中对应id的样式*/
}
```

ID 选择器使用效果如图 3-2 所示。

图 3-2 ID 选择器使用效果

3. ID 派生选择器

在现代布局中，ID 选择器常常用于建立派生选择器。代码示例如下：

```
#sidebar p {
  font-style: italic;
  text-align: right;
  margin-top: 0.5em;
}
```

上面的样式只会应用于 ID 是 sidebar 的元素内的段落。这个元素很可能是 div 或者是表格单元，或者其他块级元素，甚至可以是一个内联元素，比如 <em></em> 或者 <span></span>，不过这样的用法是非法的，因为不可以在内联元素 <span> 中嵌入 <p>。

一个选择器可以有多种用法。即使被标注为 sidebar 的元素只能在文档中出现一次，这个 ID 选择器作为派生选择器也可以被使用很多次，代码示例如下：

```
#sidebar p {
  font-style: italic;
  text-align: right;
  margin-top: 0.5em;
}
#sidebar h2 {
  font-size: 1em;
  font-weight: normal;
  font-style: italic;
  margin: 0;
  line-height: 1.5;
  text-align: right;
}
```

在这里，与页面中的其他 p 元素明显不同的是，sidebar 内的 p 元素得到了特殊的处理，同时，与页面中其他所有 h2 元素明显不同的是，sidebar 中的 h2 元素也得到了特殊的处理。

我们尝试用上小节的知识点来实现：将 view 组件里面的所有 text 文本显示为红色。

.wxml 文件代码示例如下：

```
<view>
  <text>普通文本</text>
  <text id="myid">ID选择器里面的文本</text> <!—定义id选择器名为myid-->
</view>
<view id="myid2">  <!—定义id选择器名为myid2-->
  <text>普通文本</text>
</view>
```

.wxss 文件代码示例如下：

```
/*元素选择器*/
page{
  background-color:  gainsboro;
}
view{
 background-color:  aliceblue;
}
/* id选择器*/
#myid{
  color: white;background-color: black;
              /*定义text黑色背景，白色字体*/
}
#myid2 text{ /*派生选择器，定义id为myid2的组
                件内的text文本字体颜色为red*/
  color:red;
}
```

ID 派生选择器使用效果如图 3-3 所示。

图 3-3　ID 派生选择器使用效果

3.3 类选择器

要应用样式而不考虑具体设计的元素，最常用的方法就是使用类选择器。类选择器允许以一种独立于文档元素的方式来指定样式。该选择器可以单独使用，也可以与其他元素结合使用。

提示 只有恰当地标记文档后，才能使用这些选择器，所以使用这两种选择器通常需要先做一些构想和计划。

1. 基础语法

在 CSS 中，类选择器以一个点号显示，代码示例如下：

```
.center {text-align: center}  /*定义名称为center的样式，可供class类选择器调用*/
```

在例子中，所有拥有 center 类的 HTML 元素均为居中。

在下面的 HTML 代码中，h1 和 p 元素都有 center 类。这意味着两者都将遵守 ".center" 类选择器中的规则，代码示例如下：

```
<h1 class="center">  <!—class类选择器：应用样式名为center的样式-->
  This heading will be center-aligned
</h1>
<p class="center">   <!—class类选择器：应用样式名为center的样式-->
  This paragraph will also be center-aligned.
</p>
```

注意 类名的第一个字符不能使用数字！

2. 小程序应用

下面举例说明在微信小程序中如何定义 3 行不同颜色的文本。

微信小程序中的 view 组件相当于 div 块级元素，每个 view 自成一行；小程序中的 text 组件是行内元素，可以理解为类似 span 元素；如果将 3 个文本 text 放在同一个 view 里面，则都显示在同一行。定义在 view 组件里面的 text 文本颜色会继承 view 的颜色；如果 view 组件内的 text 重新定义了颜色样式，会覆盖 view 组件里面定义的颜色。

.wxml 文件代码示例如下：

```
<view class='myclass01'><!—view是块级元素，显示为一行-->
  <text>普通文本</text><!—text是行内元素，多个text都是显示在一行-->
</view>
<view class='myclass02'>
  <text >普通文本</text>
</view>
<view>
```

```
  <text  class='myclass03'>普通文本</text>
</view>
```

.wxss 文件代码示例如下：

```
/*元素选择器*/
page{
  background-color:  gainsboro;
}
view{
 background-color:  aliceblue;
}
/* id选择器*/
.myclass01{
  color: red;      /*字体为红色*/
}
.myclass02{
  color:purple;    /*字体为紫色*/
}
.myclass03{
  color:blue;      /*字体为蓝色*/
}
```

类选择器使用效果如图 3-4 所示。

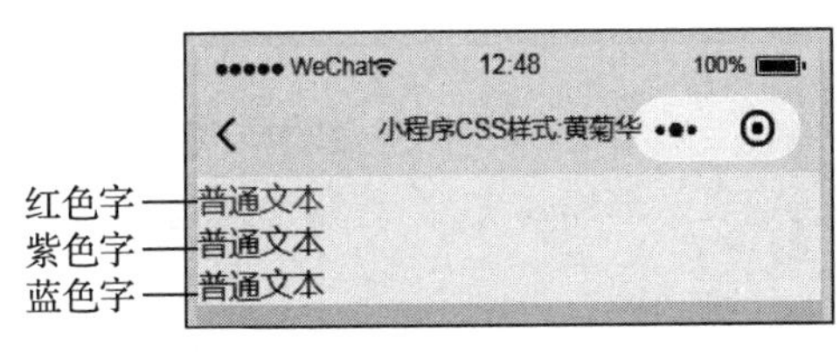

图 3-4　类选择器使用效果图

3.4　样式的几种写法

CSS 允许以多种方式规定样式信息。样式可以规定在单个的 HTML 元素中，也可以在 HTML 页的头元素中，或在一个外部的 CSS 文件中，甚至可以在同一个 HTML 文档内部引用多个外部样式表。

当同一个 HTML 元素被不止一个样式定义时，会使用哪个样式呢？一般而言，所有的样式会根据下面的规则层叠于一个新的虚拟样式表中，其中 4）拥有最高的优先权。

1）浏览器默认设置。

2）外部样式表。

3）内部样式表（位于 <head> 标签内部）。

4）内联样式（在 HTML 元素内部）。

3.4.1　Web 中样式的几种写法

当浏览器读到一个样式表时，会根据它来格式化 HTML 文档。插入样式表的方法有 3 种。

第 1 种：外部样式表

当样式需要应用于很多页面时，外部样式表是理想的选择。在使用外部样式表时，你可以通过改变一个文件来改变整个站点的外观。每个页面使用 <link> 标签链接到样式表。<link> 标签在（文档的）头部，代码示例如下：

```
<head>
<link rel="stylesheet" type="text/css" href="mystyle.css" />
</head>
```

浏览器会从文件 mystyle.css 中读到样式声明，并根据该声明来格式文档。

外部样式表可以在任何文本编辑器中进行编辑。文件不能包含任何的 html 标签。样式表应该以 .css 扩展名进行保存。下面是一个样式表文件的例子，代码如下：

```
hr {color: sienna;}
p {margin-left: 20px;}
body {background-image: url("images/back40.gif");}
```

第 2 种：内部样式表

当单个文档需要特殊的样式时，应该使用内部样式表。可以使用 <style> 标签在文档头部定义内部样式表，代码示例如下：

```
<head>
<style type="text/css">
  hr {color: sienna;}
  p {margin-left: 20px;}
  body {background-image: url("images/back40.gif");}
</style>
</head>
```

第 3 种：内联样式

由于要将表现和内容混杂在一起，内联样式会损失样式表的许多优势，例如当样式仅需要在一个元素上应用一次时，请慎用这种方法。

要使用内联样式，需要在相关的标签内使用样式（style）属性。style 属性可以包含任何 CSS 属性。下面的代码示例展示了如何改变段落的颜色和左外边距：

```
<p style="color: sienna; margin-left: 20px">
This is a paragraph
</p>
```

多重样式

如果某些属性在不同的样式表中被同样的选择器定义，那么属性值将从更具体的样式表中被继承过来。

例如，外部样式表拥有针对 h3 选择器的三个属性，代码如下：

```
h3 {
  color: red;
  text-align: left;
```

```
  font-size: 8pt;
  }
```

而内部样式表拥有针对 h3 选择器的两个属性，代码如下：

```
h3 {
  text-align: right;
  font-size: 20pt;
  }
```

假如拥有内部样式表的这个页面同时与外部样式表链接，代码示例如下：

```
color: red;
text-align: right;
font-size: 20pt;
```

那么 h3 得到的样式，即颜色属性将被继承于外部样式表，而文字排列（text-alignment）和字体尺寸（font-size）会被内部样式表中的规则取代。

3.4.2　小程序中样式的几种写法

微信小程序中如何插入样式表？当读到一个样式表时，小程序会根据样式来格式化显示页面。插入样式表的方法有三种：

第 1 种：默认微信小程序的每个程序对应一个 .wxss 文件，样式直接写在该文件即可。

第 2 种：直接在 WXML 组件里写样式（类似 Web 中的内联样式写法）。

第 3 种：样式写在外部 .wxss 文件中，在默认小程序对应的 .wxss 文件中引用。

此处，在根目录下的 style 文件下定义了一个自定义样式文件 mycss.wxss，.wxss 文件代码示例如下：

```
.mytext03{
  color: green;
}
```

.wxml 文件代码示例如下：

```
<view>
  <text class='mytext01'>文本内容1</text>  <!--第1种样式定义：小程序默认样式写法-->
  <text style='color:blue;'>文本内容2</text><!--第2种样式定义：样式写在组件里-->
  <text class='mytext03'>文本内容3</text><!--第3种样式定义：外部定义样式，然后引用-->
</view>
```

.wxss 文件代码示例如下：

```
@import '/style/mycss.wxss';
              /*第3种样式定义：外部定义样式，然后引用*/
.mytext01{
  color: red; /*第1种样式定义：小程序默认样式写法*/
}
```

效果如图 3-5 所示。

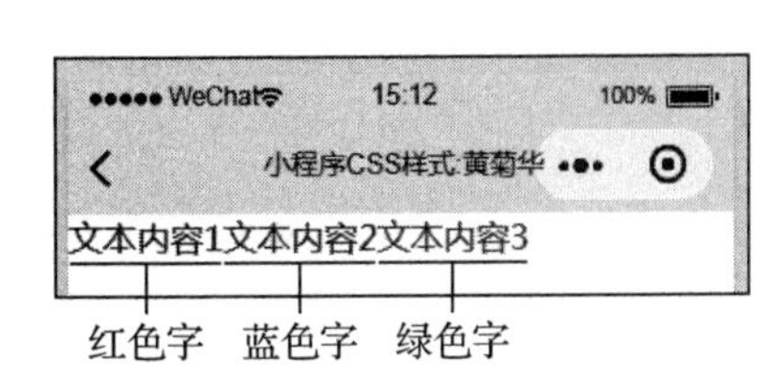

图 3-5　小程序中样式的几种写法效果

3.5 背景颜色

CSS 允许应用纯色作为背景。

1. 基础语法

可以使用 background-color 属性为元素设置背景色。该属性接受任何合法的颜色值。

根据这条规则把元素的背景设置为灰色，代码示例如下：

```
p {background-color: gray;}
```

如果希望背景色从元素中的文本与外边框有一定的空隙，只需增加一些内边距，代码示例如下：

```
p {background-color: gray; padding: 20px;}
```

可以为所有元素设置背景色，包括从 body 到 em 和 a 等行内元素。

background-color 不能继承，其默认值是 transparent。transparent 有“透明”之意。也就是说，如果一个元素没有指定背景色，那么背景就是透明的，这样其祖先元素的背景才能可见。

2. 小程序应用

下面举例说明在小程序中定义 view 组件和 text 组件的背景。

.wxml 文件代码示例如下：

```
<view > <--默认，不做任何定义-->
  文本内容01
</view>

<view class='cls01'> <--定义view的背景-->
  文本内容02
</view>

<view>
  <text  class='cls02'>文本内容03</text>  <--定义text的背景-->
</view>

<--定义view的背景，其内嵌套text（也定义背景）-->
<view class='cls3-1'>
  <text class='cls3-2'>文本内容04</text>
</view>
```

.wxss 文件代码示例如下：

```
.cls01{
  background-color:  gainsboro;
}
.cls02{
  background-color: goldenrod;
```

```
}
.cls3-1{
  background-color: oldlace;
}
.cls3-2{
  background-color: orange;
}
```

背景颜色使用效果如图 3-6 所示。

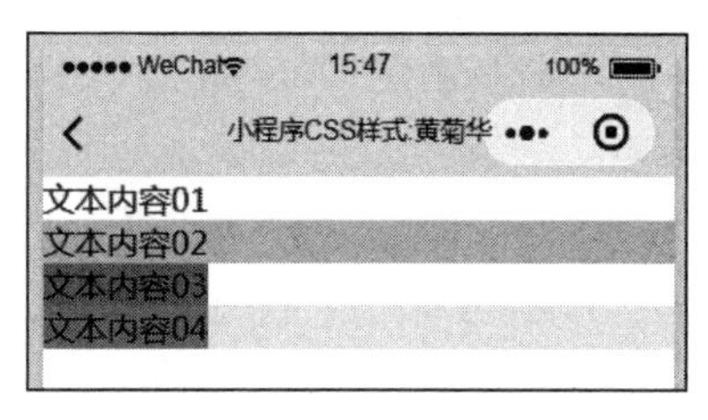

图 3-6　背景颜色使用效果

3.6　文本

CSS 文本属性可定义文本的外观。通过文本属性，可以改变文本的颜色、字符间距、对齐文本、装饰文本、对文本进行缩进，等等。

3.6.1　水平对齐（text-align）

1. 基础语法

text-align 是一个基本的属性，它会影响一个元素中文本行互相之间的对齐方式。

西方语言都是从左向右读的，所以 text-align 的默认值是 left。文本在左边界对齐，右边界呈锯齿状（也称为“从左到右”文本）。对于如希伯来语和阿拉伯语之类的语言，text-align 默认为 right，因为这些语言是从右向左读的。顾名思义，center 会使每个文本行在元素中居中排列。

text-align 属性值如下：

值	描　述
left	将文本左对齐。默认值：由浏览器决定
right	将文本右对齐
center	将文本居中
justify	将文本两端对齐
inherit	规定应该从父元素继承 text-align 属性的值

提示　将块级元素或表元素居中，要通过在这些元素上适当地设置左、右外边距来实现。

（1）text-align:center 与 <CENTER>

你可能会认为 text-align:center 与 <CENTER> 元素的作用一样，但实际上二者大相径庭。

<CENTER> 不仅影响文本，还会把整个元素居中。text-align 不会控制元素的对齐，而只影响内部内容。即元素本身不会受影响，只是其中的文本受影响。

（2）justify 属性

justify 将文本设置为两端对齐，即文本行的左右两端都放在父元素的内边界上，然后，调整单词和字母间的间隔，使各行的长度恰好相等。需要注意的是，要由用户代理（而不是 CSS）来确定两端对齐文本如何拉伸，以填满父元素左右边界之间的空间。

2. 小程序应用

下面举例说明如何在微信小程序中定义 text 文本在 view 中的水平对齐方式和两端对齐文本。

.wxml 文件代码示例如下：

```
<view > <!--文本默认在view中居左-->
  文本内容（默认居左）
</view>

<view class='mycenter'><!—定义文本在view中居中-->
  文本内容（居中）
</view>
<view class='mycenter'><!—定义文本text在view中居中-->
  <text>文本内容（居中）</text>
</view>

<view class='myright'><!—定义文本在view中居右-->
  文本内容（居右）
</view>
<view class='myright'><!—定义文本text在view中居中-->
  <text>文本内容（居右）</text>
</view>

<view class='myjustify'><!—定义文本在view中两端对齐-->
小程序是一种不用下载就能使用的应用，也是一项门槛非常高的创新，经过将近两年的发展，已经构造了新的小程序开发环境和开发者生态
</view>

<view > <!—默认效果，见图3-7，右侧虚线框处没有对齐-->
小程序是一种不用下载就能使用的应用，也是一项门槛非常高的创新，经过将近两年的发展，已经构造了新的小程序开发环境和开发者生态
</view>
```

.wxss 文件代码示例如下：

```
text{
  background-color: gainsboro;
}

/*水平对齐*/
.mycenter{
  text-align: center;   /*居中*/
}
```

```
.myright{
  text-align: right;        /*居右*/
}
.myjustify{
  text-align:  justify;    /*实现两端对齐文本效果*/
}
```

水平对齐效果如图 3-7 所示。

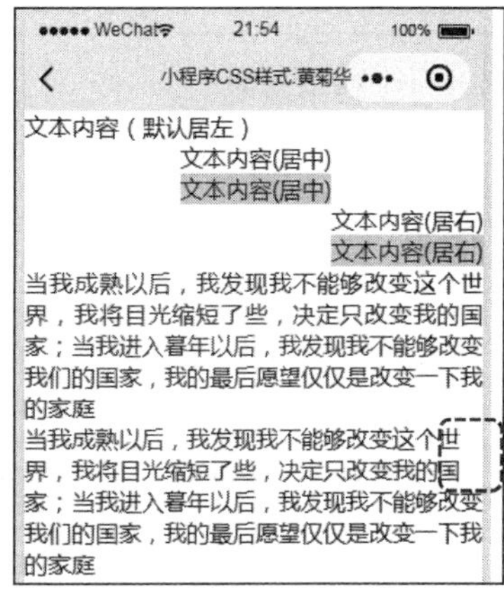

图 3-7　水平对齐效果

3.6.2　文本最后行对齐（text-align-last）

text-align-last 属性规定如何对齐文本的最后一行。

注意　text-align-last 属性只有在 text-align 属性设置为 justify 时才起作用。

text-align-last 属性值如下：

值	描　述
auto	默认值。最后一行被调整，并向左对齐
left	最后一行向左对齐
right	最后一行向右对齐
center	最后一行居中对齐
justify	最后一行两端对齐
start	最后一行在行开头对齐（如果 text-direction 是从左到右，则向左对齐；如果 text-direction 是从右到左，则向右对齐）
end	最后一行在行末尾对齐（同上）
initial	设置该属性为它的默认值
inherit	从父元素继承该属性

3.6.3　缩进文本（text-indent）

1. 基础语法

把 Web 页面上的段落的第一行缩进，这是一种最常用的文本格式化效果。CSS 提供了 text-indent 属性，该属性可以方便地实现文本缩进。

通过使用 text-indent 属性，所有元素的第一行都可以缩进一个给定的长度，甚至该长度可以是负值。下面的代码示例会使所有段落的首行缩进 5 em：

```
p {text-indent: 5em;}
```

一般来说，可以为所有块级元素应用 text-indent 属性，但无法将该属性应用于行内元素，图像之类的元素上也无法应用 text-indent 属性。不过，如果一个块级元素（比如段落）的首行中有一个图像，它会随该行的其余文本移动。

> 提示 如果想把一个行（非首行）内元素“缩进”，可以用左内边距或外边距创造这种效果。

（1）**使用负值**

text-indent 还可以设置为负值。可以实现很多有趣的效果，比如“悬挂缩进”，即第一行悬挂在元素中余下部分的左边，代码示例如下：

```
p {text-indent: -5em;}
```

在为 text-indent 设置负值时要小心，如果对一个段落设置了负值，那么首行的某些文本可能会超出浏览器窗口的左边界。为了避免出现这种显示问题，建议针对负缩进再设置一个外边距或一些内边距，代码示例如下：

```
p {text-indent: -5em; padding-left: 5em;}
```

（2）**使用百分比值**

text-indent 可以使用所有长度单位，包括百分比值。

百分数相对于元素父元素的宽度进行缩进。换句话说，如果将缩进值设置为 20%，所影响元素的第一行会缩进其父元素宽度的 20%。

在下例中，缩进值是父元素的 20%，即 100px，代码示例如下：

```
div {width: 500px;}
p {text-indent: 20%;}

<div>
<p>this is a paragragh</p>
</div>
```

（3）**继承**

text-indent 属性可以继承，示例代码如下：

```
div#outer {width: 500px;}
div#inner {text-indent: 10%;}
p {width: 200px;}

<div id="outer">
<div id="inner">some text. some text. some text.
<p>this is a paragragh.</p>
</div>
</div>
```

以上标记中的段落也会缩进 50px，这是因为这个段落继承了 id 为 inner 的 div 元素的缩进值。

2. 小程序应用

根据基础语法，下面在微信小程序中实现文本的缩进。

.wxml 文件代码示例如下：

```
<view class='cls1'>
    文本内容（块级元素支持缩进）
</view>
<view >
  <text class='cls2'>文本内容（行内元素不支持缩进）</text>
</view>
<view class='cls3'>
  <text>文本内容（文本缩进）</text>
</view>
```

.wxss 文件代码示例如下：

```
/*缩进文本*/
.cls1{
  text-indent: 2em; /*缩进2个字距*/
}
.cls2{
  text-indent: 2em;
  /*可以为所有块级元素应用text-indent，但无法将该属性应用于行内元素*/
}
.cls3{
  text-indent: 2em;
}
```

缩进文本效果如图 3-8 所示。

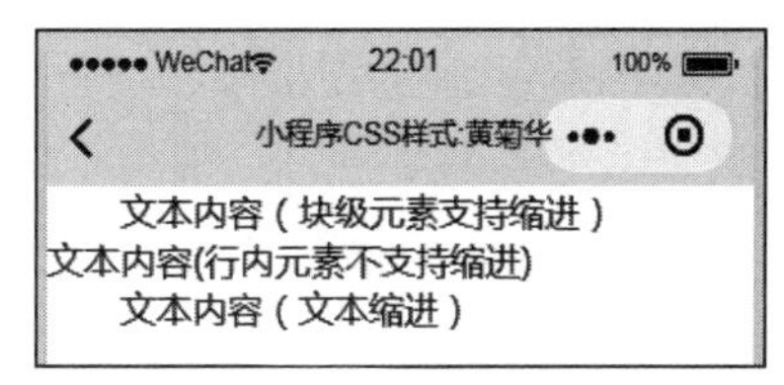

图 3-8　缩进文本效果

3.6.4　文本装饰（text-decoration）

1. 基础语法

text-decoration 是一个很有意思的属性，它提供了很多非常有趣的行为。text-decoration 有 5 个值：none、underline、overline、line-through、blink。

顾名思义，underline 会对元素加下划线，就像 HTML 中的 U 元素一样。overline 的作用恰好相反，会在文本的顶端加上划线。值 line-through 则在文本中间画一个贯穿线，等价于 HTML 中的 S 和 strike 元素。blink 会让文本闪烁，类似于 Netscape 支持的颇招非议的 blink 标记。

none 值会关闭原本应用到一个元素上的所有装饰。通常，无装饰的文本是默认外观，但也不总是这样。例如，链接默认会有下划线。如果希望去掉超链接的下划线，可以使用 CSS 达到目的，代码示例如下：

```
a {text-decoration: none;}
```

注意　如果显式地用这样一个规则去掉链接的下划线，那么锚（链接文字）与正常文本之

间在视觉上的唯一差别就是颜色（至少默认是这样的，不过也不能完全保证其颜色肯定有区别）。

2. 小程序应用

根据基础语法，下面在微信小程序中实现如何定义文本的顶端线条、底部线条、中间贯穿线。

说明：text 是行内元素，所以这里都是指一行；如果想每个 text 一行，需要在每个 text 外面加上 view，view 是块级元素，每个 view 自成一行。

.wxml 文件代码示例如下：

```
<view>
  <text class='cls1'>顶端线条</text>
  <text class='cls2'>底部线条</text>
  <text class='cls3'>中间贯穿线</text>
</view>
```

.wxss 文件代码示例如下：

```
view{
  margin-top: 10px;                /*距离顶部的外边距*/
}
/*文本装饰*/
.cls1{
  text-decoration: overline;       /*上划线*/
}
.cls2{
  text-decoration: underline;      /*下划线*/
}
.cls3{
  text-decoration: line-through;  /*中间画一个贯穿线*/
}
```

文本装饰效果如图 3-9 所示。

图 3-9 文本装饰效果

3.6.5 单词间隔（text-justify）

1. 基础语法

text-justify 改变单词间的间隔，即改变字与字之间的间距使得文字在行内排齐，代码示例如下：

```
div
{
  text-align:justify;
  text-justify:inter-word;
}
```

只有 Internet Explorer 支持 text-justify 属性；而火狐、Chrome、Safari 和 Opera 不

支持。

text-justify 属性只有在 text-align 属性设置为 justify 时才起作用。

该属性规定如何对齐行文本进行对齐和分隔。

text-justify 属性值如下：

值	描　述
auto	浏览器决定对齐算法
none	禁用该属性
inter-word	增加 / 减少单词间的间隔
inter-ideograph	用表意文本来排齐内容
inter-cluster	只对不包含内部单词间隔的内容（比如亚洲语系）进行排齐
distribute	类似报纸版面，除了在东亚语系中最后一行是不排齐的
kashida	通过拉伸字符来排齐内容

3.6.6　文本溢出（text-overflow）

1. 基础语法

text-overflow 属性规定当文本溢出包含元素时应当怎么办。

属性值如下：

值	描　述
clip	裁剪文本
ellipsis	使用省略符号来代表被裁剪的文本
string	使用给定的字符串来代表被裁剪的文本

2. 小程序应用

根据基础语法，下面在微信小程序中实现文本超出宽度后隐藏文本，并在后面跟上省略号。

.wxml 文件代码示例如下：

```
<view class='cls'>
  小程序是一种不用下载就能使用的应用，也是一项门槛非常高的创新，经过将近两年的发展，已经构造了新
  的小程序开发环境和开发者生态。
</view>
```

.wxss 文件代码示例如下：

```
.cls{
  width:19em;              /*定义宽度*/
  overflow: hidden;
```

```
  white-space: nowrap;     /*不换行，如果换行，则不会出现省略号*/
  text-overflow: ellipsis;
}
```

文本溢出效果如图 3-10 所示。

图 3-10 文本溢出效果

3.6.7 文本阴影（text-shadow）

1. 基础语法

在 CSS3 中，可利用 text-shadow 属性向文本添加一个或多个阴影。该属性是逗号分隔的阴影列表，每个阴影具有两个或三个长度值和一个可选的颜色值。省略的长度是 0。属性值如下：

值	描 述
h-shadow	必需。水平阴影的位置，允许负值
v-shadow	必需。垂直阴影的位置，允许负值
blur	可选。模糊的距离
color	可选。阴影的颜色

2. 小程序应用

根据基础语法，下面在微信小程序中实现文本的不同阴影效果。

.wxml 文件代码示例如下：

```
<view class='cls1'>
 文字阴影模糊效果
</view>

<view class='cls2'>
 白色的文本文字阴影
</view>

<view class='cls3'>
 霓虹灯的光芒文字阴影
</view>
```

.wxss 文件代码示例如下：

```
/*文字阴影模糊效果*/
.cls1{
  text-shadow: 2px 2px 8px #FF0000;
}
/*白色的文本文字阴影*/
.cls2{
  color:white;
  text-shadow:2px 2px 4px #000000;
```

```
}
/*霓虹灯的光芒文字阴影*/
.cls3{
  text-shadow:0 0 3px     #FF0000;
}
```

文本阴影效果如图 3-11 所示。

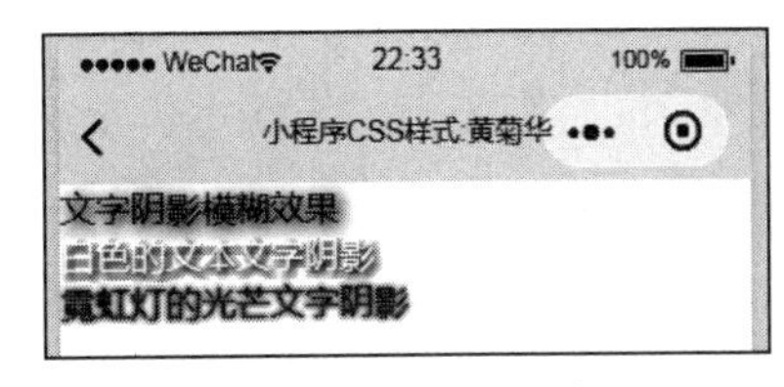

图 3-11　文本阴影效果

3.6.8　字符转换（text-transform）

1. 基础语法

text-transform 属性处理文本的大小写。

属性值如下：

值	描　述
none	默认。带有小写字母和大写字母的标准文本
capitalize	文本中的每个单词以大写字母开头
uppercase	仅有大写字母
lowercase	无大写字母，仅有小写字母
inherit	规定应该从父元素继承 text-transform 属性的值

作为一个属性，text-transform 可能无关紧要，不过，如果突然决定把所有 h1 元素变为大写，这个属性就很有用。你不必单独修改所有 h1 元素的内容，只需使用 text-transform 完成这个修改，代码示例如下：

```
h1 {text-transform: uppercase}
```

使用 text-transform 有两方面的好处。首先，只需写一个简单的规则就能完成这个修改，而无须修改 h1 元素本身。其次，如果你以后决定将所有大小写再切换为原来的大小写，可以更容易地完成。

2. 小程序应用

根据基础语法，下面在微信小程序中实现字符的大小写转换。

.wxml 文件代码示例如下：

```
<view class='cls1'> <!--通过样式转换成全部大写-->
huang ju HUA
</view>

<view class='cls2'> <!--通过样式转换成全部小写-->
huang ju HUA
</view>

<view class='cls3'> <!--通过样式转换成单词首字母大写-->
```

```
huang ju HUA
</view>
```

.wxss 文件代码示例如下：

```
.cls1{
  text-transform: uppercase;   /*大写*/
}
.cls2{
  text-transform:lowercase;   /*小写*/
}
.cls3{
  text-transform: capitalize;
    /*首字母大写*/
}
```

字符转换效果如图 3-12 所示。

图 3-12 字符转换效果

3.6.9 处理空白符（white-space）

white-space 属性负责处理元素内的空白。

这个属性声明在建立布局过程中如何处理元素中的空白符。值 pre-wrap 和 pre-line 是 CSS 2.1 中新增的。所有浏览器都支持 white-space 属性。

white-space 可能的属性值如下：

值	描述
normal	默认。空白会被浏览器忽略
pre	空白会被浏览器保留。其行为方式类似于 HTML 中的 <pre> 标签
nowrap	文本不会换行，文本会在同一行上继续，直到遇到 标签
pre-wrap	保留空白符序列，但是正常地进行换行
pre-line	合并空白符序列，但是保留换行符
inherit	规定应该从父元素继承 white-space 属性的值

注意 任何的版本的 Internet Explorer（包括 IE8）都不支持属性值 "inherit"。

小程序应用参考 3.6.6 节中的实例。

3.6.10 自动换行（word-break）

1. 基础语法

word-break 属性规定自动换行的处理方法。通过使用 word-break 属性，可以让浏览器实现在任意位置的换行。属性说明如下：

值	描　　述
normal	使用浏览器默认的换行规则
break-all	允许在单词内换行
keep-all	只能在半角空格或连字符处换行

2. 小程序应用

根据基础语法，下面在微信小程序中实现文本里面换行。

.wxml 文件代码示例如下：

```
<view>
This is a veryveryveryveryveryveryveryveryveryvery long paragraph.
</view>

<view class='cls1'>
This is a veryveryveryveryveryveryveryveryveryvery long paragraph.
</view>
```

.wxss 文件代码示例如下：

```
view{
  width: 150px;
  border: 1rpx solid gainsboro;
  margin: 5px;
}
.cls1{
  word-break: break-all;  /*允许在单词内换行。*/
}
```

自动换行效果如图 3-13 所示。

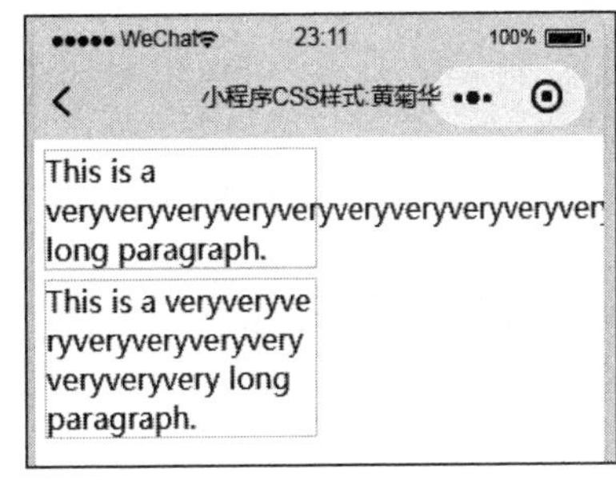

图 3-13　自动换行效果

3.6.11　长词换行（word-wrap）

1. 基础语法

word-wrap 属性允许长单词或 URL 地址换行到下一行。属性值说明如下：

值	描　　述
normal	只在允许的断字点换行（浏览器保持默认处理）
break-word	在长单词或 URL 地址内进行换行

2. 小程序应用

根据基础语法，下面在微信小程序中实现文本中的长单词换行。

.wxml 文件代码示例如下：

```
<view>
This is a veryveryveryve long paragraph.
```

```
</view>

<view class='cls1'>
This is a veryveryveryve long paragraph.
</view>

<view class='cls2'>
This is a veryveryveryve long paragraph.
</view>
```

.wxss 文件代码示例如下：

```
view{
  width: 150px;
  border: 1rpx solid gainsboro;
  margin: 5px;
}
.cls1{
  word-break: break-all;  /*允许在单词内换行。*/
}
.cls2{
  word-wrap:  break-word; /*在长单词或URL地址内部进行换行。*/
}
```

word-wrap 效果如图 3-14 所示。

图 3-14 word-wrap 效果

3.6.12 单词间隔（word-spacing）

1. 基础语法

word-spacing 属性可以改变字（单词）之间的标准间隔，其默认值 normal 与设置值为 0 是一样的，即 word-spacing:normal 和 word-spacing:0 效果一样。word-spacing 属性接受一个正长度值或负长度值。如果提供一个正长度值，那么字之间的间隔就会增加。为 word-spacing 设置一个负值，会把字间隔拉近，甚至使字符有交叉代码示例如下：

```
p.spread {word-spacing: 30px;}
p.tight {word-spacing: -0.5em;}

<p class="spread">
This is a paragraph. The spaces between words will be increased.
</p>

<p class="tight">
This is a paragraph. The spaces between words will be decreased.
</p>
```

属性值说明如下：

值	描　述
normal	默认。定义单词间的标准空间
length	定义单词间的固定空间
inherit	规定应该从父元素继承 word-spacing 属性的值

2. 小程序应用

实根据基础语法，下面在微信小程序中实现对单词的间隔（中文无效）的定义。

.wxml 文件代码示例如下：

```
<view>
This is some text。这里是一些文本。
</view>
<view class='da'>
This is some text。这里是一些文本。
</view>
<view class='xiao'>
This is some text。这里是一些文本。
</view>
```

.wxss 文件代码示例如下：

```
.da{
  word-spacing: 10px;      /*增加字（单词）之间*/
}
.xiao{
  word-spacing: -0.5em;    /*减少字（单词）之间*/
}
```

单词间隔效果如图 3-15 所示。

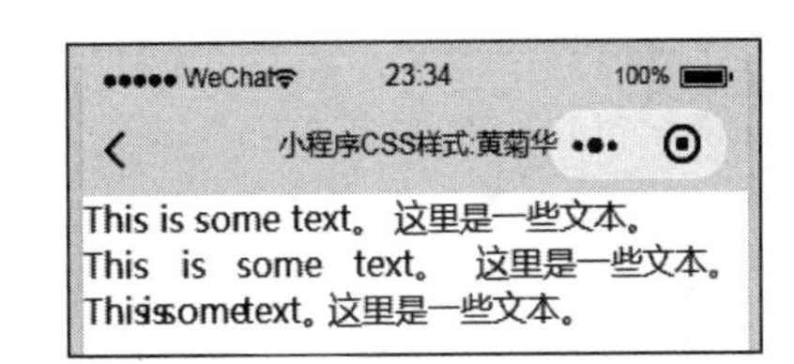

图 3-15　单词间隔效果

3.6.13　字母间隔（letter-spacing）

1. 基础语法

letter-spacing 属性与 word-spacing 的区别在于，letter-spacing 修改的是字符或字母之间的间隔。

与 word-spacing 属性一样，letter-spacing 属性的可取值包括所有长度。默认关键字是 normal（与 letter-spacing:0 相同）。输入的长度值会使字母之间的间隔增加或减少指定的量，允许使用负值，这会让字母之间挤得更紧。代码示例如下：

```
h1 {letter-spacing: -0.5em}
h4 {letter-spacing: 20px}

<h1>This is header 1</h1>
<h4>This is header 4</h4>
```

属性值说明如下：

值	描述
normal	默认。规定字符间没有额外的空间
length	定义字符间的固定空间（允许使用负值）
inherit	规定应该从父元素继承 letter-spacing 属性的值

2. 小程序应用

根据基础语法，下面在微信小程序中实现对文本字之间间隔的定义。

.wxml 文件代码示例如下：

```
<view>
This is some text。这里是一些文本。
</view>
<view class='da'>
This is some text。这里是一些文本。
</view>
<view class='xiao'>
This is some text。这里是一些文本。
</view>
```

.wxss 文件代码代码示例如下

```
.da{
 letter-spacing: 5px;      /*增加字符间之空间*/
}
.xiao{
 letter-spacing: -0.3em;  /*减少字符间之空间*/
}
```

字母间隔效果如图 3-16 所示。

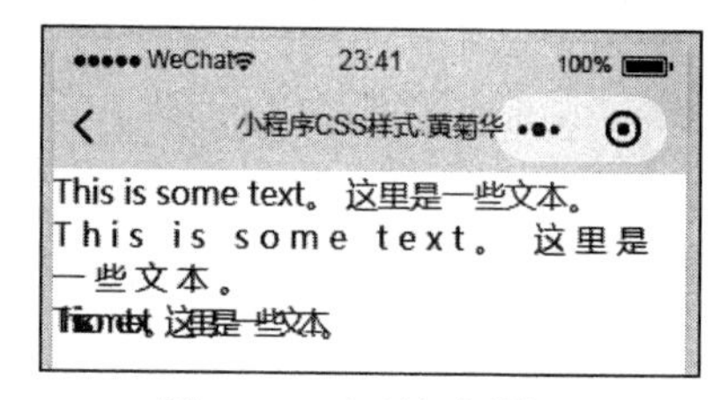

图 3-16 字母间隔效果

3.6.14 文本方向（direction）

1. 基础语法

如果你阅读的是英文书籍，就会从左到右、从上到下地阅读，这就是英文的排列方向。并不是所有语言都如此。我们知道古汉语就是从右向左阅读，当然还包括希伯来语和阿拉伯语等。CSS2 引入了 direction 属性来描述文字的方向性。

direction 属性影响块级元素中文本的书写方向、表中列布局的方向、内容水平填充其元素框的方向，以及两端对齐元素中最后一行的位置。

> 注意 对于行内元素，只有当 unicode-bidi 属性设置为 embed 或 bidi-override 时才会应用 direction 属性。

direction 属性值说明如下：

值	描　述
ltr	默认。文本方向从左到右
rtl	文本方向从右到左
inherit	规定应该从父元素继承 direction 属性的值

2. 小程序应用

根据基础语法，下面在微信小程序中实现文本方向的效果。

.wxml 文件代码示例如下：

```
<view>
Some text. Left-to-right direction.一些文本-从左到右
</view>

<view class='myrtl'>
Some text. Right-to-left direction.一些文本-从右到左
</view>
```

.wxss 文件代码示例如下：

```
.myrtl{
 direction: rtl; /*从右到左*/
}
```

文本方向效果如图 3-17 所示。

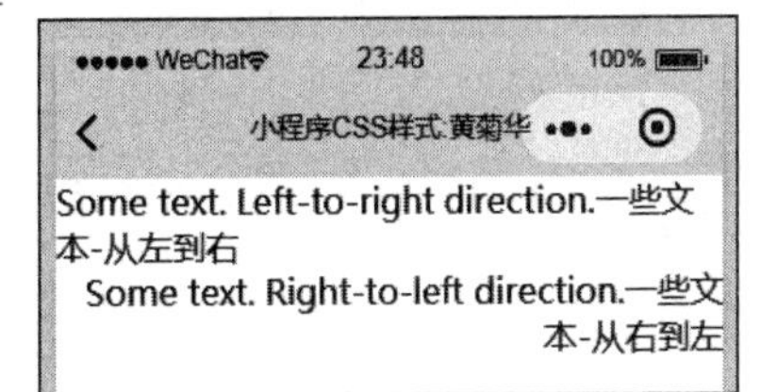

图 3-17　文本方向效果

3.7　字体

CSS 字体属性定义文本字体的大小、加粗、风格（如斜体）和变形（如小型大写字母）。

3.7.1　字体大小 (font-size)

1. 基础语法

管理文本大小的能力在 Web 设计领域很重要。font-size 值用于设置字体的大小。但是，不要通过调整文本大小使段落看上去像标题，或者使标题看上去像段落。请始终使用正确的 HTML 标题，比如使用 <h1> - <h6> 来标记标题，使用 <p> 来标记段落。

font-size 值可以是绝对值或相对大小。

- ❑ 绝对值：将文本设置为指定的大小。不允许用户在所有浏览器中改变文本大小（不利于可用性）。绝对大小在确定了输出的物理尺寸时很有用。
- ❑ 相对大小：相对于周围的元素来设置大小。允许用户在浏览器上改变文本大小。

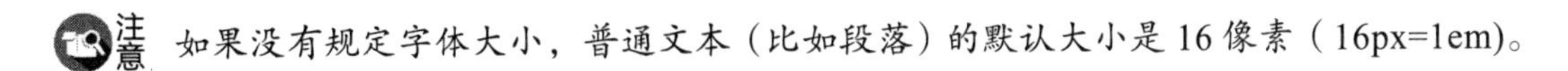

注意　如果没有规定字体大小，普通文本（比如段落）的默认大小是 16 像素（16px=1em）。

（1）使用像素来设置字体大小

通过像素设置文本大小，可以对文本大小进行完全控制，代码示例如下：

```
h1 {font-size:60px;}
h2 {font-size:40px;}
p {font-size:14px;}
```

在 Firefox, Chrome 和 Safari 浏览器中，可以重新调整上面例子的文本大小，但是在 Internet Explorer 中不行。

虽然可以通过浏览器的缩放工具调整文本大小，但是这实际上是对整个页面的调整，而不仅限于对文本的调整。

（2）使用 em 来设置字体大小

为了解决在 Internet Explorer 中无法调整文本的问题，许多开发者以 em 为单位代替像素。

W3C 推荐使用 em 尺寸单位。

1em 等于当前的字体尺寸。如果一个元素的 font-size 为 16 像素（16px），那么对于该元素，1em 就等于 16 像素。在设置字体大小时，em 的值会参照父元素的字体大小改变。

浏览器中默认的文本大小是 16 像素。因此 1em 的默认尺寸是 16 像素。

可以使用公式将像素转换为 em：em=pixels/16。

注意 16 等于父元素的默认字体大小，假设父元素的 font-size 为 20px，那么公式需改为：em=pixels/20。

代码示例如下：

```
h1 {font-size:3.75em;} /* 60px/16=3.75em */
h2 {font-size:2.5em;}  /* 40px/16=2.5em */
p {font-size:0.875em;} /* 14px/16=0.875em */
```

（3）结合使用百分比和 em

在所有浏览器中均有效的方案是，针对 body 元素（父元素），以百分比设置默认的 font-size 值。

代码示例如下：

```
body {font-size:100%;}
h1 {font-size:3.75em;}
h2 {font-size:2.5em;}
p {font-size:0.875em;}
```

代码非常有效。在所有浏览器中可以显示相同的文本大小，并允许所有浏览器缩放文本的大小。

2. 小程序应用

根据基础语法，下面在微信小程序中实现对字体的大小的定义。

.wxml 文件代码示例如下：

```
<view>
  <text>默认字体大小</text>
</view>

<view >
  <text class='cls1'>字体大小25px</text> <!--样式定义在text-->
</view>
<view class='cls1'>
  <text>字体大小25px</text> <!--样式定义在view-->
</view>

<view >
  <text class='cls2-a'>字体大小1em</text>
  <text class='cls2-b'>字体大小2em</text>
</view>

<view >
  <text class='cls3-a'>字体大小100%</text>
  <text class='cls3-b'>字体大小150%</text>
</view>
```

.wxss 文件代码示例如下：

```
.cls1{
  font-size: 25px;
}
.cls2-a{
  font-size: 1em;
}
.cls2-b{
  font-size: 2em;
}
.cls3-a{
  font-size: 100%;
}
.cls3-b{
  font-size: 150%;
}
```

字体大小应用效果如图 3-18 所示。

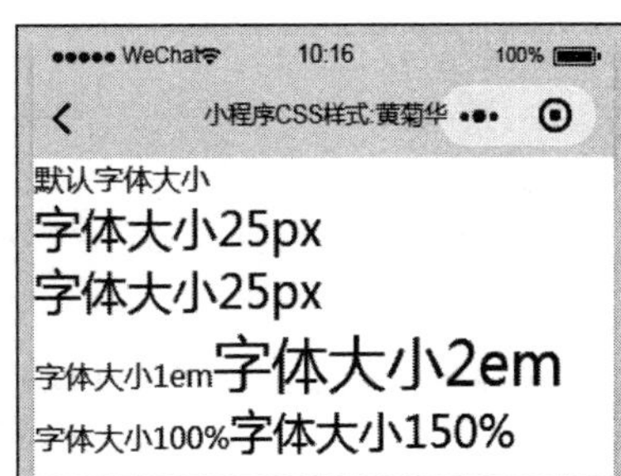

图 3-18　字体大小效果

3.7.2　字体风格（font-style）

1. 基础语法

font-style 属性最常用于规定斜体文本。font-style 属性包括以下 3 个值。

- normal：文本正常显示。
- italic：文本斜体显示。
- oblique：文本倾斜显示。

唯一有点复杂的是，要知道 italic 文本和 oblique 文本之间的差别。italic 是一种简单的字体风格，对每个字母的结构有一些小改动来反映变化的外观。而 oblique 则是正常竖直文本的一个倾斜版本。通常情况下，italic 和 oblique 文本在 Web 浏览器中看上去完全一样。

代码示例如下：

```
p.normal {font-style:normal;}
p.italic {font-style:italic;}
p.oblique {font-style:oblique;}
```

2. 小程序应用

根据基础语法，下面在微信小程序中实现对字体风格的定义。

.wxml 文件代码示例如下：

```
<view>
  <text>默认字体</text>
</view>

<view >
  <text class='cls1'>字体italic</text>
</view>

<view >
  <text class='cls2'>字体oblique</text>
</view>
```

.wxss 文件代码示例如下：

```
.cls1{
  font-style: italic;
}
.cls2{
  font-style: oblique;
}
```

字体风格效果如图 3-19 所示。

图 3-19 字体风格效果

3.7.3 字体变形（font-variant）

1. 基础语法

font-variant 属性可以设定小型大写字母。小型大写字母不是一般的大写字母，也不是小写字母，这种字母采用了不同大小的大写字母。

代码示例如下：

```
p {font-variant:small-caps;}
```

2. 小程序应用

根据基础语法，下面在微信小程序中实现对小型大写字母的定义。

.wxml 文件代码示例如下：

```
<view>
  <text>默认字体</text>
</view>

<view >
  <text class='cls1'>字体This is font:normal</text>
</view>

<view >
  <text class='cls2'>字体This is font:small-caps</text>
</view>
```

.wxss 文件代码示例如下：

```
.cls1{
  font-variant: normal;
}
.cls2{
  font-variant: small-caps;
}
```

字体变形效果如图 3-20 所示。

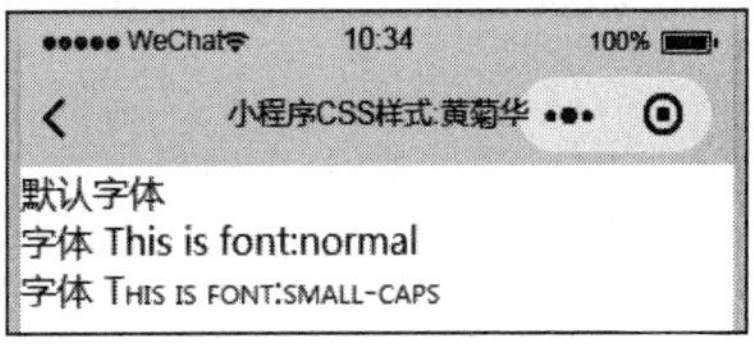

图 3-20　字体变形效果

3.7.4　字体加粗（font-weight）

1. 基础语法

font-weight 属性设置文本的粗细。使用 bold 关键字可以将文本设置为粗体。关键字包含 100～900 的数字，指定了九级加粗度。如果一个字体内置了这些加粗级别，那么这些数字就直接映射到预定义的级别，100 对应最细的字体变形，900 对应最粗的字体变形。数字 400 等价于 normal，而 700 等价于 bold。

如果将元素的加粗关键字设置为 bolder，浏览器会设置比所继承值更粗的一个加粗字体；关键字 lighter 与此相反。

代码示例如下：

```
p.normal {font-weight:normal;}
p.thick {font-weight:bold;}
p.thicker {font-weight:900;}
```

2. 小程序应用

根据基础语法，下面在微信小程序中实现对字体加粗的定义。

.wxml 文件代码示例如下：

```
<view>
  <text>默认字体</text>
</view>
<view >
  <text class='cls1'>字体normal</text>
</view>
<view >
  <text class='cls2'>字体bold</text>
</view>
<view >
  <text class='cls3-a'>字体100</text>
</view>
<view >
  <text class='cls3-b'>字体500</text>
</view>
<view >
  <text class='cls3-c'>字体900</text>
</view>
```

.wxss 文件代码示例如下：

```
.cls1{
  font-weight: normal;
}
.cls2{
  font-weight: bold;
}
.cls3-a{
  font-weight: 100;
}
.cls3-b{
  font-weight: 500;
}
.cls3-c{
  font-weight: 900;
}
```

字体加粗效果如图 3-21 所示。

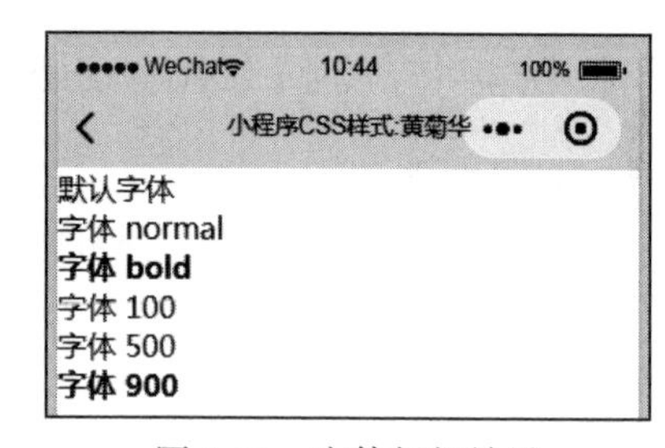

图 3-21 字体加粗效果

3.8 轮廓

轮廓（outline）是绘制于元素周围的一条线，位于边框边缘的外围，可起到突出元素的作用。

1. 基础语法

CSS 的 outline 属性规定元素轮廓的样式、颜色和宽度。可以设置的属性分别是（按顺序）：outline-color、outline-style、outline-width。如果不设置其中的某个值，也不会出问题，比如 outline:solid #ff0000; 也是允许的。

CSS 轮廓属性值如下：

值	描　述
outline	在一个声明中设置所有的轮廓属性
outline-color	设置轮廓的颜色
outline-style	设置轮廓的样式
outline-width	设置轮廓的宽度

outline-color 属性值如下：

值	描　述
color_name	规定颜色值为颜色名称的轮廓颜色（比如 red）
hex_number	规定颜色值为十六进制值的轮廓颜色（比如 #ff0000）
rgb_number	规定颜色值为 rgb 代码的轮廓颜色（比如 rgb(255,0,0)）
invert	默认。执行颜色反转（逆向的颜色），可使轮廓在不同的背景颜色中都可见
inherit	规定应该从父元素继承轮廓颜色的值

outline-style 属性值如下：

值	描　述
none	默认。定义无轮廓
dotted	定义点状轮廓
dashed	定义虚线轮廓
solid	定义实线轮廓
double	定义双线轮廓。双线的宽度等同于 outline-width 值
groove	定义 3D 凹槽轮廓（此效果取决于 outline-color 值）
ridge	定义 3D 凸槽轮廓（同上）
inset	定义 3D 凹边轮廓（同上）
outset	定义 3D 凸边轮廓（同上）
inherit	规定应该从父元素继承轮廓样式的值

outline-width 属性值如下：

值	描　述
thin	规定细轮廓
medium	默认。规定中等的轮廓
thick	规定粗的轮廓
length	允许你规定轮廓粗细的值
inherit	规定应该从父元素继承轮廓宽度的值

2. 小程序应用

根据基础语法，下面在微信小程序中设置 text 和 view 的轮廓样式。这里文字外围的点线就是我们所实现的轮廓样式。

.wxml 文件代码示例如下：

```
<view class='cls1'>
 这里是文本内容
</view>
<view>
  <text  class='cls1'>这里是文本内容</text>
</view>
```

.wxss 文件代码示例如下：

```
.cls1{
  margin: 30px;
  border: 3px solid  gainsboro;
  outline: thick dotted orangered;
}
```

轮廓效果如图 3-22 所示。

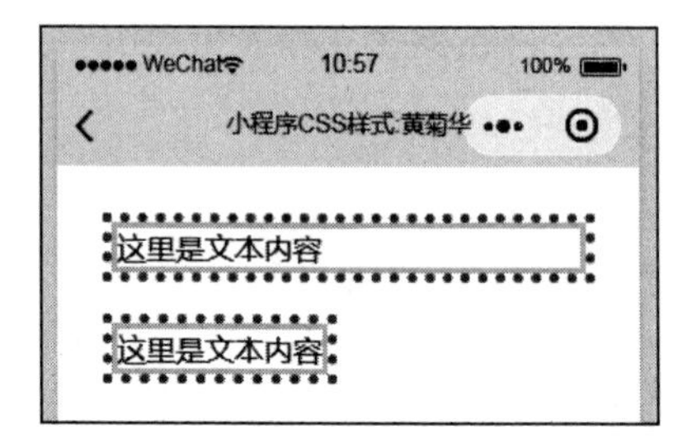

图 3-22 轮廓效果

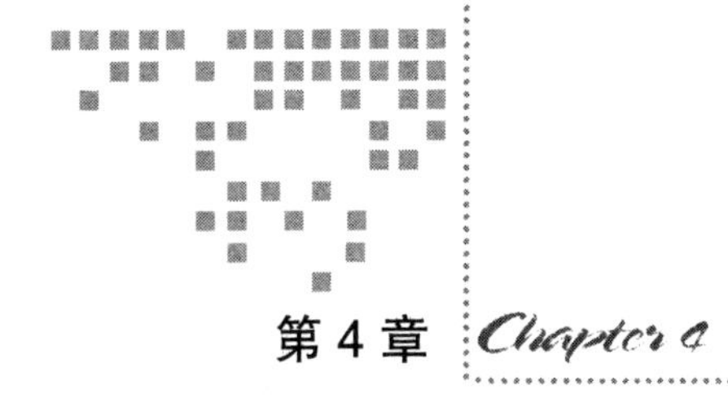

第 4 章 Chapter 4

框 模 型

本章主要讲解 CSS 中框模型的语法知识，包括 padding 内边距、border 边框、margin 外边距、外边距的合并等知识；同步讲解这些知识点在微信小程序 WXSS 中的应用实战。

4.1 框模型概述

CSS 框模型（Box Model）规定了元素框处理元素内容、内边距、边框、外边距的方式。

1. 基础语法

元素框的最内部分是实际的内容，直接包围内容的是内边距。内边距呈现了元素的背景。内边距的边缘是边框。边框以外是外边距，外边距默认是透明的，因此不会遮挡其后的任何元素。

框模型结构示意图如图 4-1 所示。

术语说明如下。

- element：元素。
- padding：内边距，也有资料将其译为填充。
- border：边框。
- margin：外边距，也有资料将其译为空白或空白边。

提示 背景应用于由内容和内边距、边框组成的区域。

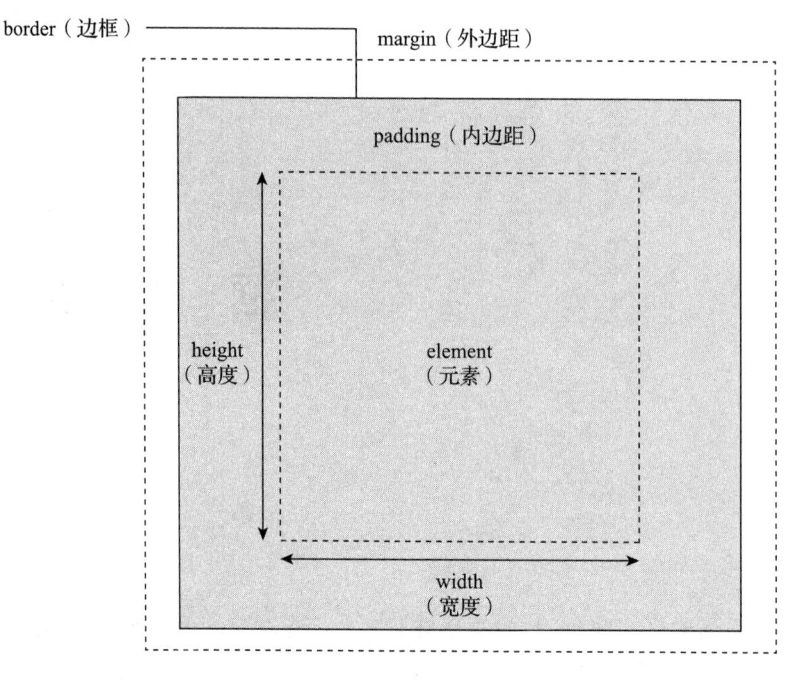

图 4-1 CSS 框模型结构

内边距、边框和外边距都是可选的，默认值是零。但是，许多元素将由用户代理样式表设置外边距和内边距，可以通过将元素的 margin 和 padding 设置为零来覆盖这些浏览器样式。这可以分别进行，也可以使用通用选择器对所有元素进行设置，代码示例如下：

```
* {
  margin: 0;
  padding: 0;
}
```

在 CSS 中，width 和 height 指的是内容区域的宽度和高度。增加内边距、边框和外边距不会影响内容区域的尺寸，但是会增加元素框的总尺寸。

假设框的每个边上有 10px 的外边距和 5px 的内边距。如果希望这个元素框达到 100px，就需要将内容的宽度设置为 70px，如图 4-2 所示。

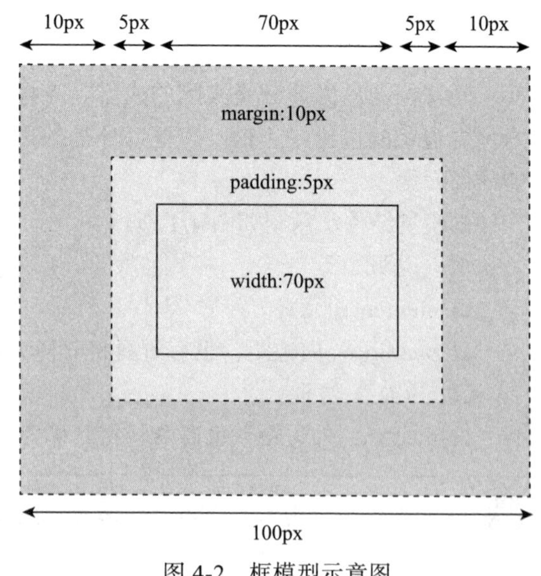

图 4-2 框模型示意图

代码示例如下：

```
#box {
  width: 70px;
```

```
  margin: 10px;
  padding: 5px;
}
```

提示 内边距、边框和外边距可以应用于一个元素的所有边，也可以应用于单独的边。外边距可以是负值，而且在很多情况下都要使用负值的外边距。

2. 小程序应用

根据基础语法，下面在微信小程序中实现组件的内边距、外边距。

.wxml 文件代码示例如下：

```
<view>
  <text class='txt1'>文本区块1</text> <!—默认，不含任何内边距、外边距-->
</view>
<view class='hr'></view><!--高度10的空白行-->
<view>
  <view class='txt1'>文本区块2</view> <!—定义view组件的背景和长宽-->
</view>
<view class='hr'></view><!--高度10的空白行-->
<view class='txt2-b'>
  <view class='txt2-a'>文本区块3</view>
</view>
```

.wxss 文件代码示例如下：

```
.hr{min-height: 10px;}                /*高度10的空白行*/

.txt1{
  width: 100px;                       /*定义宽度*/
  height: 100px;                      /*定义高度*/
  background-color:gainsboro;         /*定义背景颜色*/
}

.txt2-a{
  width: 100px; height: 100px; background-color:
    gainsboro;
  padding: 25px;                      /*定义内边距*/
  border: 1rpx solid  red;            /*定义边框*/
  margin: 25px;                       /*定义外边距*/
}

.txt2-b{
  background-color: grey;
}
```

组件的内、外边距效果如图 4-3 所示。

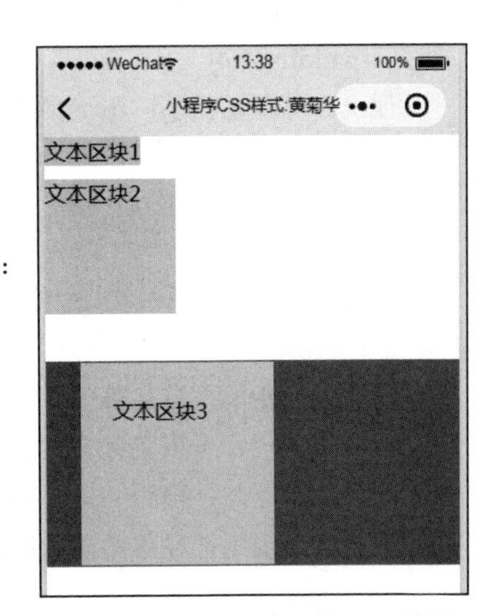

图 4-3 组件的内边距外边距效果

4.2 内边距

CSS padding（填充）是一个简写属性，定义元素边框与元素内容之间的空间，即上下左右的内边距。

1. 基础语法

元素的内边距在边框和内容区之间。控制该区域最简单的属性是 padding 属性。

（1）CSS padding 属性

CSS padding 属性定义元素边框与元素内容之间的空白区域。padding 属性接受长度值或百分比值，但不允许使用负值。

例如，使所有 h1 元素的各边都有 10px 的内边距，代码示例如下：

```
h1 {padding: 10px;}
```

你还可以按照上、右、下、左的顺序分别设置各边的内边距，各边均可以使用不同的单位或百分比值，代码示例如下：

```
h1 {padding: 10px 0.25em 2ex 20%;}
```

（2）单边内边距属性

可以通过使用下面四个单独的属性，分别设置上、右、下、左内边距：

- padding-top
- padding-right
- padding-bottom
- padding-left

你也许已经想到了，下面的规则实现效果与上面的简写规则是完全相同的，代码如下：

```
h1 {
  padding-top: 10px;
  padding-right: 0.25em;
  padding-bottom: 2ex;
  padding-left: 20%;
  }
```

（3）内边距的百分比数值

前面提到过，可以为元素的内边距设置百分数值。百分数值是相对于其父元素的 width 计算的，这一点与外边距一样。所以，如果父元素的 width 改变，它们也会改变。

下面这条规则把段落的内边距设置为父元素 width 的 10%，代码如下：

```
p {padding: 10%;}
```

例如，一个段落的父元素是 div 元素，那么它的内边距要根据 div 的 width 计算，代码如下：

```
<div style="width: 200px;">
```

```
<p>This paragragh is contained within a DIV that has a width of 200 pixels.</p>
</div>
```

注意 上下内边距与左右内边距一致；即上下内边距的百分数会相对于父元素宽度设置，而不是相对于高度。

2. 小程序应用

根据基础语法，下面在微信小程序中实现对组件内边距的设定。

.wxml 文件代码示例如下：

```
<view>
  <view class='cls1'>默认文本，不带内边距</view>
</view>

<view class='hr'></view><!--高度10的空白行-->
<view>
  <view class='cls2'>默认文本，内边距25px</view>
</view>

<view class='hr'></view><!--高度10的空白行-->
<view>
  <view class='cls3'>默认文本，只有左25px</view>
</view>
```

.wxss 文件代码示例如下：

```
.hr{min-height: 10px;}     /*高度10的空白行*/

.cls1{
  width: 100px;
  height: 100px;
  background-color:gainsboro;
}

.cls2{
  width: 100px;
  height: 100px;
  background-color:gainsboro;
  padding: 25px;            /*设定内边距*/
}

.cls3{
  width: 100px;
  height: 100px;
  background-color:gainsboro;
  padding-left: 25px;       /*只设定左内边距，其他几个
                              方向雷同*/
}
```

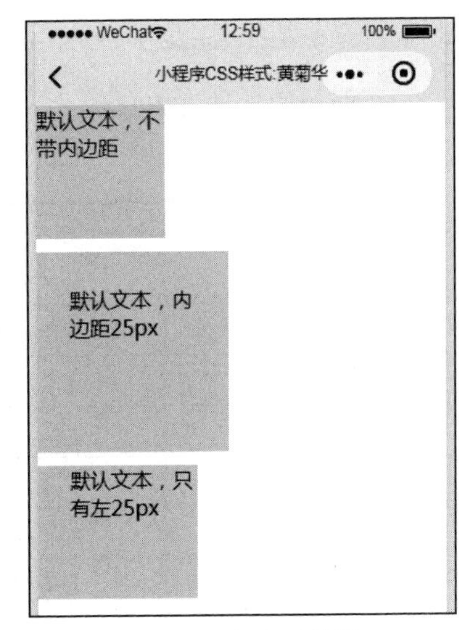

图 4-4 内边距效果

内边距设置效果如图 4-4 所示。

4.3 边框

元素的边框（border）是围绕元素内容和内边距的一条或多条线。利用 CSS border 属性可以设置元素边框的样式、宽度和颜色。

4.3.1 基础语法

在 HTML 中，我们使用表格来创建文本周围的边框，但是通过使用 CSS 边框属性，我们可以创建出效果出色的边框，并且可以应用于任何元素。

元素外边距内就是元素的的边框（border）。每个边框有 3 个方面：样式、宽度以及颜色。

1. 边框与背景

CSS 规范指出，边框绘制在“元素的背景之上”。这很重要，因为有些边框是“间断的”（例如，点线边框或虚线框），元素的背景应当出现在边框的可见部分之间。

CSS2 指出背景只延伸到内边距，而不是边框。后来 CSS2.1 进行了更正：元素的背景是内容、内边距和边框区的背景。大多数浏览器都遵循 CSS2.1 定义，不过一些较老的浏览器可能会有不同的表现。

2. 边框的样式

样式是边框最重要的一个方面，这不是因为样式控制着边框的显示（当然，样式确实控制着边框的显示），而是因为如果没有样式，就根本没有边框。

CSS 的 border-style 属性定义了 10 个不同的非 inherit 样式，包括 none。

例如，可以把一幅图片的边框定义为 outset，使之看上去像是“凸起按钮”，代码示例如下：

```
a:link img {border-style: outset;}
```

可能的值参见表 4-1。

表 4-1 边框的样式值

值	描 述
none	定义无边框
hidden	与 "none" 相同，但应用于表时除外，对于表，hidden 用于解决边框冲突
dotted	定义点状边框。在大多数浏览器中呈现为实线
dashed	定义虚线。在大多数浏览器中呈现为实线
solid	定义实线
double	定义双线。双线的宽度等于 border-width 的值
groove	定义 3D 凹槽边框。其效果取决于 border-color 的值
ridge	定义 3D 凸状边框。其效果取决于 border-color 的值

（续）

值	描　述
inset	定义 3D inset 边框。其效果取决于 border-color 的值
outset	定义 3D outset 边框。其效果取决于 border-color 的值
inherit	规定应该从父元素继承边框样式

（1）定义多种样式

可以为一个边框定义多个样式，代码示例如下：

```
p.aside {border-style: solid dotted dashed double;}
```

上面这条规则为类名为 aside 的段落定义了 4 种边框样式：实线上边框、点线右边框、虚线下边框和双线左边框。

这里的值采用了 top-right-bottom-left 的顺序，我们在讨论用多个值设置不同内边距时也见过这个顺序。

（2）定义单边样式

如果你希望为元素框的某一个边设置边框样式，而不是设置所有 4 个边的边框样式，可以使用下面的单边边框样式属性：

- border-top-style
- border-right-style
- border-bottom-style
- border-left-style

下面两种方法是等价的，代码示例如下：

```
p {border-style: solid solid solid none;}
p {border-style: solid; border-left-style: none;}
```

注意 如果要使用第二种方法，必须把单边属性放在简写属性之后。因为如果把单边属性放在 border-style 之前，简写属性的值就会覆盖单边值 none。

3. 边框的宽度

可以通过 border-width 属性为边框指定宽度。

为边框指定宽度有两种方法——可以指定长度值，比如 2px 或 0.1em；或者使用以下 3 个关键字之一：thin、medium（默认值）和 thick。

CSS 没有定义 3 个关键字的具体宽度，所以一个用户代理可能把 thin、medium 和 thick 分别设置为 5px、3px 和 2px，而另一个用户代理将其分别设置为 3px、2px 和 1px。

所以，我们可以如下设置边框的宽度：

```
p {border-style: solid; border-width: 5px;}
```

或者：

```
p {border-style: solid; border-width: thick;}
```

可能的值如下：

值	描　述
thin	定义细的边框
medium	默认。定义中等的边框
thick	定义粗的边框
length	允许自定义边框的宽度
inherit	规定应该从父元素继承边框宽度

（1）定义单边宽度

可以按照 top-right-bottom-left 的顺序设置元素的各边边框，代码示例如下：

```
p {border-style: solid; border-width: 15px 5px 15px 5px;}
```

上面的例子也可以化简（这样写法称为值复制），代码示例如下：

```
p {border-style: solid; border-width: 15px 5px;}
```

也可以通过下列属性分别设置边框各边的宽度：

- border-top-width
- border-right-width
- border-bottom-width
- border-left-width

因此，下面的规则与上面的例子是等价的，代码如下：

```
p {
  border-style: solid;
  border-top-width: 15px;
  border-right-width: 5px;
  border-bottom-width: 15px;
  border-left-width: 5px;
  }
```

（2）没有边框

在前面的例子中，如果希望显示某种边框，就必须设置边框样式，比如 solid 或 outset。那么如果把 border-style 设置为 none 会出现什么情况？代码示例如下：

```
p {border-style: none; border-width: 50px;}
```

尽管边框的宽度是 50px，但是边框样式设置为 none。在这种情况下，不仅边框的样式没有了，其宽度也会变成 0。边框消失了，为什么呢？

这是因为如果边框样式为 none，即边框根本不存在，那么边框就不可能有宽度，因此边框宽度自动设置为0，而不论原先定义的是什么。

记住这一点非常重要。事实上，忘记声明边框样式是一个常犯的错误。根据以下规则，所有h1元素都不会有任何边框，更不用说20px宽了：

```
h1 {border-width: 20px;}
```

由于border-style的默认值是none，如果没有声明样式，就相当于border-style: none。因此，如果希望边框出现，就必须声明一个边框样式。

4. 边框的颜色

设置边框颜色非常简单。CSS使用一个简单的border-color属性，它一次可以接受最多4个颜色值。

可以使用任何类型的颜色值，例如，可以是命名颜色，也可以是十六进制和RGB值，代码示例如下：

```
p {
  border-style: solid;
  border-color: blue rgb(25%,35%,45%) #909090 red;
  }
```

如果颜色值小于4个，值复制就会起作用。例如下面的规则声明了段落的上下边框是蓝色，左右边框是红色，代码如下：

```
p {
  border-style: solid;
  border-color: blue red;
  }
```

默认的边框颜色是元素本身的前景色。如果没有为边框声明颜色，它将与元素的文本颜色相同。另一方面，如果元素没有任何文本，例如它是一个表格，其中只包含图像，那么该表的边框颜色就是其父元素的文本颜色（因为color可以继承）。这个父元素很可能是body、div或另一个table。

可能的值如下。

值	描　述
color_name	规定颜色值为颜色名称的边框颜色，比如red
hex_number	规定颜色值为十六进制值的边框颜色，比如#ff0000
rgb_number	规定颜色值为rgb代码的边框颜色，比如rgb(255,0,0)
transparent	默认值。边框颜色为透明
inherit	规定应该从父元素继承边框颜色

（1）定义单边颜色

还有一些单边边框颜色属性，它们的原理与单边样式和宽度属性相同：

- ❑ border-top-color
- ❑ border-right-color
- ❑ border-bottom-color
- ❑ border-left-color

要为 h1 元素指定实线黑色边框，而右边框为实线红色，代码示例如下：

```
h1 {
  border-style: solid;
  border-color: black;
  border-right-color: red;
  }
```

（2）透明边框

如前所述，如果边框没有样式，就没有宽度。不过有些情况下你可能希望创建一个不可见的边框。CSS2 引入了边框颜色值 transparent，这个值用于创建有宽度的不可见边框。代码示例如下：

```
<a href="#">AAA</a>
<a href="#">BBB</a>
<a href="#">CCC</a>
```

我们为上面的链接定义了如下样式：

```
a:link, a:visited {
  border-style: solid;
  border-width: 5px;
  border-color: transparent;
  }
a:hover {border-color: gray;}
```

从某种意义上说，利用 transparent 使边框就像额外的内边距一样；此外还有一个好处——边框能在你需要的时候变为可见。这种透明边框相当于内边距，因为元素的背景会延伸到边框区域（如果有可见背景的话）。

注意 在 IE7 之前，IE/WIN 没有提供对 transparent 的支持。在以前的版本，IE 会根据元素的 color 值来设置边框颜色。

4.3.2 小程序应用

根据基础语法，下面在微信小程序中实现对定义组件边框的定义。

.wxml 文件代码示例如下：

```
<view>
  <view class='cls1'>默认文本，不带边框</view>
</view>
```

```
<view>
  <view class='cls2'>默认文本，带边框</view>
</view>

<view>
  <view class='cls3'>默认文本，分别定义</view>
</view>
```

.wxss 文件代码示例如下：

```
.cls1{
  width: 100px;
  height: 100px;
  background-color:gainsboro;
  margin: 10px;                        /*外边距*/
}
.cls2{
  width: 100px;
  height: 100px;
  background-color:gainsboro;
  margin: 10px;                        /*外边距*/
  border: 1px dotted black;            /*所有属性定义在一起*/
}
.cls3{
  width: 100px;
  height: 100px;
  background-color:gainsboro;
  margin: 10px;                        /*外边距*/
  border-style:  solid;                /*分别定义：样式*/
  border-width:  5px;                  /*分别定义：宽度*/
  border-color:  red;                  /*分别定义：颜色*/
}
```

边框定义效果如图 4-5 所示。

图 4-5　组件的边框效果

4.4　外边距

围绕在元素边框的空白区域是外边距。设置外边距会在元素外创建额外的“空白”。设置外边距的最简单的方法就是使用 margin 属性，这个属性接受任何长度单位、百分数值甚至负值。

1. 基础语法

（1）margin 属性

设置外边距的最简单的方法就是使用 margin 属性。margin 属性接受任何长度单位，可以是像素、英寸、毫米或 em。

margin 可以设置为 auto。更常见的做法是为外边距设置长度值。下面的声明在 h1 元素的各个边上设置了 1/4 英寸宽的空白，代码如下：

```
h1 {margin : 0.25in;}
```

下面的代码示例为 h1 元素的 4 个边分别定义了不同的外边距，所使用的长度单位是像素（px）：

```
h1 {margin : 10px 0px 15px 5px;}
```

与内边距的设置相同，这些值的顺序是从上外边距（top）开始围着元素顺时针旋转，代码示例如下：

```
margin: top right bottom left
```

另外，还可以为 margin 设置一个百分比数值，代码示例如下：

```
p {margin : 10%;}
```

百分数是相对于父元素的 width 计算的。上面这个例子中，为 p 元素设置的外边距是其父元素的 width 的 10%。

margin 的默认值是 0，所以如果没有为 margin 声明一个值，就不会出现外边距。但是，在实际中，浏览器对许多元素提供了预定的样式，外边距也不例外。例如，在支持 CSS 的浏览器中，外边距会在每个段落元素的上面和下面生成“空行”。因此，如果没有为 p 元素声明外边距，浏览器可能会自己应用一个外边距。当然，只要特别作了声明，就会覆盖默认样式。

（2）值复制

有时，我们会输入一些重复的值，代码示例如下：

```
p {margin: 0.5em 1em 0.5em 1em;}
```

通过值复制，可以不重复地键入这对数字。上面的规则与下面的规则是等价的，代码示例如下：

```
p {margin: 0.5em 1em;}
```

这两个值可以取代前面 4 个值。这是如何做到的呢？CSS 定义了一些规则，允许为外边距指定少于 4 个值。规则如下：

- 如果缺少左外边距的值，则使用右外边距的值。
- 如果缺少下外边距的值，则使用上外边距的值。
- 如果缺少右外边距的值，则使用上外边距的值。

图 4-6 帮助我们更直观地了解以上规则。

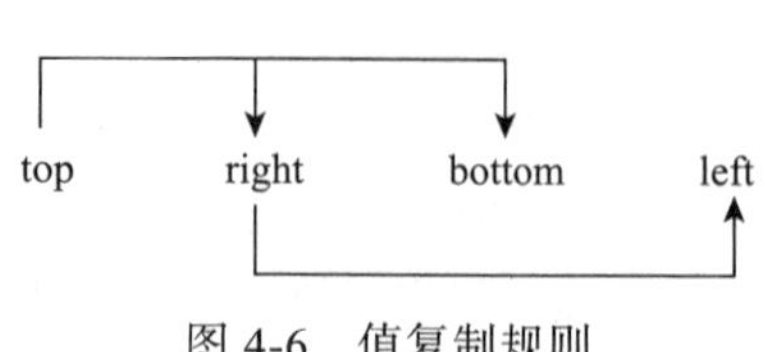

图 4-6 值复制规则

换句话说，如果为外边距给定了 3 个值，则第 4 个值（即左外边距）会从第 2 个值（右外边距）复制得到。如果给定了两个值，第 4 个值会从第 2 个值复制得到，第 3 个值（下外边距）会从第1个值（上外边距）复制得到。如果只给定了一个值，那么其他3个外边距都由这个值（上外边距）复制得到。

利用这个简单的机制，你只需指定必要的值，而不必全部都应用4个值，代码示例如下：

```
h1 {margin: 0.25em 1em 0.5em;}     /*等价于0.25em 1em 0.5em 1em */
h2 {margin: 0.5em 1em;}            /*等价于0.5em 1em 0.5em 1em */
p {margin: 1px;}                   /*等价于1px 1px 1px 1px */
```

这种办法有一个小缺点，你最后肯定会遇到这个问题——假设希望把p元素的上外边距和左外边距设置为20px，下外边距和右外边距设置为30px。在这种情况下，必须写全4个值，代码示例如下：

```
p {margin: 20px 30px 30px 20px;}
```

这样才能得到你想要的结果。遗憾的是，在这种情况下，所需值的个数没有办法减少了。

再来看另外一个例子。如果希望除了左外边距以外所有其他外边距都是auto（左外边距是20px），代码示例如下：

```
p {margin: auto auto auto 20px;}
```

这样才能得到你想要的效果。问题在于，键入这些auto有些麻烦。如果你只是希望控制元素单边上的外边距，请使用单边外边距属性。

（3）单边外边距属性

你可以使用单边外边距属性为元素单边上的外边距设置值。假设希望把p元素的左外边距设置为20px。不必使用margin（需要键入很多auto），可以采用以下方法：

```
p {margin-left: 20px;}
```

你可以使用下列任何一个属性来只设置相应的外边距，而不会直接影响所有其他外边距：

- margin-top
- margin-right
- margin-bottom
- margin-left

一个规则中可以使用多个这种单边属性，代码示例如下：

```
h2 {
  margin-top: 20px;
  margin-right: 30px;
  margin-bottom: 30px;
  margin-left: 20px;
  }
```

当然，对于这种情况，使用 margin 可能更容易一些，代码示例如下：

```
p {margin: 20px 30px 30px 20px;}
```

不论使用单边属性还是使用 margin，得到的结果都一样。一般来说，如果希望为多个边设置外边距，使用 margin 会更容易一些。但是，从文档显示的角度看，实际上使用哪种方法都不重要，应该选择对自己来说更容易的一种方法。

Netscape 和 IE 对 body 标签定义的默认边距（margin）值是 8px，而 Opera 不是这样。Opera 将内部填充（padding）的默认值定义为 8px，因此，如果希望对整个网站的边缘部分进行调整，并将之正确显示于 Opera 中，那么必须对 body 的 padding 进行自定义。

2. 小程序应用

根据基础语法，下面在微信小程序中实现对组件外边距的定义。

.wxml 文件代码示例如下：

```
<!--外框就定义背景，内框定义个一个长宽都是100px带背景的。-->
<view class='cls1-a'>
  <view class='cls1-b'>默认文本，不带外边距</view>
</view>

<view class='hr'></view><!--高度3的空白行-->
<view class='cls1-a'>
  <view class='cls1-c'>默认文本，带外边距10px;</view><!--外边距定义10px-->
  <!--要实现内框外面都是灰色见下面代码：外框定义内边距来实现-->
</view>

<view class='hr'></view><!--高度3的空白行-->
<view class='cls2-a'>
  <view class='cls2-b'>默认文本</view>
</view>
```

.wxss 文件代码示例如下：

```
.cls1-a{                    /*外框*/
   background-color: gray;
}
.cls1-b{                    /*内框*/
   background-color: gainsboro;
   width: 100px;
   height: 100px;
}

.hr{min-height: 3px;}       /*高度3的空白行*/
.cls1-c{                    /*内框*/
   background-color: gainsboro;
```

```
    width: 100px;
    height: 100px;
    margin: 10px;
}

.cls2-a{            /*外框*/
    background-color: gray;
    padding: 10px;
}
.cls2-b{            /*内框*/
    background-color: gainsboro;
    width: 100px;
    height: 100px;
}
```

外边距设置效果如图 4-7 所示。

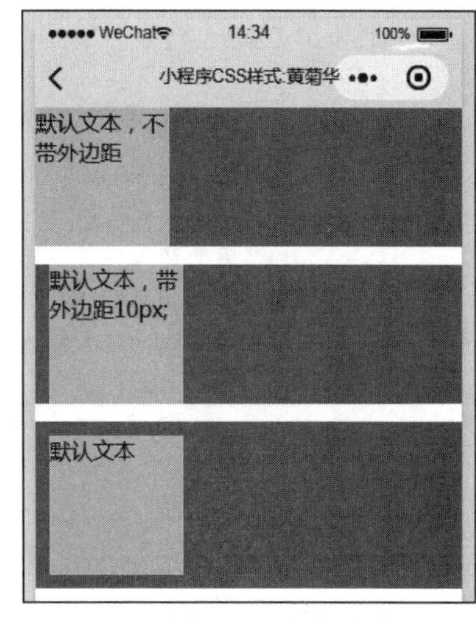

图 4-7 组件的外边距效果

4.5 外边距合并

外边距合并指的是，当两个垂直外边距相遇时，它们将形成一个外边距。合并后的外边距的高度等于两个发生合并的外边距的高度中的较大者。

外边距合并（或称叠加）是一个相对简单的概念，但是，在实践中对网页进行布局时，它会造成许多混淆。

1. 基础语法

当一个元素出现在另一个元素上面时，第一个元素的下外边距与第二个元素的上外边距会发生合并，如图 4-8 所示。

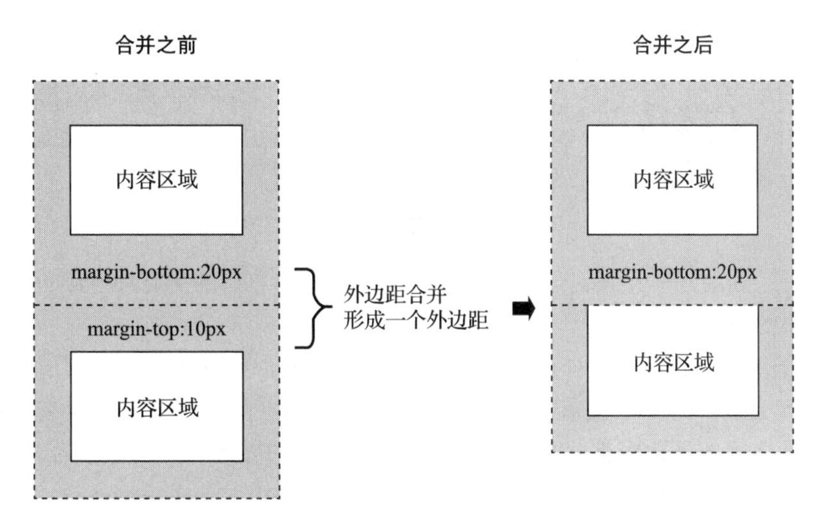

图 4-8 外边距上下合并

当一个元素包含在另一个元素中时（假设没有内边距或边框把外边距分隔开），它们的上和 / 或下外边距也会发生合并，如图 4-9 所示。

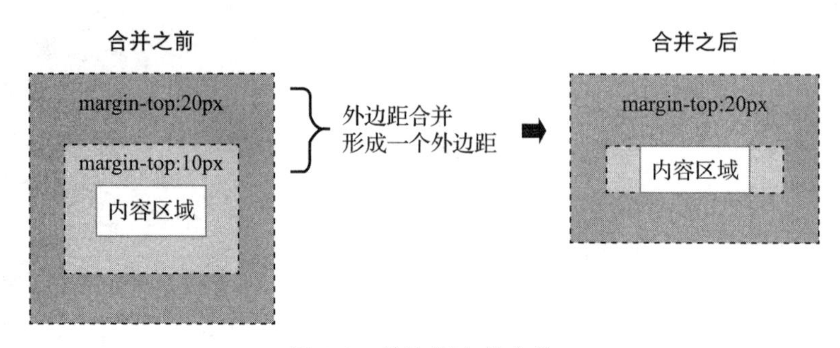

图 4-9　外边距内外合并

尽管看上去有些奇怪，但是外边距甚至可以与自身发生合并。

假设有一个空元素，它有外边距，但是没有边框或填充。在这种情况下，上外边距与下外边距就碰到了一起，它们会发生合并，如图 4-10 所示。

图 4-10　空元素自身外边距合并

如果这个外边距遇到另一个元素的外边距，它还会发生合并，如图 4-11 所示。

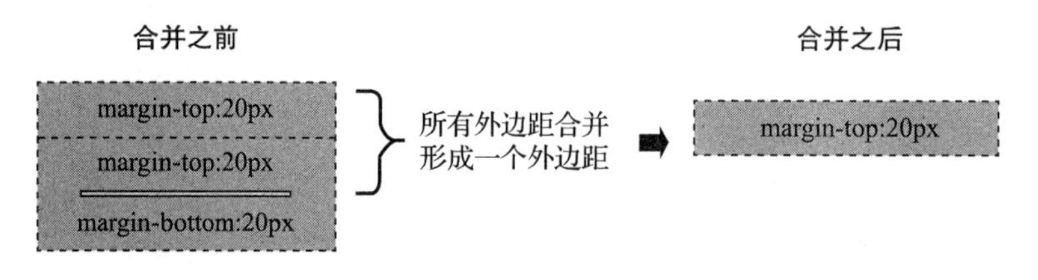

图 4-11　多元素外边距合并

这就是一系列的段落元素占用空间非常小的原因——它们的所有外边距都合并到一起，形成了一个小的外边距。

外边距合并初看上去可能有点奇怪，但实际上它是有意义的。下面以几个段落组成的典型文本页面为例。第一个段落上面的空间等于段落的上外边距。如果没有外边距合并，后续所有段落之间的外边距都将是相邻上外边距和下外边距的和。这意味着段落之间的空间是页面顶部的两倍。如果发生外边距合并，段落之间的上外边距和下外边距就合并在一起，这样各处的距离就一致了。如图 4-12 所示。

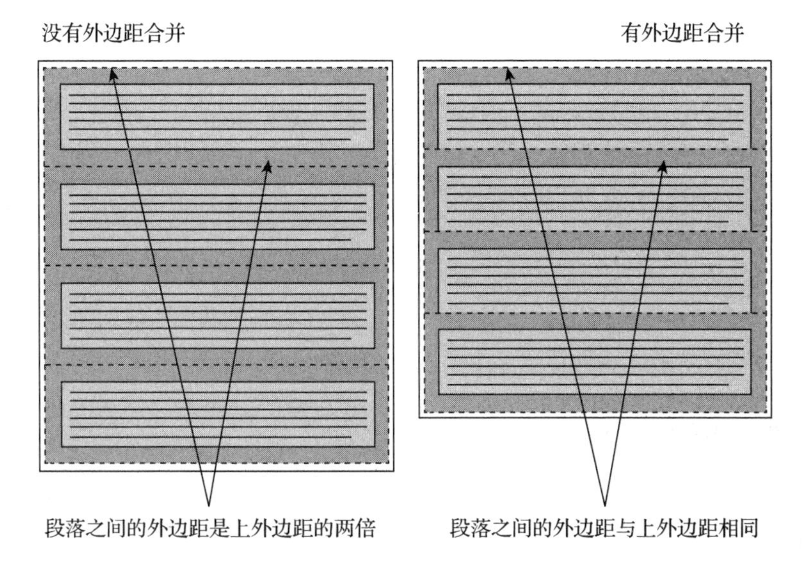

图 4-12 段落之间的外边距合并

> 注意 只有普通文档流中块框的垂直外边距才会发生外边距合并。行内框、浮动框或绝对定位之间的外边距不会合并。

2. 小程序应用

根据基础语法，下面在微信小程序中实现小程序中组件之间外边距合并。

.wxml 文件代码示例如下：

```
<!---定义两个宽200px；高100px的背景不同的内框-->
<view class='cls1'>
  <view class='cls2-a'>
   区块1
  </view>
  <view class='cls2-b'>
   区块2
  </view>
</view>

<view class='cls1'>

  <view class='cls2-a'>
     <!---定义两个长宽80px内框，内边距10px-->
     <view class='cls3-a'>
       区块3-a
     </view>
     <view class='cls3-b'>
       区块3-b
     </view>
```

```
  </view>

  <view class='cls2-b-1 '>
    <!---定义两个长宽80px内框，外边距10px；中间的外边距会合并-->
    <view class='cls4-a'>
      区块4-a
    </view>
    <view class='cls4-b'>
      区块4-b
    </view>
  </view>

</view>
```

.wxss 文件代码示例如下：

```
.cls1{
  background-color: gainsboro;
  display: flex;
  flex-direction: row;
}
.cls2-a{
  width: 100px;
  height: 200px;
  background: goldenrod;
}
.cls2-b{
  width: 100px;
  height: 200px;
  background:gray;
}
.cls2-b-1{
  width: 100px;
  height: 200px;
  background: black;
}

.cls3-a{
  width: 80px;
  height: 80px;
  background:  bisque;
  padding: 10px;
}
.cls3-b{
  width: 80px;
  height:80px;
  background: coral;
  padding: 10px;
}
.cls4-a{
  width: 80px;
```

```
  height: 80px;
  background:  bisque;
  margin: 10px;
}
.cls4-b{
  width: 80px;
  height:80px;
  background: coral;
  margin: 10px;
}
```

外边距合并效果如图4-13。

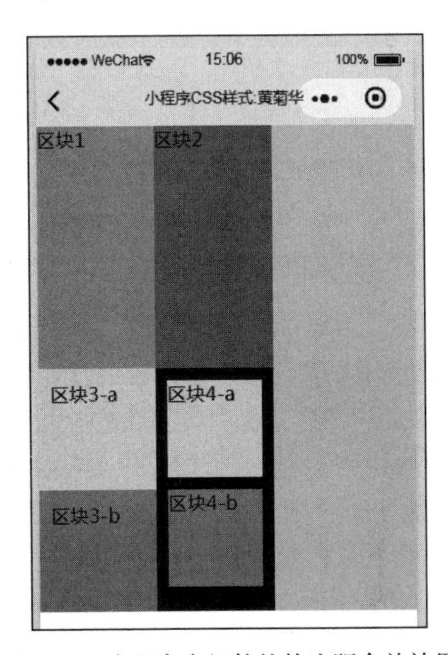

图4-13 小程序中组件的外边距合并效果

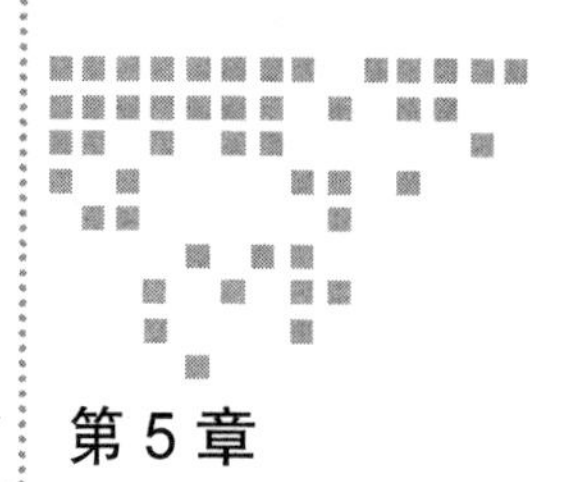

Chapter 5 第5章

定　　位

CSS 为定位和浮动提供了一些属性，利用这些属性，可以建立列式布局，将布局的一部分与另一部分重叠，还可以完成多年来通常需要使用多个表格才能完成的任务。

定位的基本思想很简单，就是设置元素应该出现的位置，或者相对于父元素、另一个元素甚至浏览器窗口本身的位置。显然，这个功能非常强大，也很让人吃惊。要知道，用户代理对 CSS2 中定位的支持远胜于对其他方面的支持，对此不应感到奇怪。

另一方面，CSS1 中首次提出了浮动，它以 Netscape 在 Web 发展初期增加的一个功能为基础。浮动不完全是定位，也不是正常流布局。我们会在 5.3 节中明确浮动的含义。

本章主要讲解 CSS 中定位的语法知识，涉及相对定位、绝对定位、浮动等；同步讲解这些知识点在微信小程序 WXSS 中的应用实战。

5.1　相对定位

相对定位是一个非常容易掌握的概念。如果对一个元素进行相对定位，它将出现在它所在的位置上。然后，可以通过设置垂直或水平位置，让这个元素“相对于”它的起点进行移动。

1. 基础语法

设置为相对定位的元素框会偏移某个距离。元素仍然保持其未定位前的形状，它原本所占的空间仍保留。

如果将 top 设置为 20px，那么框将在原位置顶部下面 20 像素的地方。如果 left 设置为 30px，那么会在元素左边创建 30 像素的空间，也就是将元素向右移动，代码示例如下：

```
#box_relative {
  position: relative;
  left: 30px;
  top: 20px;
}
```

如图 5-1 所示。

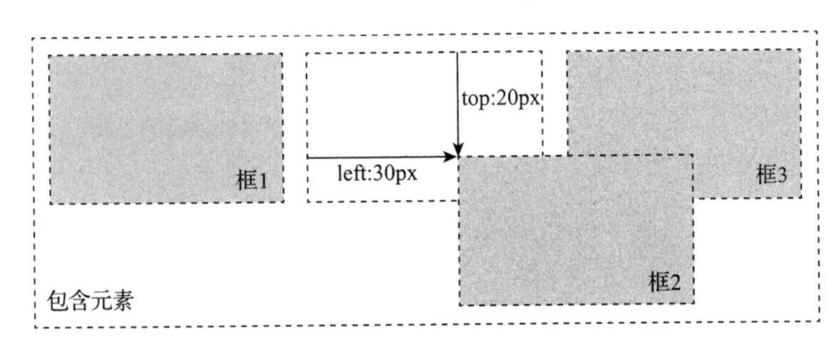

图 5-1 相对定位

> 注意 在使用相对定位时，无论是否进行移动，元素仍然占据原来的空间。因此，移动元素会导致它覆盖其他框。

2. 小程序应用

根据基础语法，下面在微信小程序中实现对小程序中组件的相对定位。

（1）默认效果

.wxml 文件代码示例如下：

```
<!—定义默认的布局方式，每个view一行，从上到下排列-->
<view>
  <view  class='fk'>区块1 </view>
  <view  class='fk'>区块2 </view>
  <view  class='fk'>区块3 </view>
</view>

<!—改变默认的布局方式，让最里层的view都放置在一行-->
<view class='cls'>
  <view  class='fk'>区块1 </view>
  <view  class='fk'>区块2 </view>
  <view  class='fk'>区块3 </view>
</view>
```

.wxss 文件代码示例如下：

```
/*定义默认的方块形状，长宽都是100px，外边距10px*/
.fk{
  width: 100px;
```

```
  height: 100px;
  margin: 10px;
  background-color: gainsboro;
}

/*改变默认的布局方式，设置flex模式，让最里层的view都放置
  在一行*/
.cls{
  display: flex;
  flex-direction: row;
}
```

默认定位效果如图 5-2 所示。

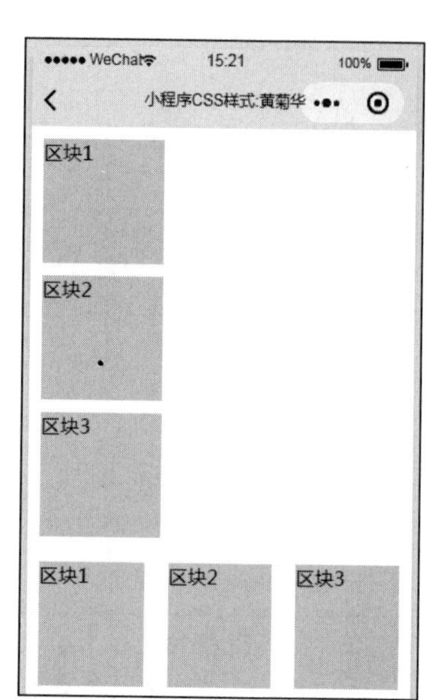

图 5-2 小程序中默认定位效果

（2）相对定位效果

.wxml 文件代码示例如下：

```
<view>
  <view  class='fk'>区块1 </view>
  <view  class='fk a2'>区块2 </view> <!--向右向下各
    移动50px -->
  <view  class='fk'>区块3 </view>
</view>

<view class='cls'>
  <view  class='fk'>区块1 </view>
  <view  class='fk a2'>区块2 </view>
  <view  class='fk'>区块3 </view>
</view>
```

.wxss 文件代码示例如下：

```
.fk{
  width: 100px;
  height: 100px;
  margin: 10px;
  background-color: gainsboro;
}
.cls{
  display: flex;              /*定义flex模式*/
  flex-direction: row;        /*按行排列，也就是将3个view
                                放置在同一行*/
}
.a2{                          /*向右向下各移动50px */
  position: relative;
  top: 50px;
  left: 50px
}
```

相对定位效果如图 5-3 所示。

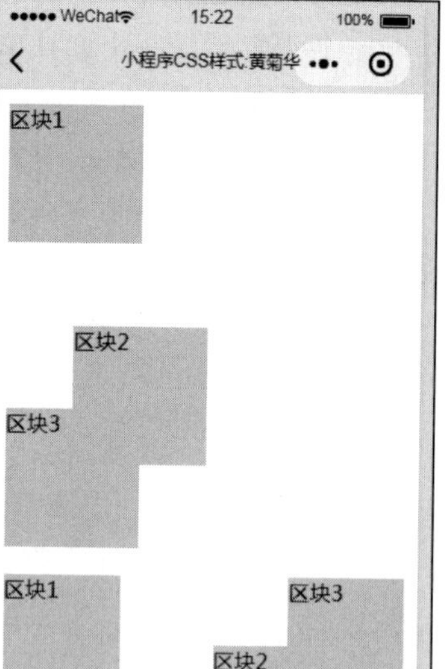

图 5-3 小程序中相对定位效果

5.2 绝对定位

设置为绝对定位的元素框从文档流完全删除，并相对于其包含块定位，包含块可能是文档中的另一个元素或者是初始包含块。元素原先在正常文档流中所占的空间会关闭，就好像该元素原来不存在一样。元素定位后将生成一个块级框，而不论原来它在正常流中生成何种类型的框。

1. 基础语法

绝对定位使元素的位置与文档流无关，因此不占据空间。这一点与相对定位不同，相对定位实际上被认为是普通流定位模型的一部分，因为元素的位置是相对于它在普通流中的位置。

普通流中其他元素的布局就像绝对定位的元素不存在一样，代码示例如下：

```
#box_relative {
  position: absolute;
  left: 30px;
  top: 20px;
}
```

绝对定位效果如图 5-4 所示。

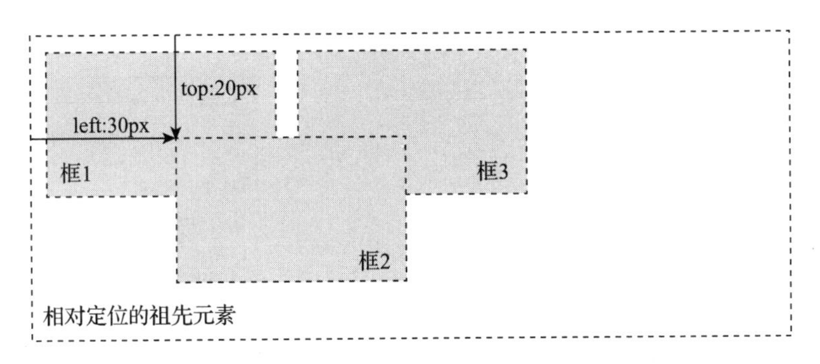

图 5-4 绝对定位示意

绝对定位的元素位置是相对于最近已定位祖先元素的位置，如果元素没有已定位的祖先元素，那么它的位置相对于最初的包含块位置。

定位的主要问题是，要记住每种定位的意义：相对定位是“相对于”元素在文档中的初始位置，而绝对定位是“相对于”最近的已定位祖先元素位置，如果不存在已定位的祖先元素，那么“相对于”最初的包含块位置。

注意 根据用户代理的不同，最初的包含块可能是画布或 HTML 元素。

> 提示 因为绝对定位的框与文档流无关，所以它们可以覆盖页面上的其他元素。可以通过设置 z-index 属性来控制这些框的堆放次序。

2. 小程序应用

根据基础语法，下面在微信小程序中实现组件的绝对定位。典型的应用是制作居于顶部和底部的菜单。

.wxml 文件代码示例如下：

```
<view>
  <view  class='fk'>区块1 </view>
  <view  class='fk a2'>区块2 </view> <!--该区块实现绝对定位，距离顶部和左边都是30px-->
  <view  class='fk'>区块3 </view>
</view>

<view class='cls'>
  <view  class='fk'>区块1 </view>
  <view  class='fk a3'>区块2 </view> <!--该区块实现绝对定位，居于底部-->
  <view  class='fk'>区块3 </view>
</view>
```

.wxss 文件代码示例如下：

```
/*定义方块*/
.fk{
  width: 100px;
  height: 100px;
  margin: 10px;
  background-color: gainsboro;
}

/*定义flex模式，让三个view都在同一行*/
.cls{
  display: flex;
  flex-direction: row;
}

.a2{
  background-color: gray;
  position: absolute;       /*实现绝对定位*/
  top: 30px;                /*距离顶部30px*/
  left: 30px                /*距离左边30px*/
}

.a3{
  background-color: cadetblue;
  position: absolute;       /*实现绝对顶部*/
  bottom: 0px;              /*距离底部0px*/
}
```

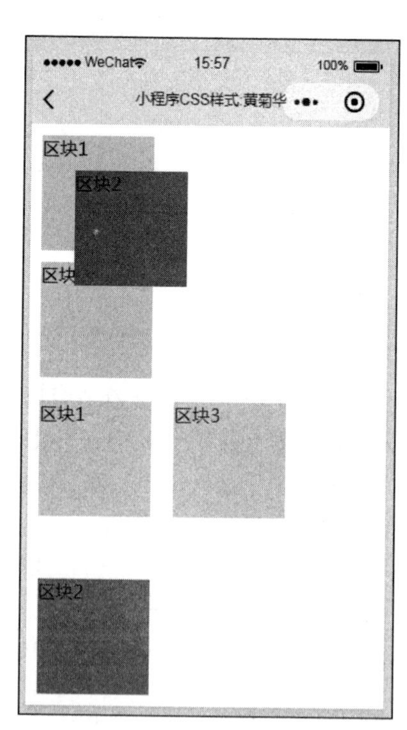

图 5-5 小程序中绝对定位效果

绝对定位效果如图 5-5 所示。

5.3 浮动

浮动的框可以向左或向右移动，直到它的外边缘碰到包含框或另一个浮动框的边框为止。

由于浮动框不在文档的普通流中，所以文档的普通流中的块框表现得就像浮动框不存在一样。

1. 基础语法

如图 5-6 所示，当把框 1 向右浮动时，它脱离文档流并且向右移动，直到它的右边缘碰到包含框的右边缘。

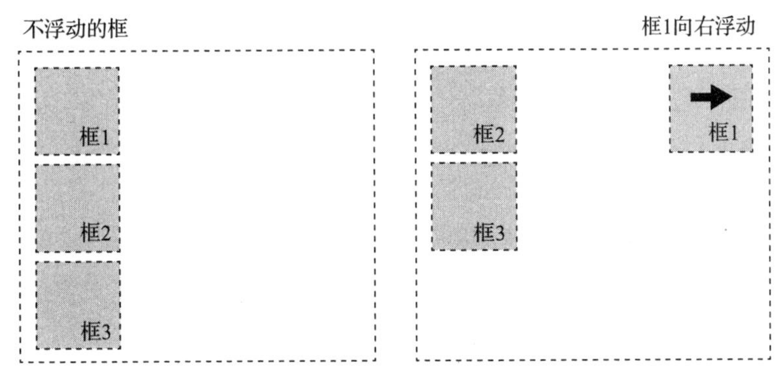

图 5-6　向右浮动

如图 5-7 所示，当框 1 向左浮动时，它脱离文档流并且向左移动，直到它的左边缘碰到包含框的左边缘。因为它不再处于文档流中，所以它不占据空间，实际上覆盖住了框 2，使框 2 从视图中消失。

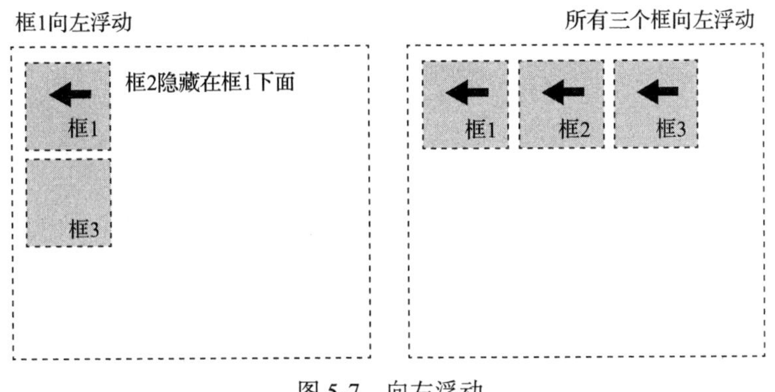

图 5-7　向左浮动

如果把所有三个框都向左移动，那么框 1 向左浮动直到碰到包含框，另外两个框向左浮动直到碰到前一个浮动框。

如图 5-8 所示，如果包含框太窄，无法容纳水平排列的三个浮动元素，那么其他浮动块向下移动，直到有足够的空间。如果浮动元素的高度不同，那么当它们向下移动时可能被其他浮动元素“卡住”。

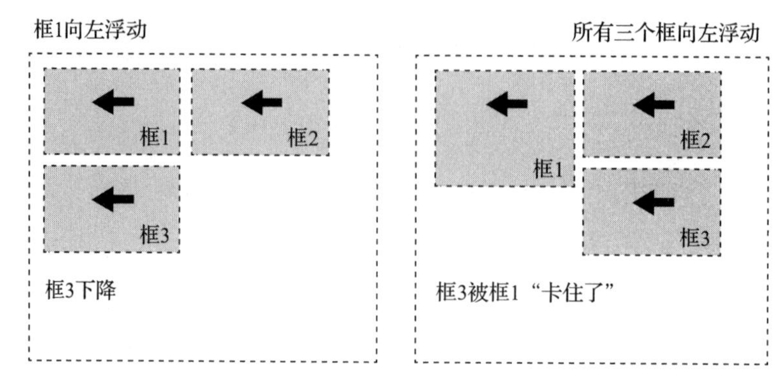

图 5-8 包含框宽度不足时浮动示意

2. 小程序应用

根据基础语法，下面在微信小程序中实现组件的浮动。

.wxml 文件代码示例如下：

```
<!--第1区块-->
<view class='cls1'>
  <view  class='fk1'>区块1 </view>
  <view  class='fk2'>区块2 </view><!--将该区块向右浮动-->
  <view  class='fk3'>区块3 </view>
</view>

<!--第2区块-->
<view class='cls2'><!--定义向左浮动-->
  <view  class='fk21'>区块21 </view>
  <view  class='fk22'>区块22 </view><!--定义向右浮动-->
  <view  class='fk23'>区块23 </view>
</view>

<!--第3区块-->
<view class='cls3'>
  <view  class='fk31'>区块31 </view>
  <view  class='fk32'>区块32 </view><!--定义向右浮动-->
  <view  class='fk33'>区块33 </view>
</view>

<!--第4区块-->
<view class='cls4'>
  <view  class='fk41'>区块41 </view>
  <view  class='fk42'>区块42 </view><!--定义向左浮动-->
  <view  class='fk43'>区块43 </view>
</view>
```

.wxss 文件代码示例如下：

```
/*第1区块样式定义*/
.cls1{
  padding: 10px;
}
.fk1{
  width: 50px;
  height: 50px;
  background-color: gainsboro;
}
.fk2{
  width: 50px;
  height: 50px;
  background-color: antiquewhite;
  float: right;    /*向右浮动*/
}
.fk3{
  width: 50px;
  height: 50px;
  background-color:  gray;
}

/*第2区块样式定义*/
.cls2{
  float: left;     /*向左浮动*/
}
.fk21{
  width: 50px;
  height: 50px;
  background-color: gainsboro;
  display: inline-block;

}
.fk22{
  width: 50px;
  height: 50px;
  background-color: antiquewhite;
  float: right;    /*向右浮动*/
  display: inline-block;
}
.fk23{
  width: 50px;
  height: 50px;
  background-color:  gray;
  display: inline-block;
}

/*第3区块样式定义*/
.cls3{
    clear: both;
```

```
    padding: 10px;
}
.fk31{
  width: 50px;
  height: 50px;
  background-color: gainsboro;
  display: inline-block;

}
.fk32{
  width: 50px;
  height: 50px;
  background-color: antiquewhite;
  float: right;    /*向右浮动*/
  display: inline-block;
}
.fk33{
  width: 50px;
  height: 50px;
  background-color:  gray;
  display: inline-block;
}

/*第4区块样式定义*/
.cls4{
    clear: both;
    padding: 10px;
}
.fk41{
  width: 50px;
  height: 50px;
  background-color: gainsboro;
  display: inline-block;
 }
.fk42{
  width: 50px;
  height: 50px;
  background-color: antiquewhite;
  display: inline-block;
  float: left;     /*向左浮动*/
}
.fk43{
  width: 50px;
  height: 50px;
  background-color:  gray;
  display: inline-block;
}
```

浮动效果如图 5-9 所示。

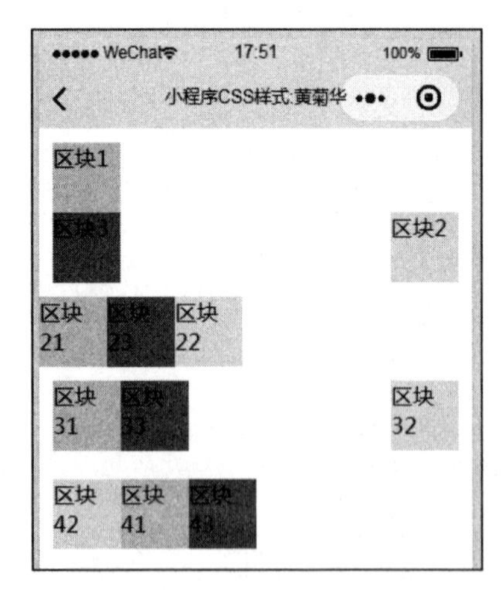

图 5-9 小程序中浮动效果

第 6 章 Chapter 6

选　择　器

在 CSS 中选择器是一种模式，用于选择需要添加样式的元素。本章主要讲解 CSS 中常用的几个选择器，涉及分组选择器、派生选择器、属性选择器、后代选择器、子元素选择器、相邻兄弟选择器等；同步讲解这些知识点在微信小程序 WXSS 中的应用实战。

6.1　选择器的分组

通过分组，创作者可以将某些类型的样式“压缩”在一起，这样就可以得到更简洁的样式表。

1. 基础语法

可以对选择器进行分组，这样被分组的选择器就可以分享相同的声明。用逗号将需要分组的选择器分开。在下面的例子中，我们对所有的标题元素进行了分组。所有的标题元素都是绿色的。代码示例如下：

```
h1,h2,h3,h4,h5,h6 {
  color: green;
}
```

2. 小程序应用

根据基础语法，下面在微信小程序中实现选择器分组，将多个小程序组件的样式定义在一起。

.wxml 文件代码示例如下：

```
<view>
```

```
 普通文本
</view>
<view>
  <text>普通文本</text>
</view>
<view>
  <label>姓名：</label><input type='text' placeholder='请输入文字'></input>
</view>
```

.wxss 文件代码示例如下：

```
/*元素选择器*/
page{
  background-color:  gainsboro;
}
view{
 background-color:  aliceblue;
}
text,input,label{
  color: red;
}
```

选择器分组效果如图 6-1 所示。

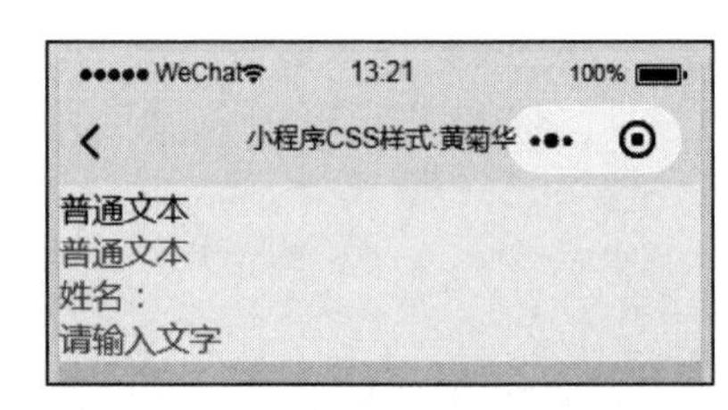

图 6-1 小程序中选择器分组效果

6.2 派生选择器

依据元素在其位置的上下文关系来定义样式，可以使标记更加简洁。

在 CSS1 中，通过这种方式来应用规则的选择器被称为上下文选择器（contextual selectors)，这是由于它们依赖于上下文关系来应用或者避免某项规则。在 CSS2 中，它们称为派生选择器，但是无论你如何称呼它们，它们的作用都是相同的。

1. 基础语法

派生选择器允许你根据文档的上下文关系来确定某个标签的样式。合理地使用派生选择器，可以使 HTML 代码变得更加整洁。

例如，你希望列表中的 strong 元素变为斜体字，而不是通常的粗体字，可以如下定义一个派生选择器：

```
li strong {
    font-style: italic;
    font-weight: normal;
  }
```

2. 小程序应用

根据基础语法，下面在微信小程序中实现派生选择器，设定不同样式里面的文本字体颜色。

.wxml 文件代码示例如下：

```
<view>
 普通文本1
</view>

<view >
  <text>普通文本2</text>
</view>

<view id='myid3'>
  <text>普通文本3</text>
</view>

<view class='myid4'>
  <text>普通文本4</text>
</view>
```

.wxss 文件代码示例如下：

```
view text{
  color: red;
}
#myid3 text{
  color:orange;
}
.myid4 text{
  color:green;
}
```

派生选择器使用效果如图 6-2 所示。

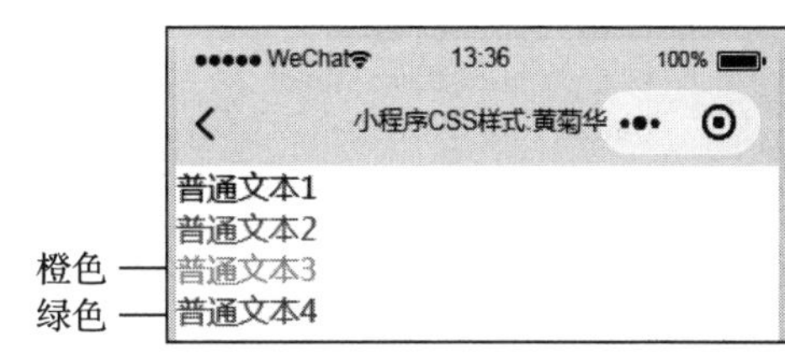

图 6-2　小程序中派生选择器使用效果

6.3　属性选择器

CSS 2 引入了属性选择器。属性选择器可以根据元素的属性及属性值来选择元素。

1. 基础语法

属性选择器可以为拥有指定属性的 HTML 元素设置样式，而不仅限于 class 和 id 属性。

> 注意　只有在规定了 !DOCTYPE 时，IE7 和 IE8 才支持属性选择器。在 IE6 及更低的版本中，不支持属性选择。

下面的例子为带有 title 属性的所有元素设置样式，代码如下：

```
[title]
{
color:red;
}
```

下面的例子为title="W3School"的所有元素设置样式，代码如下：

```
[title=W3School]
{
border:5px solid blue;
}
```

下面的例子为包含指定值的title属性的所有元素设置样式。适用于由空格分隔的属性值，代码如下：

```
[title~=hello] { color:red; }
```

下面的例子为包含指定值的lang属性的所有元素设置样式。适用于由连字符分隔的属性值，代码如下：

```
[lang|=en] { color:red; }
```

属性选择器在为不含有class或id的表单设置样式时特别有用，代码示例如下：

```
input[type="text"]
{
  width:150px;
  display:block;
  margin-bottom:10px;
  background-color:yellow;
  font-family: Verdana, Arial;
}
input[type="button"]
{
  width:120px;
  margin-left:35px;
  display:block;
  font-family: Verdana, Arial;
}
```

选择器的值参见表6-1。

表6-1 CSS选择器的值及说明

选择器	描述
[attribute]	用于选取带有指定属性的元素
[attribute=value]	用于选取带有指定属性和值的元素
[attribute~=value]	用于选取属性值中包含指定词汇的元素
[attribute|=value]	用于选取带有以指定值开头的属性值的元素，该值必须是整个单词
[attribute^=value]	匹配属性值以指定值开头的每个元素
[attribute$=value]	匹配属性值以指定值结尾的每个元素
[attribute*=value]	匹配属性值中包含指定值的每个元素

2. 小程序应用

根据基础语法，下面在微信小程序中实现属性选择器，设定 input 组件不同 type 值里 value 字体的颜色。

.wxml 文件代码示例如下：

```
<view>
  <input type='text' placeholder='文本1' value='文本1' />
  <input type='number' placeholder='文本2'  value='文本2'/>
</view>
```

.wxss 文件代码示例如下：

```
[type='text']
{
  color: orange;
}
[type='number']
{
  color: red;
}
```

属性选择器使用效果如图 6-3 所示。

图 6-3　小程序中属性选择器使用效果

6.4　后代选择器

后代选择器（descendant selector）又称为包含选择器。后代选择器可以选择作为某元素后代的元素。

1. 基础语法

我们可以定义后代选择器来创建一些规则，使这些规则在某些文档结构中起作用，而在另外一些结构中不起作用。

举例来说，如果你希望只对 h1 元素中的 em 元素应用样式，可以这样写代码：

```
h1 em {color:red;}
```

上面这个规则会把作为 h1 元素后代的 em 元素的文本变为红色。其他 em 文本（如段落或块引用中的 em）则不会被这个规则选中，代码示例如下：

```
<html>
<head>
<style type="text/css">
h1 em {color:red;}
</style>
</head>

<body>
<h1>This is a <em>important</em> heading</h1>
```

```
<p>This is a <em>important</em> paragraph.</p>
</body>
</html>
```

后代选择器使用效果如图 6-4 所示。

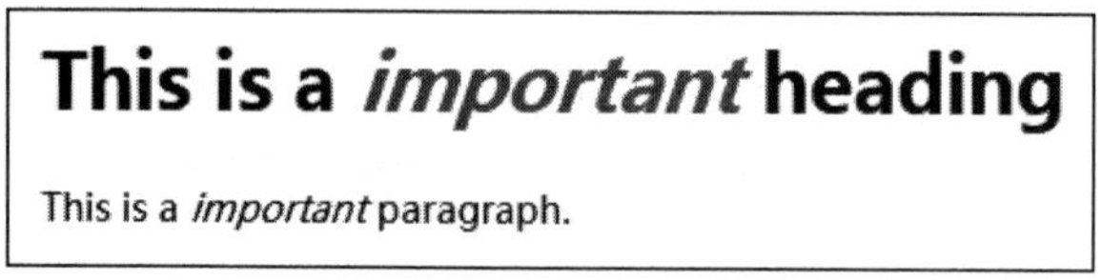

This is a *important* heading

This is a *important* paragraph.

图 6-4 后代选择器使用效果 1

当然，你也可以在 h1 中找到的每个 em 元素上放一个 class 属性，但是，显然后代选择器的效率更高。在后代选择器中，规则左边的选择器一端包括两个或多个用空格分隔的选择器。选择器之间的空格是一种结合符（combinator）。每个空格结合符可以解释为“... 在 ... 找到”“... 作为 ... 的一部分”“... 作为 ... 的后代”，但是要求必须从右向左读选择器。因此，h1 em 选择器可以解释为“作为 h1 元素后代的任何 em 元素”。如果要从左向右读选择器，可以换成以下说法：“包含 em 的所有 h1 会把以下样式应用到该 em”。

后代选择器的功能极其强大。有了它，可以实现 HTML 中本不可能实现的任务。假设有一个文档，其中有一个边栏，还有一个主区。边栏的背景为蓝色，主区的背景为白色，这两个区都包含链接列表。不能把所有链接都设置为蓝色，因为这样边栏中的蓝色链接将无法看到。

解决方法是使用后代选择器。在这种情况下，可以为包含边栏的 div 指定值为 sidebar 的 class 属性，并把主区的 class 属性值设置为 maincontent。然后编写以下样式，代码如下：

```
div.sidebar {background:blue;}
div.maincontent {background:white;}
div.sidebar a:link {color:white;}
div.maincontent a:link {color:blue;}
```

后代选择器有一个易被忽视的方面，即两个元素之间的层次间隔可以是无限的。

例如，写作 ul em，这个语法就会选择从 ul 元素继承的所有 em 元素，而不论 em 的嵌套层次多深。因此，ul em 将会选择以下标记中的所有 em 元素，代码如下：

```
<html>
<head>
<style type="text/css">
ul em {color:red; font-weight:bold;}
</style>
</head>

<body>
<ul>
  <li>List item 1
    <ol>
```

```
      <li>List item 1-1</li>
      <li>List item 1-2</li>
      <li>List item 1-3
        <ol>
          <li>List item 1-3-1</li>
          <li>List item <em>1-3-2</em></li>
          <li>List item 1-3-3</li>
        </ol>
      </li>
      <li>List item 1-4</li>
    </ol>
  </li>
  <li>List item 2</li>
  <li>List item 3</li>
</ul>
</body>
</html>
```

后代选择器使用效果如图 6-5 所示。

- List item 1
    1. List item 1-1
    2. List item 1-2
    3. List item 1-3
        1. List item 1-3-1
        2. List item ***1-3-2***
        3. List item 1-3-3
    4. List item 1-4
- List item 2
- List item 3

图 6-5 后代选择器使用效果 2

2. 小程序应用

根据基础语法，下面在微信小程序中使用后代选择器，选择不同的元素实现不同颜色字体。

.wxml 文件代码示例如下：

```
<view>
<view>我是文本1</view>
<text>我是文本2</text>
<label>我是文本3</label>

<navigator>连接1</navigator>

<view>
  <navigator>连接2</navigator>
</view>

<view>
  <navigator><text>连接3</text></navigator>
</view>
<view>
  <navigator><view>连接4</view></navigator>
</view>

</view>
```

.wxss 文件代码示例如下：

```
view  text { color: red;}
navigator text{color: green;}
navigator view{color: blue;}
```

后代选择器使用效果如图 6-6 所示。

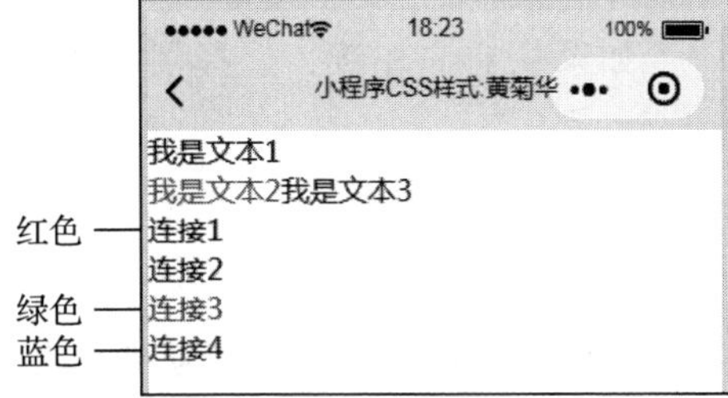

图 6-6 小程序中后代选择器效果

6.5 子元素选择器

后代选择器相比，子元素选择器（child selectors）只能选择作为某元素子元素的元素。

1. 基础语法

如果你不希望选择任意的后代元素，而是希望缩小范围，只选择某个元素的子元素，请使用子元素选择器。

例如，你希望选择只作为 h1 元素子元素的 strong 元素，可以这样写代码：

```
h1 > strong {color:red;}
```

这个规则会把第一个 h1 下面的两个 strong 元素变为红色，但是第二个 h1 中的 strong 不受影响，代码示例如下：

```
<!DOCTYPE HTML>
<html>
<head>
<style type="text/css">
h1 > strong {color:red;}
</style>
</head>

<body>
<h1>This is <strong>very</strong> <strong>very</strong> important.</h1>
<h1>This is <em>really <strong>very</strong></em> important.</h1>
</body>
</html>
```

子元素选择器效果如图 6-7 所示。

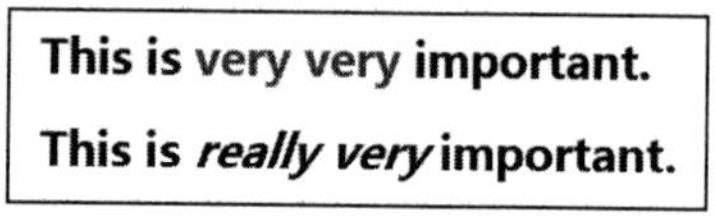

This is very very important.

This is *really very* important.

图 6-7 子元素选择器效果

你应该已经注意到了，子选择器使用了大于号（子结合符）。

子结合符两边可以有空白符，这是可选的。因此，以下写法都没有问题：

```
h1 > strong
h1> strong
h1 >strong
h1>strong
```

如果从右向左读，选择器 h1 > strong 可以解释为“选择作为 h1 元素子元素的所有 strong 元素”。

请看下面这个选择器，代码如下：

```
table.company td > p
```

上面的选择器会选择作为 td 元素子元素的所有 p 元素，这个 td 元素本身从 table 元素继承，该 table 元素有一个包含 company 的 class 属性。

2. 小程序应用

根据基础语法，下面在微信小程序中使用子元素选择器，设定不同子元素内文本字体的颜色。

.wxml 文件代码示例如下：

```
<view>
  <navigator><text>连接3</text></navigator>
</view>
<view>
  <navigator><view>连接4</view></navigator>
</view>

  <view>
    <navigator>
      <text>说明</text>
      <view>
        <text>使用方式</text>
        <text>使用人群</text>
      </view>
      <text>销售数据</text>
      <view>
        <text>销量</text>
        <text>库存</text>
      </view>
    </navigator>
  </view>

<view>
  1111111111
  <view>22222222
    <navigator>
      <view>
      333333333
      </view>
    </navigator>
  </view>

</view>
```

.wxss 文件代码示例如下：

```
navigator > text{ color: blue;}
view > view { color: green;}
```

子元素选择器效果如图 6-8 所示。

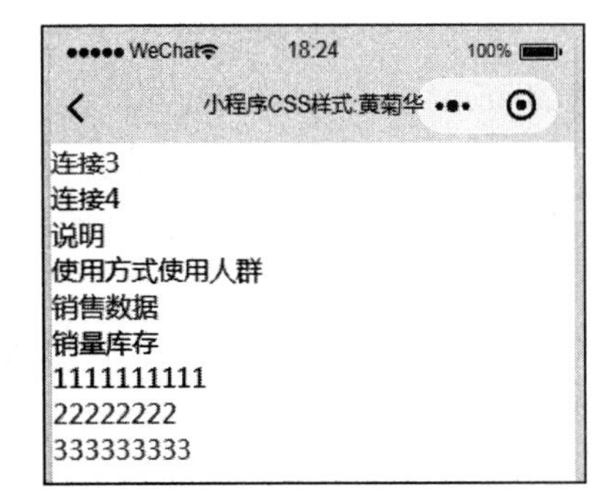

图 6-8 小程序中子元素选择器效果

6.6 相邻兄弟选择器

相邻兄弟选择器（adjacent sibling selector）可选择紧接在另一元素后的元素，且二者有相同父元素。

1. 基础语法

如果需要选择紧接在另一个元素后的元素，而且二者有相同的父元素，可以使用相邻兄弟选择器。

例如，要增加紧接在 h1 元素后出现的段落的上边距，可以这样写代码：

```
h1 + p {margin-top:50px;}
```

这个选择器读作：选择紧接在 h1 元素后出现的段落，h1 和 p 元素拥有共同的父元素，代码示例如下：

```
<!DOCTYPE HTML>
<html>
<head>
<style type="text/css">
h1 + p {margin-top:50px;}
</style>
</head>

<body>
<h1>This is a heading.</h1>
<p>This is paragraph.</p>
<p>This is paragraph.</p>
<p>This is paragraph.</p>
<p>This is paragraph.</p>
<p>This is paragraph.</p>
</body>
</html>
```

相邻兄弟选择器效果如图 6-9 所示。

This is a heading.

This is paragraph.

This is paragraph.

This is paragraph.

This is paragraph.

This is paragraph.

图 6-9 相邻兄弟选择器效果 1

相邻兄弟选择器使用了加号（+），即相邻兄弟结合符（adjacent sibling combinator）。

提示 与子结合符一样，相邻兄弟结合符旁边可以有空白符。

请看一个文档树片段，代码如下：

```
<div>
  <ul>
    <li>List item 1</li>
    <li>List item 2</li>
    <li>List item 3</li>
  </ul>
  <ol>
    <li>List item 1</li>
    <li>List item 2</li>
```

```
    <li>List item 3</li>
  </ol>
</div>
```

在上面的片段中，div 元素中包含两个列表：一个无序列表，一个有序列表，每个列表都包含三个列表项。这两个列表是相邻兄弟，列表项本身也是相邻兄弟。但是，第一个列表中的列表项与第二个列表中的列表项不是相邻兄弟，因为这两组列表项不属于同一父元素（最多只能算堂兄弟）。请记住，用一个结合符只能选择两个相邻兄弟中的第二个元素。请看下面的选择器代码：

```
li + li {font-weight:bold;}
```

上面这个选择器只会把列表中的第二个和第三个列表项变为粗体。第一个列表项不受影响，代码示例如下：

```
<!DOCTYPE HTML>
<html>
<head>
<style type="text/css">
li + li {font-weight:bold;}
</style>
</head>

<body>
<div>
  <ul>
    <li>List item 1</li>
    <li>List item 2</li>
    <li>List item 3</li>
  </ul>
  <ol>
    <li>List item 1</li>
    <li>List item 2</li>
    <li>List item 3</li>
  </ol>
</div>
</body>
</html>
```

相邻兄弟选择器效果如图 6-10 所示。

相邻兄弟结合符还可以结合其他结合符，代码示例如下：

```
html > body table + ul {margin-top:20px;}
```

这个选择器读作：选择紧接在 table 元素后出现的所有兄弟 ul 元素，该 table 元素包含在一个 body 元素中，body 元素本身是 html 元素的子元素。

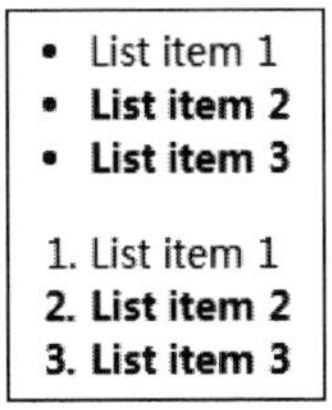

- List item 1
- **List item 2**
- **List item 3**

1. List item 1
2. **List item 2**
3. **List item 3**

图 6-10 相邻兄弟选择器效果 2

2. 小程序应用

根据基础语法，下面在微信小程序中实现子元素选择器，设定不同相邻元素内文字的颜色。

.wxml 文件代码示例如下：

```
<view>
  <view> 01 </view>
  <view> 02 </view>
  <text> 03 </text>
</view>

<view class='c01'>
  <view> 01 </view>
  <view> 02 </view>
  <text> 03 </text>
</view>
```

.wxss 文件代码示例如下：

```
view +text {
  color: red;
}
view + view {
  color: blue;
}
.c01 view + text {
  color:palevioletred;
}
```

相邻兄弟选择器使用效果如图 6-11 所示。

图 6-11 小程序中相邻兄弟选择器效果

第三部分 Part 3

前端开发入门

Chapter 7 第7章

弹性布局

弹性布局模块（目前是W3C候选的推荐）旨在提供一个更加有效的方式来布置、对齐和分布容器之间的各项内容，即使它们的大小是未知或者动态变化的。弹性布局的主要思想是让容器有能力来改变项目的宽度和高度，以填满可用空间（主要是为了容纳所有类型的显示设备和屏幕尺寸）。

弹性布局与方向无关，这是相对于常规布局（块是以垂直和内联水平为基础）最重要的不同点。很显然，常规布局设计缺乏灵活性，无法支持大型和复杂的应用程序（特别是当它涉及改变方向、缩放、拉伸和收缩等时）。

本章主要讲解弹性（flex）布局的基础语法，主要涉及flex容器的属性和flex项目的属性，然后讲解在微信小程序中的使用。

7.1 弹性布局基本概念

本节主要展开介绍弹性布局的基本概念，并通过案例介绍网页中的基本使用方法。

flex用来为盒状模型提供最大的灵活性。

任何一个容器都可以指定为flex布局，代码示例如下：

```
.box{ display: flex; }
```

行内元素也可以使用flex布局，代码示例如下：

```
.box{ display: inline-flex; }
```

Webkit内核的浏览器必须加上-webkit前缀，代码示例如下：

```
.box{ display: -webkit-flex; /* Safari */ display: flex; }
```

注意 设为 flex 布局以后，子元素的 float、clear 和 vertical-align 属性将失效。

采用 flex 布局的元素称为 flex 容器（flex container)，下面简称“容器”。它的所有子元素自动成为容器成员，称为 flex 项目（flex item)，下面简称“项目”。基本概念如图 7-1 所示。

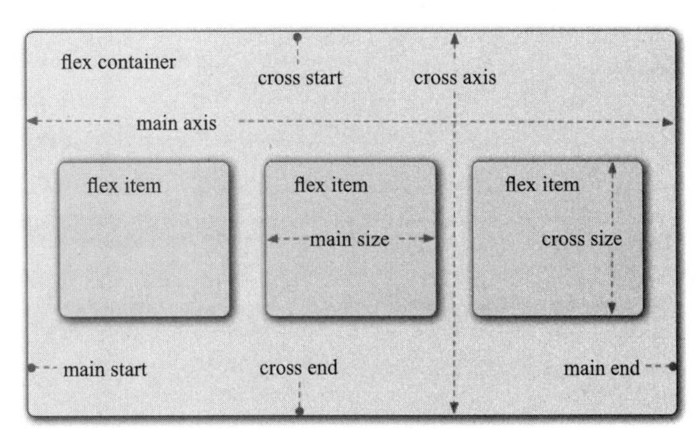

图 7-1 flex 基本概念

容器默认存在两根轴：水平的主轴（main axis）和垂直的交叉轴（cross axis)。主轴的开始位置（与边框的交叉点）叫作 main start，结束位置叫作 main end；交叉轴的开始位置叫作 cross start，结束位置叫作 cross end。

项目默认沿主轴排列。单个项目占据的主轴空间叫作 main size，占据的交叉轴空间叫作 cross size。

容器的属性如下。

- flex-direction：主轴的方向（即项目的排列方向，左中右、上中下）。
- flex-wrap：如果一条轴线排不下该如何换行。
- flex-flow：flex-direction 属性和 flex-wrap 属性的简写形式，默认值为 row nowrap。
- justify-content：项目在主轴上如何对齐（左中右）。
- align-items：项目在交叉轴上如何对齐（上中下）。
- align-content：定义多根轴线的对齐方式。如果项目只有一根轴线，该属性不起作用。

网页 flex 布局的简单示例代码如下：

```
<!DOCTYPE html>
<html>
<head>
<meta http-equiv="Content-Type" content="text/html; charset=utf-8" />
<title>Flex Box简单表单</title>
<style>
.flex-container {
    display: -webkit-flex;
```

```
        display: flex;
        width: 400px;
        height: 250px;
        background-color: lightgrey;
    }
    .flex-item{
        background-color: cornflowerblue;
        width: 100px;
        height: 100px;
      margin: 10px;
    }
    </style>
    </head>
    <body>
    <div class="flex-container">
      <div class="flex-item">flex item 1</div>
      <div class="flex-item">flex item 2</div>
      <div class="flex-item">flex item 3</div>
    </div>
    </body>
    </html>
```

效果如图 7-2 所示。

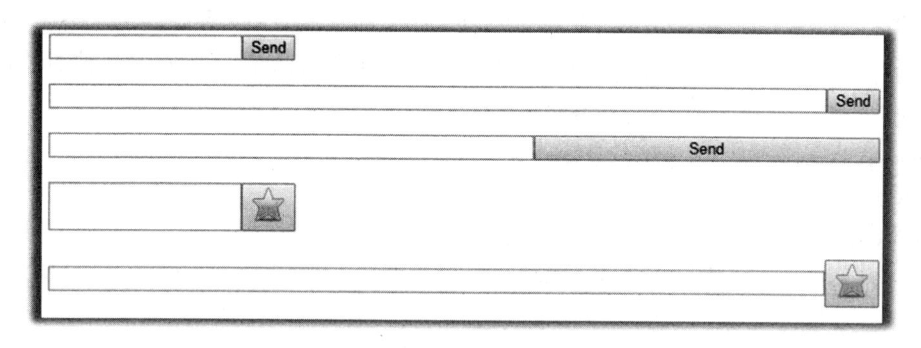

图 7-2 网页中应用 flex 布局效果

7.2 flex 容器的属性

flex 容器包含以下几个属性：flex-direction（项目排列方向），flex-wrap（项目换行）、flex-flow、justify-content（水平对齐）、align-items（垂直对齐）、align-content（各行对齐）。

7.2.1 项目排列方向（flex-direction）

flex-direction 属性决定主轴的方向（即项目的排列方向），这里的排列方向可以理解为水平方向和垂直方向。代码如下，示意图如图 7-3 所示。

```
.box { flex-direction: row | row-reverse | column | column-reverse; }
```

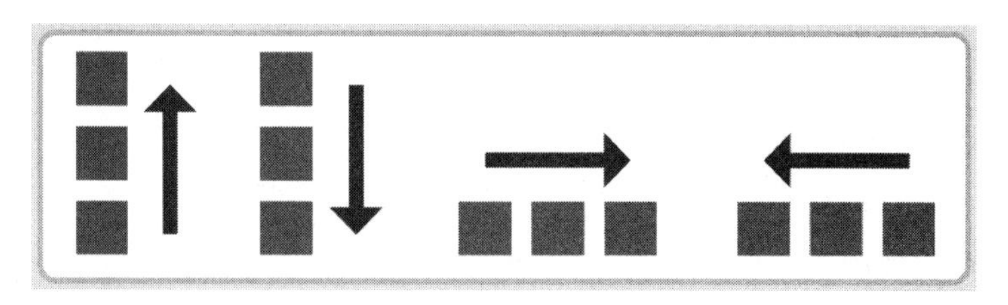

图 7-3 flex-direction 项目排列方向

代码中各值含义如下。

- column-reverse：主轴为垂直方向，起点在下沿。
- column：主轴为垂直方向，起点在上沿。
- row（默认值）：主轴为水平方向，起点在左端。
- row-reverse：主轴为水平方向，起点在右端。

1. 小程序默认排版

下面代码显示 5 个长度和宽度都是 100px 的方块（本章后面都沿用该代码）。

.wxml 文件代码示例如下：

```
<view class='zong'>
  <view class='fangxing'>
    <text>01</text>
  </view>
  <view  class='fangxing'>
    <text>02</text>
  </view>
  <view  class='fangxing'>
    <text>03</text>
  </view>
  <view  class='fangxing'>
    <text>04</text>
  </view>
  <view  class='fangxing'>
    <text>05</text>
  </view>
</view>
```

.wxss 文件代码示例如下：

```
.zong{
  padding: 10px;   /*内边距*/
}
.fangxing{
  width: 100px;
  height: 100px;
  background-color:  beige;
```

```
  margin: 10px;             /*每个方框的外边距*/
}
```

每个 view 会占用一行，类似于 div 是块级元素，效果见图 7-4。

2. flex-direction: row

.wxml 文件不变（沿用默认排版的代码），增加 flex 显示模式。

.wxss 文件代码示例如下：

```
.zong{
  padding: 10px;
  display: flex;
  flex-direction:  row;   /* row是默认值，该行样式可以省略*/
  /* row默认，可以不写：row | row-reverse | column | column-reverse*/
}
.fangxing{
  width: 100px; height: 100px;
  background-color:  beige;
  margin: 10px;
}
```

效果如图 7-5 所示。

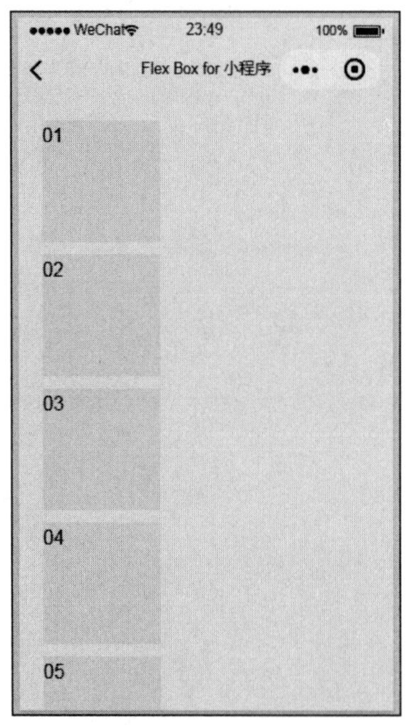

图 7-4 小程序中 view 的默认排列效果

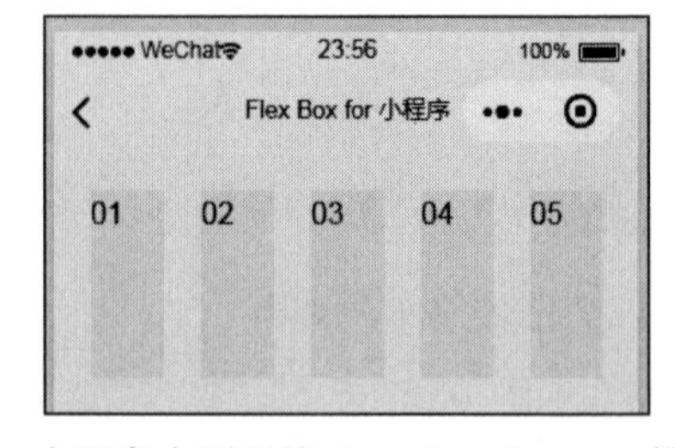

图 7-5 小程序中项目按 flex-direction:row 排列效果

提示 flex-direction: row 让容器内的元素按行排列，同时默认不换行。display: flex 设置后 flex-direction 的属性设置才会生效。

3. flex-direction: row-reverse

.wxml 文件不变（沿用默认排版的代码），设置容器的样式 flex-direction: row-reverse。

.wxss 文件代码示例如下：

```
.zong{
  display: flex;
  flex-direction: row-reverse;
  padding: 10px;   /*内边距*/
}
```

效果如图 7-6 所示。

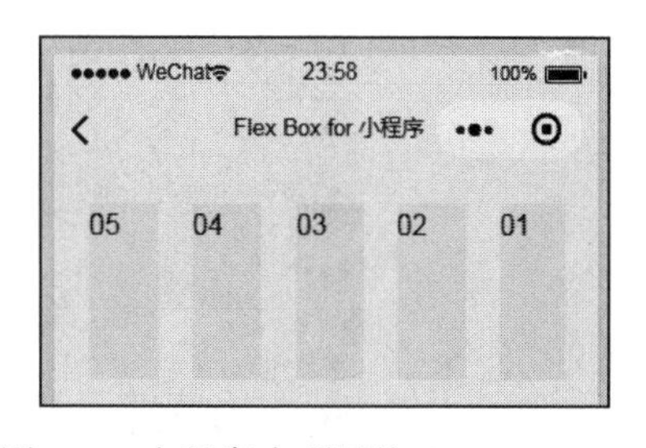

图 7-6 小程序中项目按 flex-direction: row-reverse 反转排列效果

4. flex-direction: column

.wxml 文件不变（沿用默认排版的代码），设置容器的样式 flex-direction: column。

.wxss 文件代码示例如下：

```
.zong{
  display: flex;
  flex-direction: column;
  padding: 10px;   /*内边距*/
}
```

效果如图 7-4 所示，即与小程序中 view 的默认排列效果相同。

5. flex-direction: column-reverse

.wxml 文件不变（沿用默认排版的代码），设置容器的样式 flex-direction: column-reverse。

.wxss 文件代码示例如下：

```
.zong{
  display: flex;
  flex-direction: column-reverse;
  padding: 10px;   /*内边距*/
}
```

效果如图 7-7 所示。

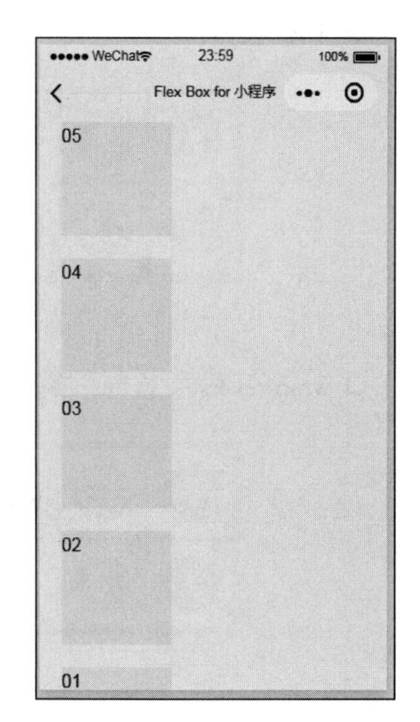

图 7-7 小程序中项目按 flex-direction: column-reverse 排列效果

7.2.2 项目换行（flex-wrap）

默认情况下，项目都排在一条线（又称“轴线”）上。flex-wrap 属性定义了如果一条轴线排不下该如何换行，如图 7-8 所示。

基础语法和值如下：

```
.box{ flex-wrap: nowrap | wrap | wrap-reverse; }
```

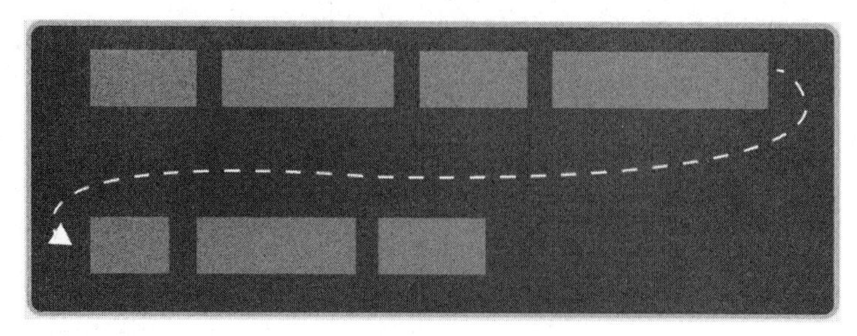

图 7-8 flex-wrap 项目换行

- nowrap（默认）：不换行，如图 7-9 所示。

图 7-9 nowrap 不换行

- wrap：换行，第一行在上方，如图 7-10 所示。

图 7-10 wrap 换行

- wrap-reverse：换行，第一行在下方，如图 7-11 所示。

图 7-11 wrap-reverse 换行

1. flex-wrap: nowrap

我们沿用上面 7.2.1 节的布局代码和样式代码，在容器的样式中增加代码。

.wxss 文件代码示例如下：

```
.zong{
  flex-wrap: nowrap        /*nowrap默认值，可选属性值：nowrap|wrap|wrap-reverse*/
}
```

nowrap 效果如图 7-12 所示。

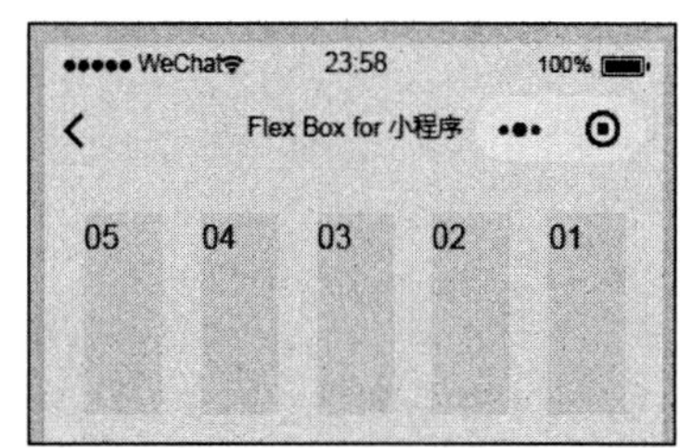

图 7-12　flex-wrap: nowrap 不换行效果

2. flex-wrap: wrap

在容器中增加样式 flex-wrap: wrap。

.wxml 文件代码示例如下：

```
<view class='zong'>
   <view class='fangxing'>
    <text>01</text>
  </view>
  <view  class='fangxing'>
    <text>02</text>
  </view>
  <view  class='fangxing'>
    <text>03</text>
  </view>
  <view  class='fangxing'>
    <text>04</text>
  </view>
  <view  class='fangxing'>
    <text>05</text>
  </view>
</view>
```

.wxss 文件代码示例如下：

```
/* */
.zong{
  padding: 10px;
  display: flex;
  flex-direction: row ;
    /*row默认，属性值有row|row-reverse|column|column-
      reverse*/
  flex-wrap: wrap;
    /*nowrap默认，属性值有：nowrap | wrap | wrap-
      reverse*/
}
.fangxing{
  width: 100px; height: 100px;
  background-color:  beige;
  margin: 10px;
}
```

wrap 效果如图 7-13 所示。

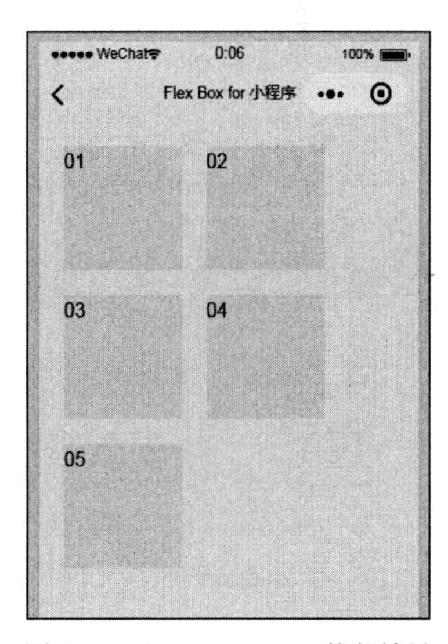

图 7-13　flex-wrap: wrap 换行效果

3. flex-wrap: wrap-reverse

只需更改上面的容器样式，变更为 flex-wrap: wrap-reverse。

.wxss 文件代码示例如下：

```
.zong{
  padding: 10px;
  display: flex;
  flex-direction: row ;
    /*row默认，属性值有row|row-reverse|column|
      column-reverse*/
  flex-wrap: wrap-reverse;
    /*nowrap默认，属性值有：nowrap|wrap|wrap-
      reverse*/
}
```

wrap-reverse 效果如图 7-14 所示。

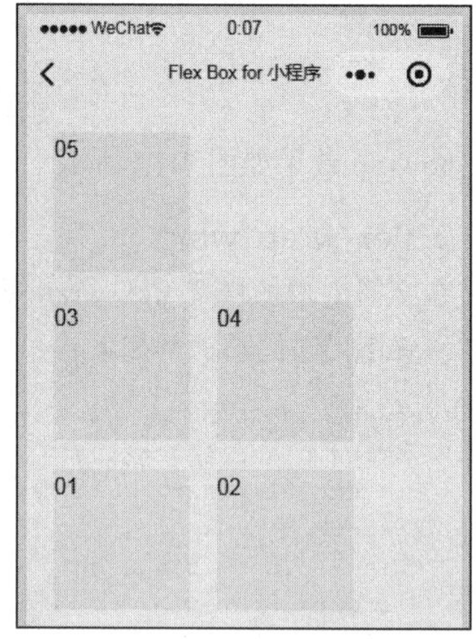

图 7-14 flex-wrap: wrap-reverse 换行效果

7.2.3 flex-flow 属性

flex-flow 属性是 flex-direction 属性和 flex-wrap 属性的简写形式，默认值为 row nowrap。代码示例如下：

```
.box { flex-flow: <flex-direction> || <flex-wrap>; }
```

7.2.4 水平对齐（justify-content）

justify-content 属性定义了项目在主轴上的对齐方式，如图 7-15 所示。

代码示例如下：

```
.box {
justify-content: flex-start | flex-end | center |
  space-between | space-around;
}
```

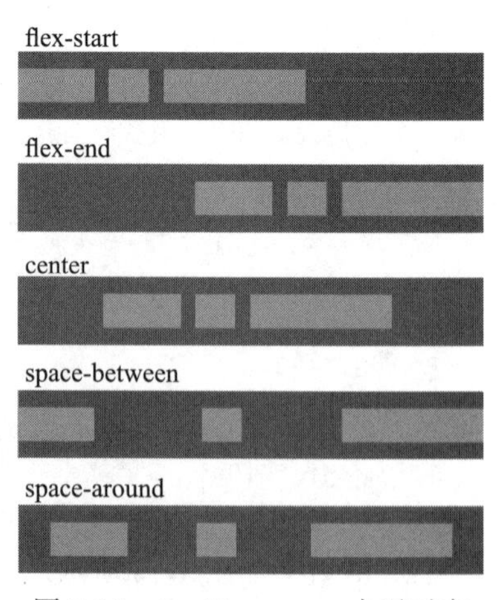

图 7-15 justify-content 水平对齐

代码中各值含义如下。

- flex-start（默认值）：左对齐。
- flex-end：右对齐。
- center：居中。
- space-between：两端对齐，项目之间的间隔都相等。
- space-around：每个项目两侧的间隔相等，因此，项目之间的间隔比项目与边框的间隔大一倍。

1. justify-content: flex-start

.wxml 文件代码示例如下：

```
<view class='zong'>
    <view class='fangxing'>
      <text>01</text>
  </view>
  <view  class='fangxing'>
    <text>02</text>
  </view>
</view>
```

.wxss 文件代码示例如下：

```
.zong{
  display: flex;
  justify-content:  flex-start;
  /*flex-start是默认值: flex-start|flex-end|center|space-between|space-around*/
}
.fangxing{
  width: 100px; height: 100px;
  background-color:  beige;
}
```

flex-start 效果如图 7-16 所示。

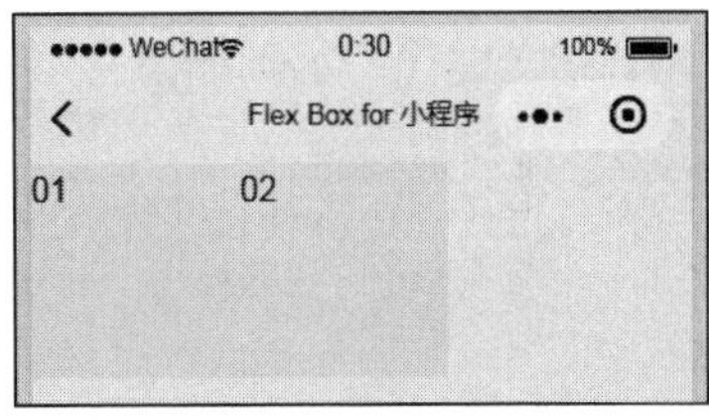

图 7-16 justify-content: flex-start 使用效果

2. justify-content: flex-end

.wxml 文件代码示例如下：

```
<view class='zong'>
    <view class='fangxing'>
      <text>01</text>
  </view>
  <view  class='fangxing'>
    <text>02</text>
  </view>
</view>
```

.wxss 文件代码示例如下：

```
.zong{
  display: flex;
  justify-content:  flex-end;
  /*flex-start是默认值: flex-start|flex-end|center|space-between|space-around*/
}
```

flex-end 效果如图 7-17 所示。

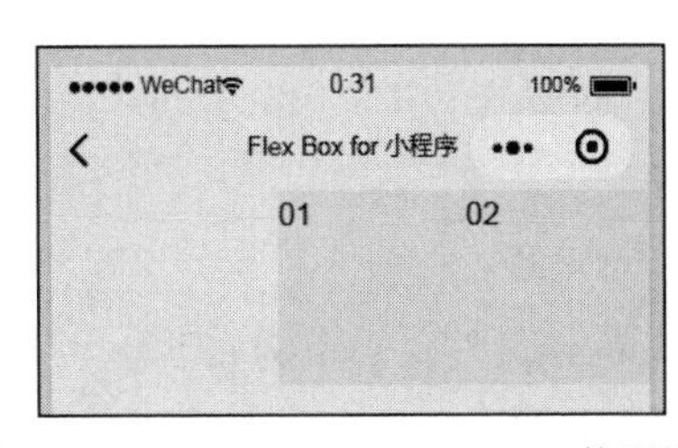

图 7-17 justify-content: flex-end 使用效果

3. justify-content: center

.wxml 文件代码示例如下：

```
<view class='zong'>
    <view class='fangxing'>
      <text>01</text>
  </view>
```

```
    <view  class='fangxing'>
      <text>02</text>
    </view>
</view>
```

.wxss 文件代码示例如下：

```
.zong{
  display: flex;
  justify-content:  center;
  /*flex-start是默认值: flex-start|flex-end|center|space-between|space-around*/
}
```

center 效果如图 7-18 所示。

图 7-18 justify-content: center 使用效果

4. justify-content: space-between

.wxml 文件代码示例如下：

```
<view class='zong'>
    <view class='fangxing'>
      <text>01</text>
  </view>
  <view  class='fangxing'>
    <text>02</text>
  </view>
</view>
```

.wxss 文件代码示例如下：

```
.zong{
  display: flex;
  justify-content:  space-between;
  /*flex-start是默认值: flex-start|flex-end|center|space-between|space-around*/
}
```

space-between 效果如图 7-19 所示。

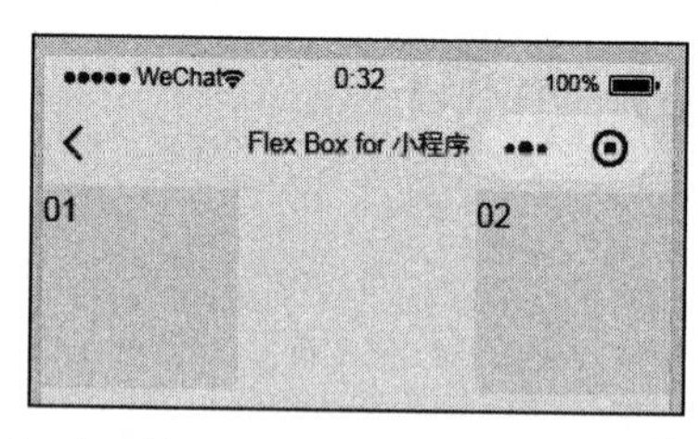

图 7-19 justify-content: space-between 使用效果

5. justify-content: space-around

.wxml 文件代码示例如下：

```
<view class='zong'>
    <view class='fangxing'>
      <text>01</text>
  </view>
  <view  class='fangxing'>
    <text>02</text>
  </view>
</view>
```

.wxss 文件代码示例如下：

```
.zong{
```

```
  display: flex;
  justify-content:  space-around;
  /*flex-start是默认值: flex-start|flex-end|center|space-between|space-around*/
}
```

space-around 效果如图 7-20 所示。

7.2.5 垂直对齐（align-items）

align-items 属性定义项目在交叉轴上如何对齐，如图 7-21 所示。

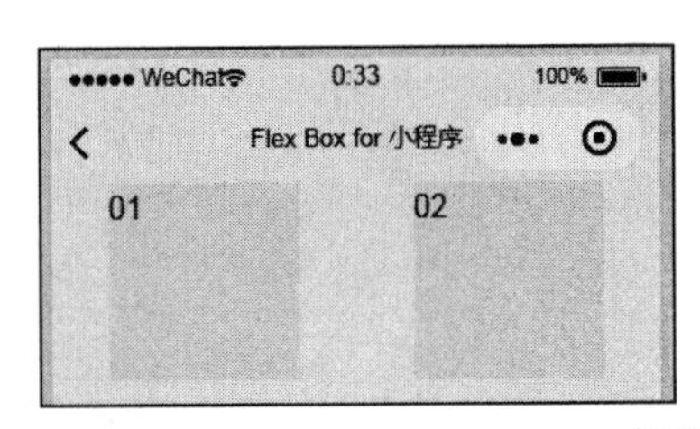

图 7-20 justify-content: space-around 使用效果

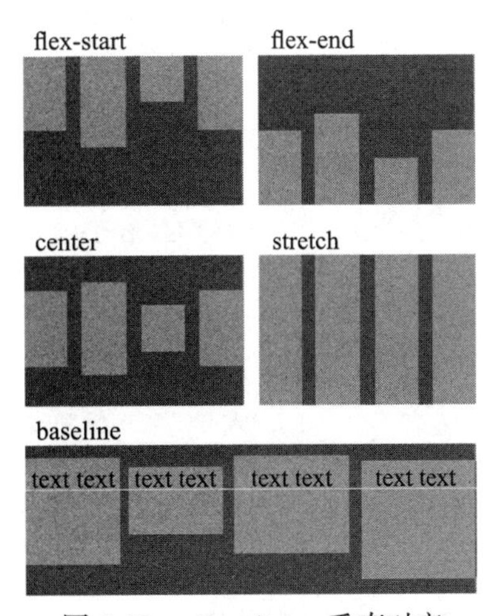

图 7-21 align-items 垂直对齐

代码示例如下：

```
.box { align-items: flex-start | flex-end | center | baseline | stretch; }
```

具体的对齐方式与交叉轴的方向有关，下面假设交叉轴从上到下。该属性可以取 5 个值。

- flex-start：交叉轴的起点对齐。
- flex-end：交叉轴的终点对齐。
- center：交叉轴的中点对齐。
- baseline: 项目的第一行文字的基线对齐。
- stretch（默认值）：如果项目未设置高度或设为 auto，区块将占满整个容器高度。

1. align-items: flex-start

.wxml 文件代码示例如下：

```
<view class='zong'>
  <view class='fangxing1'>
      <text>01</text>
    </view>
    <view  class='fangxing2'>
```

```
      <text>02</text>
    </view>
    <view  class='fangxing3'>
      <text>03</text>
    </view>
</view>
```

.wxss 文件代码示例如下：

```
.zong{
  display: flex;
  justify-content: space-around;
  align-items: flex-start;        /*默认值是stretch，属性值有：flex-start | flex-end |
                                    center | baseline | stretch */
}
.fangxing1{
  width: 60px; height: 60px;
  background-color:  beige;
}
.fangxing2{
  width: 30px; height: 30px;
  background-color:  beige;
}
.fangxing3{
  width: 90px; height: 90px;
  background-color:  beige;
}
```

flex-start 效果如图 7-22 所示。

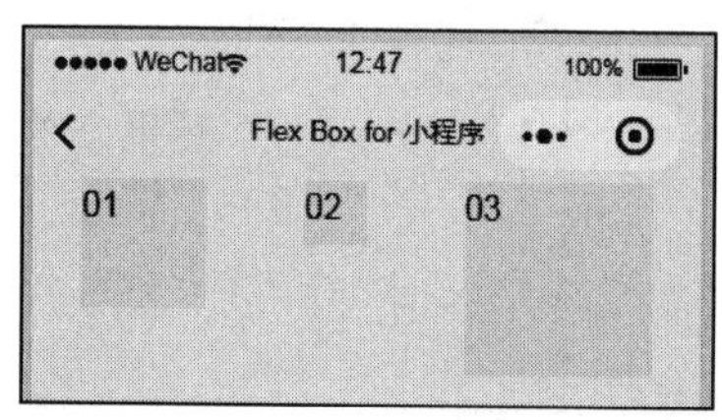

图 7-22　align-items: flex-start 使用效果

2. align-items: flex-end

.wxml 文件代码示例如下：

```
<view class='zong'>
  <view class='fangxing1'>
      <text>01</text>
    </vicw>
    <view  class='fangxing2'>
      <text>02</text>
    </view>
    <view  class='fangxing3'>
      <text>03</text>
    </view>
</view>
```

.wxss 文件代码示例如下：

```
.zong{
  display: flex;
  justify-content: space-around;
  align-items: flex-end;
```

```
  /*默认值是stretch，属性值有：flex-start|flex-end|center|baseline|stretch */
}
```

flex-end 效果如图 7-23 所示。

图 7-23　align-items: flex-end 使用效果

3. align-items: center

.wxml 文件代码示例如下：

```
<view class='zong'>
  <view class='fangxing1'>
      <text>01</text>
    </view>
    <view  class='fangxing2'>
      <text>02</text>
    </view>
    <view  class='fangxing3'>
      <text>03</text>
    </view>
</view>
```

.wxss 文件代码示例如下：

```
.zong{
  display: flex;
  justify-content: space-around;
  align-items: center;
   /*默认值是stretch，属性值有：flex-start|flex-end|center|baseline|stretch */
}
```

center 效果如图 7-24 所示。

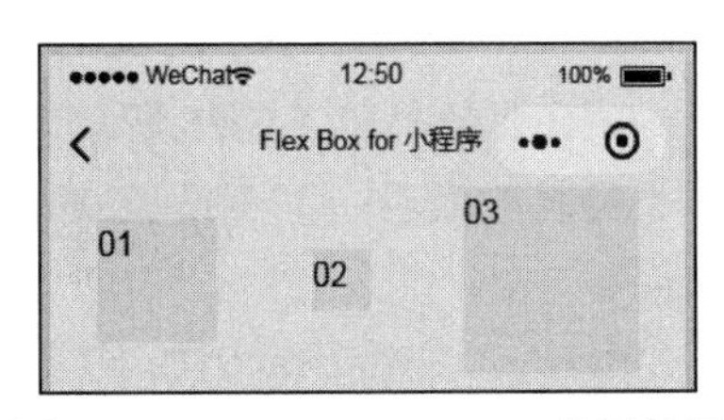

图 7-24　align-items: center 使用效果

4. align-items: baseline

.wxml 文件代码示例如下：

```
<view class='zong'>
  <view class='fangxing1'>
      <text>01</text>
    </view>
    <view  class='fangxing2'>
      <text>02</text>
    </view>
    <view  class='fangxing3'>
      <text>03</text>
    </view>
</view>
```

.wxss 文件代码示例如下：

```
.zong{
  display: flex;
  justify-content: space-around;
```

```
  align-items: baseline;
   /*默认值是stretch，属性值有：flex-start|flex-end|center|baseline|stretch */
}
```

baseline 效果如图 7-25 所示。

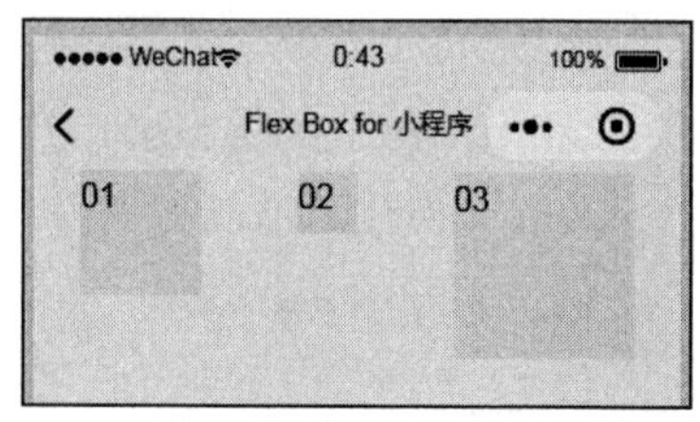

图 7-25 align-items: baseline 使用效果

5. align-items: stretch

.wxml 文件代码示例如下：

```
<view class='zong'>
  <view class='fangxing1'>
      <text>01</text>
    </view>
    <view  class='fangxing2'>
      <text>02</text>
    </view>
    <view  class='fangxing3'>
      <text>03</text>
    </view>
</view>
```

.wxss 文件代码示例如下：

```
.zong{
  display: flex;
  justify-content: space-around;
  align-items: stretch;
  /*默认值是stretch，属性值有：flex-start|flex-end|center|baseline|stretch */
}
```

stretch 效果如图 7-26 所示。

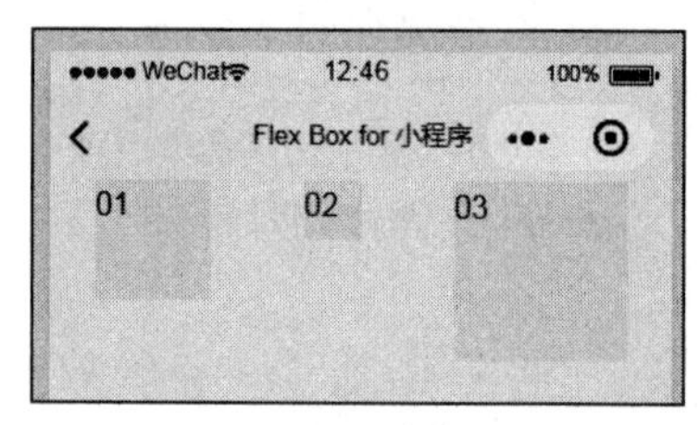

图 7-26 align-items: stretch 使用效果

我们下面看一下不设置 01 这个区块的高度，效果如何。

.wxml 文件代码示例如下：

```
<view class='zong'>
  <view class='fangxing1'>
      <text>01</text>
    </view>
    <view  class='fangxing2'>
      <text>02</text>
    </view>
    <view  class='fangxing3'>
      <text>03</text>
    </view>
</view>
```

.wxss 文件代码示例如下：

```
.zong{
  display: flex;
```

```
  justify-content: space-around;
  align-items: stretch;
  /*默认值是stretch，属性值有：flex-start|flex-end|center|baseline|stretch */
}
.fangxing1{
  background-color:  beige;
}
.fangxing2{
  width: 30px; height: 30px;
  background-color:  beige;
}
.fangxing3{
  width: 90px; height: 90px;
  background-color:  beige;
}
```

不设置01区块高度时stretch效果如图7-27所示。

可以看到01这个区块的高度自动扩展为整个容器的高度。

7.2.6 各行对齐（align-content）

align-content属性用于修改flex-wrap属性的行为，类似于align-items，但它不是设置弹性子元素的对齐，而是设置各行的对齐，如图7-28所示。

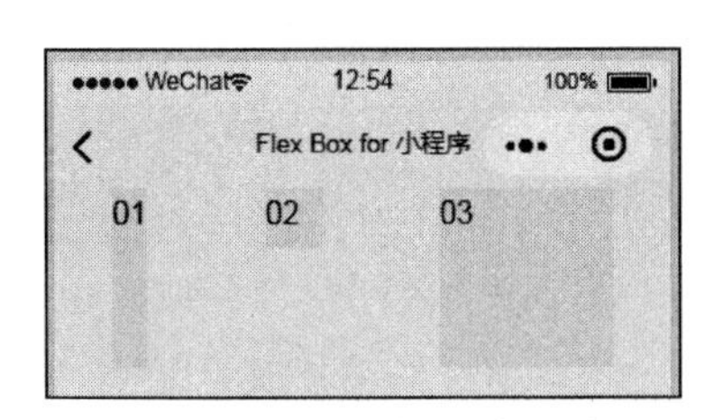

图7-27 stretch使用默认效果

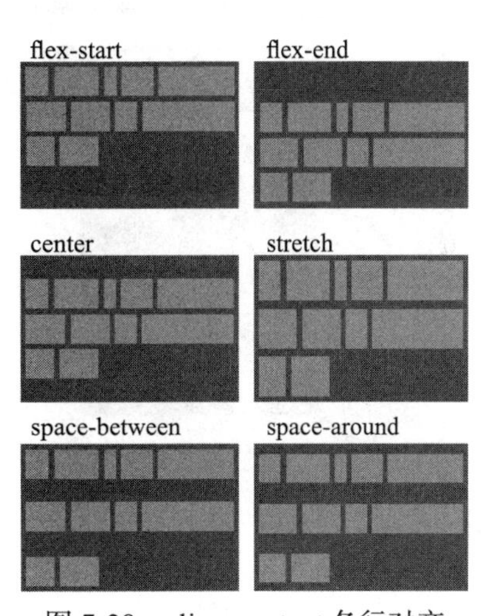

图7-28 align-content各行对齐

代码示例如下：

```
.box { align-content: flex-start | flex-end | center | stretch | space-between |
  space-around; }
```

代码中各值的含义如下。

- flex-start：交叉轴的起点对齐。

- flex-end：交叉轴的终点对齐。
- center：交叉轴的中点对齐。
- space-between：交叉轴两端对齐，轴线之间的间隔平均分布。
- space-around：每根轴线两侧的间隔都相等，因此，轴线之间的间隔比轴线与边框的间隔大一倍。
- stretch（默认值）：轴线占满整个交叉轴。

7.3 flex 项目的属性

本节主要讲解 flex 项目属性的基础语法和在小程序中的应用，主要包含：子元素的排序，放大比例，缩小比例，项目占据的主轴空间，flex 综合属性设置，子元素的对齐，对齐和居中。

7.3.1 子元素的排序（order）

order 属性定义项目的排列顺序。数值越小，排列越靠前，默认为 0，如图 7-29 所示。

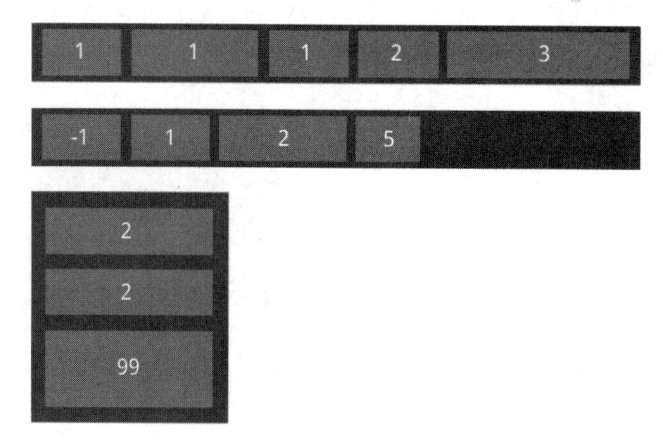

图 7-29 子元素排序

代码示例如下：

```
.item { order: <integer>; }
```

1. 默认代码和效果

.wxml 文件代码示例如下：

```
<view class='zong'>
    <view class='fangxing1'>
      <text>01</text>
  </view>
  <view  class='fangxing2'>
```

```
    <text>02</text>
  </view>
  <view  class='fangxing3'>
    <text>03</text>
  </view>
</view>
```

.wxss 文件代码示例如下：

```
.zong{
  display: flex;
  flex-direction: row  ;
  padding: 10px;           /*内边距*/
}
.fangxing1{
  width: 100px; height: 100px;
  background-color:       #f5f5dc;
  margin: 10px;            /*每个方框的外边距*/
}
.fangxing2{
  width: 100px; height: 100px;
  background-color:       #f5f5dc;
  margin: 10px;            /*每个方框的外边距*/
}
.fangxing3{
  width: 100px; height: 100px;
  background-color:       #f5f5dc;
  margin: 10px;            /*每个方框的外边距*/
}
```

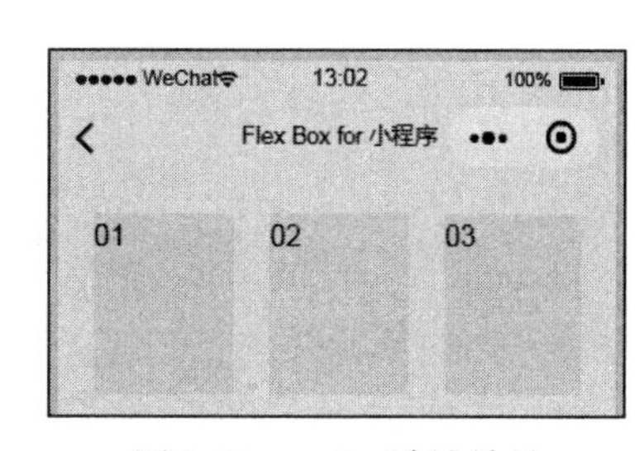

图 7-30　order 默认效果

order 默认效果如图 7-30 所示。

2. order 改变

我们修改 03 区块的 order（样式）值为负数，01 区块的 order（样式）值为 10，03 区块的 order（样式）值为 100（WXML 页面不变），代码和效果如下。

.wxss 文件代码示例如下：

```
.zong{
  display: flex;
  flex-direction: row  ;
  padding: 10px;           /*内边距*/
}
.fangxing1{
  width: 100px; height: 100px;
  background-color:       #f5f5dc;
  margin: 10px;            /*每个方框的外边距*/
  order: 10;
}
.fangxing2{
  width: 100px; height: 100px;
```

```
  background-color:       #f5f5dc;
  margin: 10px;           /*每个方框的外边距*/
  order: 100;
}
.fangxing3{
  width: 100px; height: 100px;
  background-color:       #f5f5dc;
  margin: 10px;           /*每个方框的外边距*/
  order: -1;
}
```

order 改变效果如图 7-31 所示。

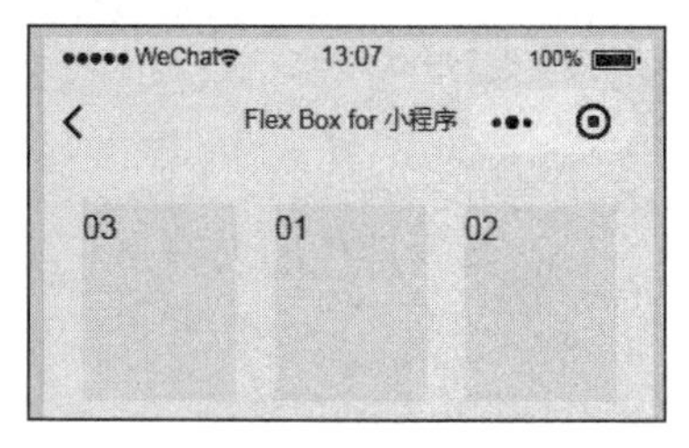

图 7-31 order 改变后效果

7.3.2 放大比例（flex-grow）

flex-grow 属性定义项目的放大比例，默认为 0，即如果存在剩余空间，也不放大。

代码示例如下：

```
.item { flex-grow: <number>;/* default 0 */ }
```

如果所有项目的 flex-grow 属性都为 1，则它们将等分剩余空间（如果有的话）。如果一个项目的 flex-grow 属性为 2，其他项目都为 1，则前者占据的剩余空间将比其他项目多一倍。如图 7-32 所示。

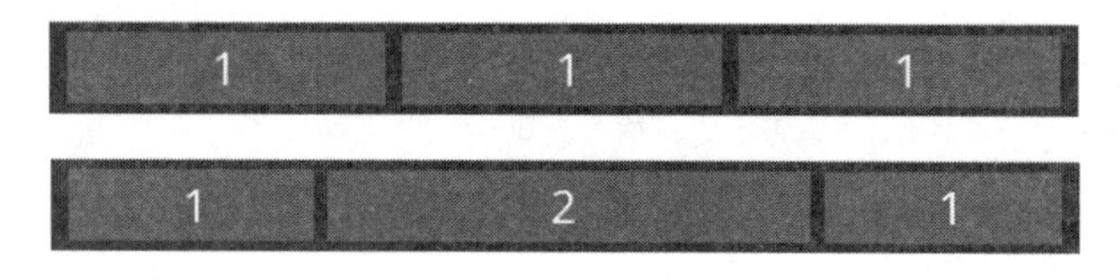

图 7-32 放大比例

1. 默认代码和效果

为了增强效果，我们将每个方框的长宽都调整为 60px。

.wxml 文件代码示例如下：

```
.zong{
  display: flex;
  flex-direction: row  ;
  padding: 5px;           /*内边距*/
}
.fangxing1{
  width: 60px; height: 60px;
  background-color:       #f5f5dc;
  margin: 5px;            /*每个方框的外边距*/
}
.fangxing2{
  width: 60px; height: 60px;
  background-color:       #f5f5dc;
```

```
  margin: 5px;              /*每个方框的外边距*/
  }
.fangxing3{
  width: 60px; height: 60px;
  background-color:         #f5f5dc;
  margin: 5px;              /*每个方框的外边距*/
}
```

.wxss 文件代码示例如下：

```
<view class='zong'>
    <view class='fangxing1'>
      <text>01</text>
  </view>
  <view  class='fangxing2'>
    <text>02</text>
  </view>
  <view  class='fangxing3'>
    <text>03</text>
  </view>
</view>
```

flex-grow 效果如图 7-33 所示。

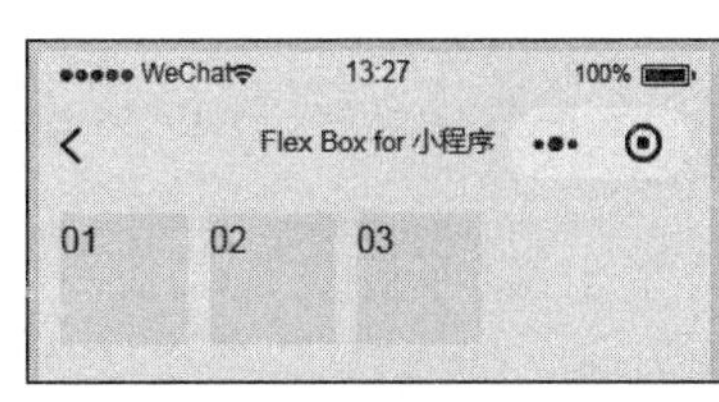

图 7-33　flex-grow 默认效果

2. 设置区块的 flex-grow

示例 1

下面我们设置 01 区块的 flex-grow 的值为 1，其他区块不变。只需要改造 01 区块对应的样式（样式类名为 fangxing1）代码即可。

.wxss 文件代码示例如下：

```
.fangxing1{
  width: 60px; height: 60px;
  background-color:         #f5f5dc;
  margin: 5px;              /*每个方框的外边距*/
  flex-grow: 1;
}
```

01 区块 flex-grow 改变后效果如图 7-34 所示。

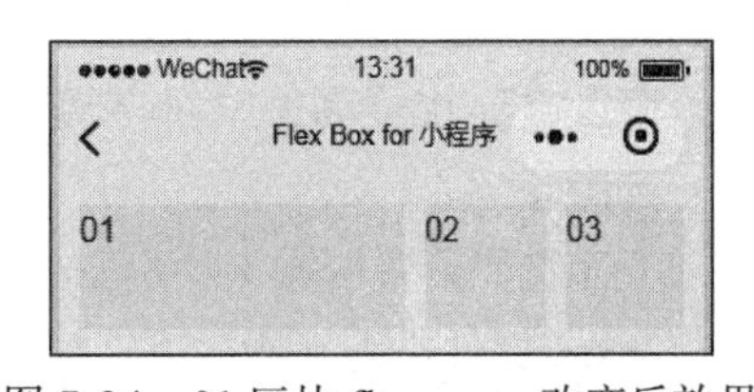

图 7-34　01 区块 flex-grow 改变后效果

可以看到 01 区块扩展占用了所有剩余的空白（内边距、外边距除外）。

示例 2

下面我们设置 02 区块的 flex-grow 的值为 1，其他区块不变。只需要改造 02 区块对应的样式（样式类名为 fangxing2）代码即可。

.wxss 文件代码示例如下：

```
.fangxing2{
  width: 60px; height: 60px;
  background-color:         #f5f5dc;
  margin: 5px;              /*每个方框的外边距*/
```

```
  flex-grow: 1;
}
```

02 区块 flex-grow 改变后效果如图 7-35 所示。

示例 3

下面我们设置 01 和 02 区块的 flex-grow 的值为 1，03 区块不变。

.wxss 文件代码示例如下：

```
.fangxing1{
  width: 60px; height: 60px;
  background-color:       #f5f5dc;
  margin: 5px;            /*每个方框的外边距*/
  flex-grow: 1;
}
.fangxing2{
  width: 60px; height: 60px;
  background-color:       #f5f5dc;
  margin: 5px;            /*每个方框的外边距*/
  flex-grow: 1;
}
```

01 和 02 区块 flex-grow 改变后效果如图 7-36 所示。

图 7-35　02 区块 flex-grow 改变后效果

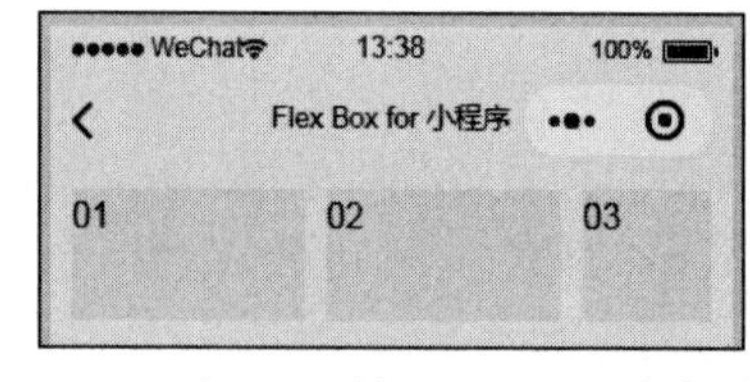

图 7-36　01 和 02 区块 flex-grow 改变后效果

可以看到 03 区块的大小不变，01 和 02 区块的宽度都同样扩展，占用了余下的空间。

示例 4

下面我们设置所有区块的 flex-grow 的值为 1。

.wxss 文件代码示例如下：

```
.zong{
  display: flex;
  flex-direction: row  ;
  padding: 5px;           /*内边距*/
}
.fangxing1{
  width: 60px; height: 60px;
  background-color:       #f5f5dc;
  margin: 5px;            /*每个方框的外边距*/
  flex-grow: 1;
}
.fangxing2{
```

```
  width: 60px; height: 60px;
  background-color:        #f5f5dc;
  margin: 5px;             /*每个方框的外边距*/
  flex-grow: 1;
}
.fangxing3{
  width: 60px; height: 60px;
  background-color:        #f5f5dc;
  margin: 5px;             /*每个方框的外边距*/
  flex-grow: 1;
}
```

图 7-37 flex-grow 均分分配效果

flex-grow 均匀分配效果如图 7-37 所示。

可以看到，所有区块的宽度都同样扩展，占用了余下的空间（均分了空白区域）。

7.3.3 缩小比例（flex-shrink）

flex-shrink 属性定义了项目的缩小比例，默认为 1，即如果空间不足，该项目将缩小。

代码示例如下：

```
.item { flex-shrink: <number>; /* default 1 */ }
```

如果所有项目的 flex-shrink 属性都为 1，当空间不足时，都将等比例缩小。

如果一个项目的 flex-shrink 属性为 0，其他项目都为 1，则空间不足时，前者不缩小。负值对该属性无效。

默认代码和效果

父容器设定了 flex 模式后，其内部的子元素默认都是按等比例缩小的。

.wxml 文件代码示例如下：

```
<view class='zong'>
  <view class='fangxing1'>
    <text>01</text>
  </view>
  <view  class='fangxing2'>
    <text>02</text>
  </view>
  <view  class='fangxing3'>
    <text>03</text>
  </view>
</view>
```

.wxss 文件代码示例如下：

```
.zong{
  display: flex;
  padding: 5px;            /*内边距*/
}
.fangxing1{
```

```
  width: 300rpx; height: 300rpx;
  background-color:       #f5f5dc;
  margin: 5px;            /*每个方框的外边距*/
}
.fangxing2{
  width: 300rpx; height: 300rpx;
  background-color:       #f5f5dc;
  margin: 5px;            /*每个方框的外边距*/
}
.fangxing3{
  width: 300rpx; height: 300rpx;
  background-color:       #f5f5dc;
  margin: 5px;            /*每个方框的外边距*/
}
```

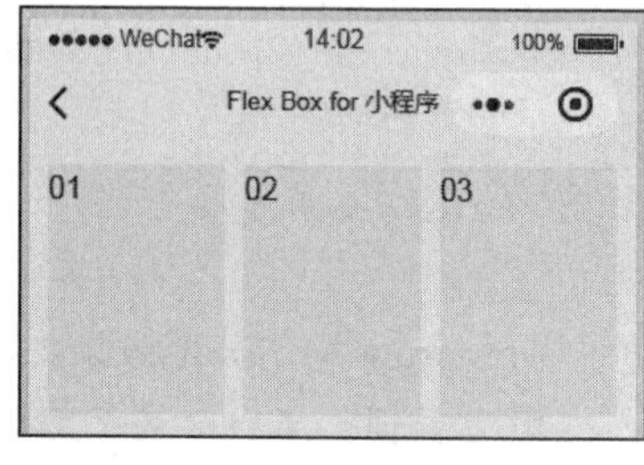

图 7-38 flex-shrink 默认效果

flex-shrink 默认效果如图 7-38 所示。

下面我们设置 01 区块的 flex-shrink 的值为 0（0 表示不缩小，默认值 1 表示缩小），其他区块不变。只需要改造 01 区块对应的样式（样式类名为 fangxing1）代码即可。

.wxss 文件代码示例如下：

```
.fangxing1{
  width: 300rpx; height: 300rpx;
  background-color:       #f5f5dc;
  margin: 5px;            /*每个方框的外边距*/
  flex-shrink: 0;
}
```

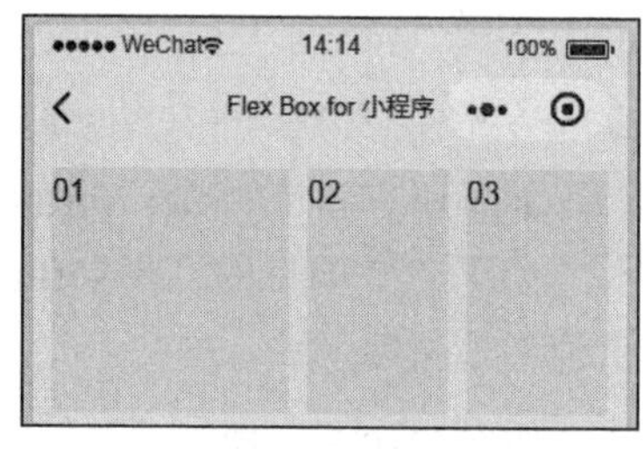

图 7-39 flex-shrink 改变后效果

flex-shrink 改变后效果如图 7-39 所示。

7.3.4 项目占据的主轴空间（flex-basis）

flex-basis 属性定义了在分配多余空间之前项目占据的主轴空间（main size）。浏览器根据这个属性，计算主轴是否有多余空间。它的默认值为 auto，即项目的本来大小。使用语法和示例代码如下：

```
.item { flex-basis: <length> | auto; /* default auto */ }
```

它可以设为与 width 或 height 属性一样的值（比如 350px），则项目将占据固定空间。

大家可以尝试下百分比的设置。

7.3.5 flex 综合属性设置

flex 属性是 flex-grow、flex-shrink 和 flex-basis 的简写，默认值为 0 1 auto。后两个属性可选。

使用语法和代码示例如下：

```
.item { flex: none | [ <'flex-grow'> <'flex-shrink'>? || <'flex-basis'> ] }
```

该属性有两个快捷值：auto (1 1 auto) 和 none (0 0 auto)。

建议优先使用这个属性，而不是单独写三个分离的属性，因为浏览器会推算相关值。

7.3.6 子元素的对齐（align-self）

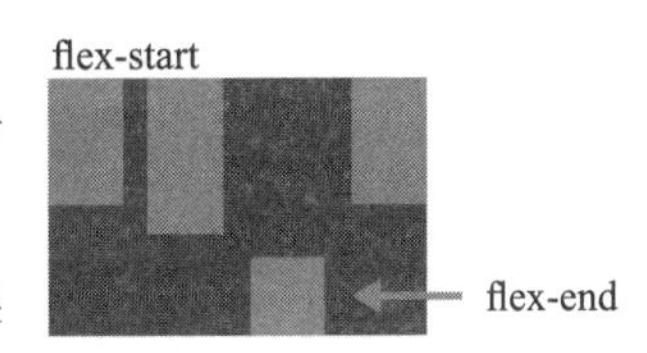

图 7-40 子元素对齐

align-self 属性允许单个项目有与其他项目不一样的对齐方式，可覆盖 align-items 属性，如图 7-40 所示。

默认值为 auto，表示继承父元素的 align-items 属性，如果没有父元素则等同于 stretch。代码示例如下：

```
.item { align-self: auto | flex-start | flex-end | center | baseline | stretch; }
```

默认代码和效果

.wxml 文件代码示例如下：

```
<view class='zong'>
  <view class='fangxing1'>
    <text>01</text>
  </view>
  <view  class='fangxing2'>
    <text>02</text>
  </view>
  <view  class='fangxing3'>
    <text>03</text>
  </view>
</view>
```

.wxss 文件代码示例如下：

```
.zong{
  display: flex;
  justify-content: space-around;
}
.fangxing1{
  width: 60px; height: 60px;
  background-color:  beige;
}
.fangxing2{
  width: 30px; height: 30px;
  background-color:  beige;
}
.fangxing3{
  width: 90px; height: 90px;
  background-color:  beige;
}
```

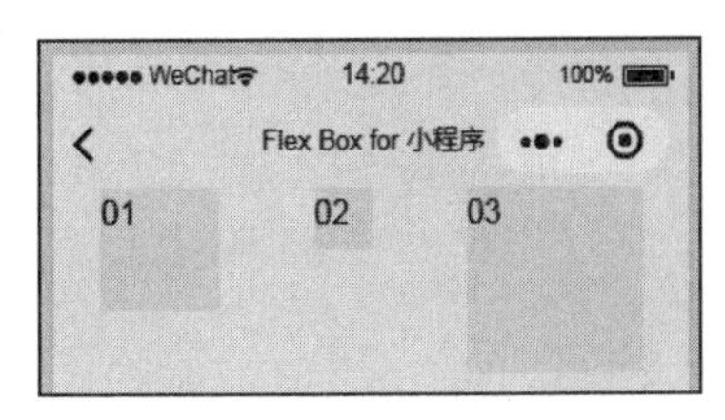

图 7-41 align-self 默认效果

align-self 默认效果如图 7-41 所示。

下面我们设置 01 区块的 align-self 的值为 flex-end，02

区块的 align-self 的值为 center，其他区块不变。

.wxss 文件代码示例如下：

```
.zong{
  display: flex;
  justify-content: space-around;
}
.fangxing1{
  width: 60px; height: 60px;
  background-color:  beige;
  align-self: flex-end;
}
.fangxing2{
  width: 30px; height: 30px;
  background-color:  beige;
  align-self:  center;
}
.fangxing3{
  width: 90px; height: 90px;
  background-color:  beige;
}
```

align-self 改变后效果如图 7-42 所示。

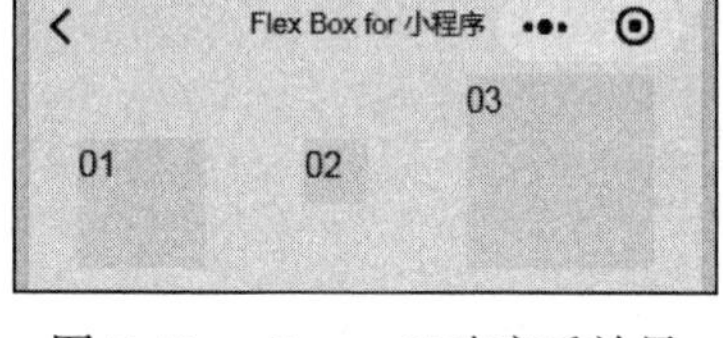

图 7-42 align-self 改变后效果

7.3.7 对齐和居中（margin）

1. 默认样式和代码

.wxml 文件代码示例如下：

```
<view class='zong'>
  <view class='fangxing1'>
    <text>01</text>
  </view>
  <view  class='fangxing2'>
    <text>02</text>
  </view>
  <view  class='fangxing3'>
    <text>03</text>
  </view>
</view>
```

.wxss 文件代码示例如下：

```
.zong{
  display: flex;
  flex-direction: row  ;
  padding: 5px;    /*内边距*/
}
.fangxing1{
  width: 60px; height: 60px;
```

```
  background-color:        #f5f5dc;
  margin: 5px;             /*每个方框的外边距*/
}
.fangxing2{
  width: 60px; height: 60px;
  background-color:        #f5f5dc;
  margin: 5px;             /*每个方框的外边距*/
}
.fangxing3{
  width: 60px; height: 60px;
  background-color:        #f5f5dc;
  margin: 5px;             /*每个方框的外边距*/
}
```

margin 默认效果如图 7-43 所示。

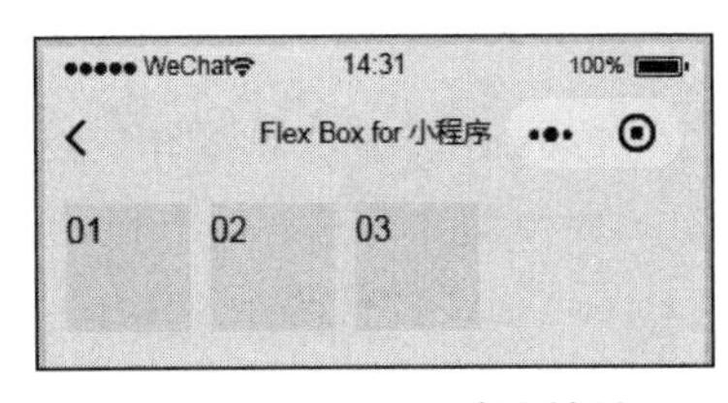

图 7-43 margin 默认效果

2. 对齐

设置 margin 值为 auto，自动获取弹性容器中剩余的空间。设置垂直方向的 margin 值为 auto，可以使弹性子元素在弹性容器的垂直方向居中。以下实例在第一个弹性子元素上设置了“margin-right: auto;”，它将剩余的空间放置在元素的右侧。

下面我们设置 01 区块的 margin-right 值为 auto，其他区块不变。只需要改造 01 区块对应的样式（样式类名为 fangxing1）代码即可。

.wxss 文件代码示例如下：

```
.fangxing1{
  width: 60px; height: 60px;
  background-color:  #f5f5dc;
  margin-right: auto;
}
```

margin 改变效果如图 7-44 所示。

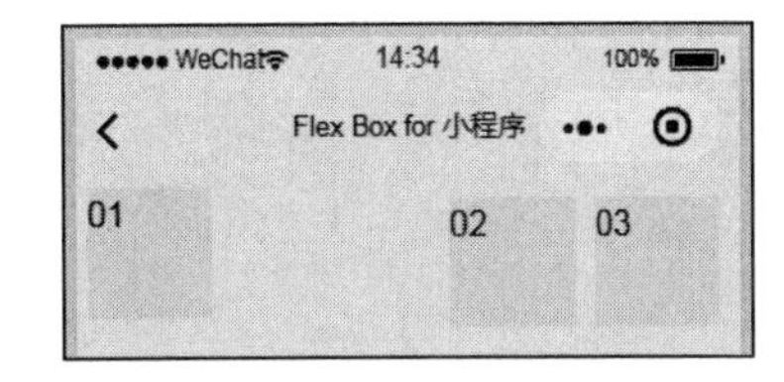

图 7-44 margin 改变后的效果

3. 居中

以下实例将完美解决我们平时碰到的居中问题。使用弹性布局，居中变得很简单，只要设置“margin: auto;”便可使弹性子元素在垂直和水平方向上完全居中。

.wxml 文件代码示例如下：

```
<view class='zong2'>
    <view class='fangxing4'>
    <text>04</text>
  </view>
</view>
```

.wxss 文件代码示例如下：

```
.zong2{
  display: flex;
  padding: 5px;             /*内边距*/
```

```
  height: 200px;
  background-color:  gainsboro;
}
.fangxing4{
  width: 60px; height: 60px;
  background-color:       #f5f5dc;
  margin: auto;
}
```

margin 居中效果如图 7-45 所示。

要设置文本左右居中和上下居中，需要改造 04 区块的样式代码。

.wxss 文件代码示例如下：

```
.fangxing4{
  width: 60px; height: 60px;
  background-color:       #f5f5dc;
  margin: auto;
  text-align: center;     /*所有居中*/
  line-height: 60px;      /*上下居中*/
}
```

文本居中效果如图 7-46 所示。

图 7-45 margin 居中效果

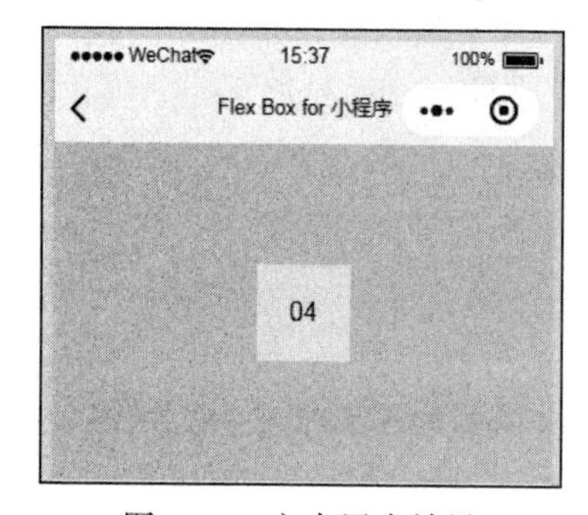

图 7-46 文本居中效果

7.4 flex 布局样例

下面我们定义一个基本的布局，长宽都是 250px 的方框，背景为灰色。然后我们在基本布局内演示 flex 各种实现。基本布局代码示例如下：

```
<style>
/*定义一个带颜色的背景方框*/
.flex-container {
  /*display: -webkit-flex; */
  /*display: flex;  */
  width: 250px;
  height: 250px;
  background-color: lightgrey;
```

```
}
/*定义一个长宽都是70的圆形*/
.flex-item{
  background-color: cornflowerblue;
  width: 70px;
  height: 70px;
  border-radius:50%;  margin:10px;
}
</style>
```

示例 1 效果如图 7-47 所示，.wxml 文件代码如下：

```
<div class="flex-container" style="display:flex;">
  <div class="flex-item"></div>
</div>
```

示例 2 效果如图 7-48 所示，.wxml 文件代码如下：

```
<div class="flex-container" style="display:flex;justify-content: center;">
  <div class="flex-item"></div>
</div>
```

示例 3 效果如图 7-49 所示，.wxml 文件代码如下：

```
<div class="flex-container" style="display:flex;justify-content: flex-end;">
  <div class="flex-item"></div>
</div>
```

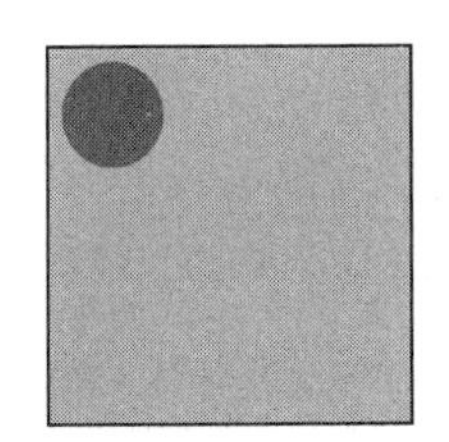

图 7-47　示例 1 效果

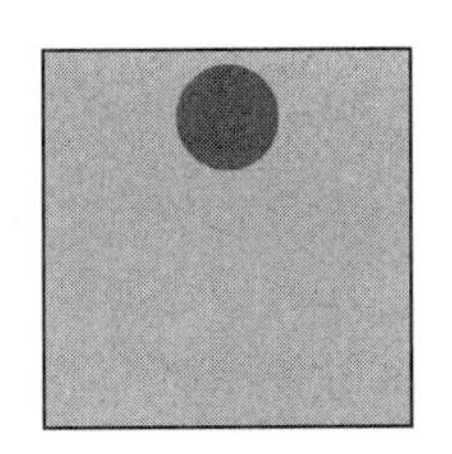

图 7-48　示例 2 效果

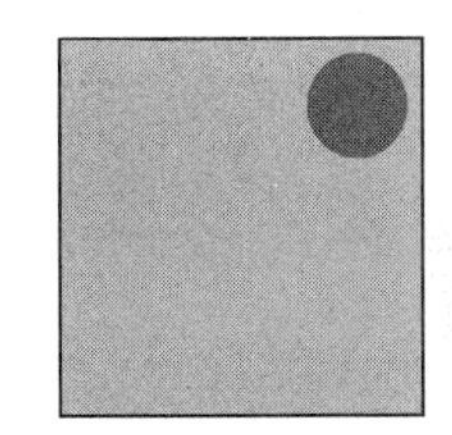

图 7-49　示例 3 效果

示例 4 效果如图 7-50 所示，.wxml 文件代码如下：

```
<div class="flex-container" style="display:flex;align-items:center;">
  <div class="flex-item"></div>
</div>
```

示例 5 效果如图 7-51 所示，.wxml 文件代码如下：

```
<div  class="flex-container"  style="display:flex;justify-content:center;align-
  items: center;">
  <div class="flex-item"></div>
</div>
```

示例 6 效果如图 7-52 所示，.wxml 文件代码如下：

```
<div  class="flex-container"  style="display:flex;justify-content:flex-end;align-
```

```
  items:center;">
  <div class="flex-item"></div>
</div>
```

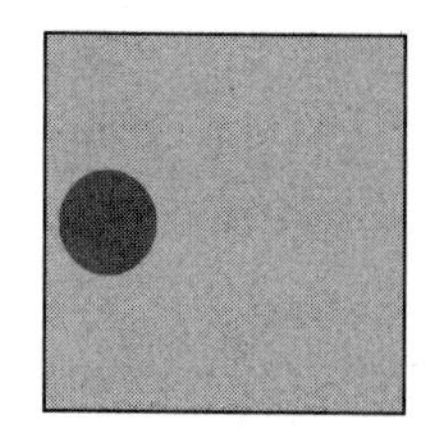

图 7-50 示例 4 效果

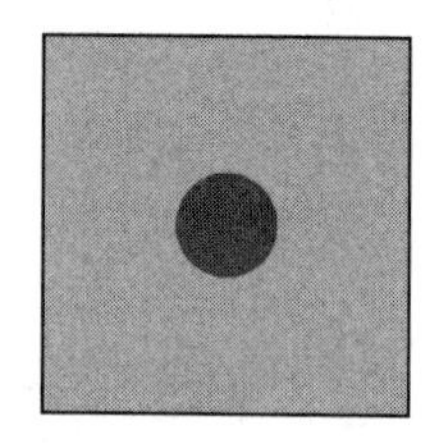

图 7-51 示例 5 效果

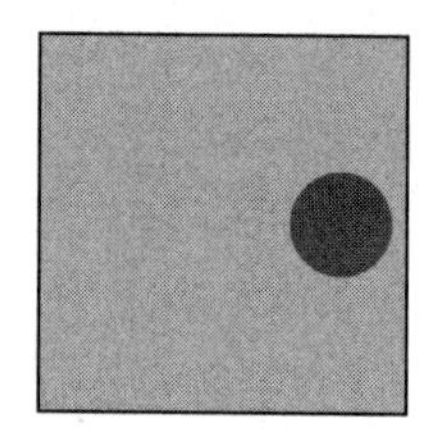

图 7-52 示例 6 效果

第 8 章 Chapter 8

JSON 数据解析

JSON 指的是 JavaScript 对象表示法（JavaScript Object Notation），是一种轻量级的数据交换格式，它基于 ECMAScript 的一个子集，采用完全独立于编程语言的文本格式来存储和表示数据。简洁和清晰的层次结构使得 JSON 成为理想的数据交换语言，易于阅读和编写，同时也易于机器解析和生成，可以有效地提升网络传输效率。在小程序的前端开发中，前台数据和后台交互都是通过 JSON，所以开发小程序要掌握 JSON 格式的基本语法和用法。

本章主要讲解 JSON 数据格式的通用知识，包含 JSON 的基本语法、JSON 对象、JSON 数组、JSON 相关函数等的使用。

8.1 JSON 简介

JSON 有如下特点：

- JSON 是轻量级的文本数据交换格式。
- JSON 是存储和交换文本信息的语法，类似 XML；比 XML 更小、更快、更易解析。
- JSON 独立于语言，具有自我描述性，更易理解。

> 提示　JSON 使用 JavaScript 语法来描述数据对象，但是 JSON 独立于语言和平台。JSON 解析器和 JSON 库支持许多不同的编程语言。

下面是一个 JSON 的实例，使用 JSON 格式定义了一个对象，代码如下：

```
{
  "employees":
  [
    { "firstName":"Bill" , "lastName":"Gates" },
```

```
    { "firstName":"George" , "lastName":"Bush" },
    { "firstName":"Thomas" , "lastName":"Carter" }
  ]
}
```

这个 employee 对象是一个包含 3 个员工记录（对象）的数组。

1. 转换为 JavaScript 对象

JSON 文本格式在语法上与创建 JavaScript 对象的代码相同。

由于这种相似性，无须解析器，JavaScript 程序能够使用内建的 eval() 函数，用 JSON 数据生成原生的 JavaScript 对象。

通过编辑器编辑 JavaScript 代码，然后点击一个按钮来查看结果，代码示例如下：

```
<!DOCTYPE html >
<html xmlns="http://www.w3.org/1999/xhtml">
<head>
<meta http-equiv="Content-Type" content="text/html; charset=utf-8" />
<title>Json简介</title>
</head>
<body>

<h2>在JavaScript中创建JSON对象</h2>
<p>
Name: <span id="jname"></span><br />
Age: <span id="jage"></span><br />
Address: <span id="jstreet"></span><br />
Phone: <span id="jphone"></span><br />
</p>

<script type="text/javascript">
var JSONObject= {
"name":"Bill Gates",
"street":"Fifth Avenue New York 666",
"age":56,
"phone":"555 1234567"};
document.getElementById("jname").innerHTML=JSONObject.name
document.getElementById("jage").innerHTML=JSONObject.age
document.getElementById("jstreet").innerHTML=JSONObject.street
document.getElementById("jphone").innerHTML=JSONObject.phone
</script>

</body>
</html>
```

效果如图 8-1 所示。

在 JavaScript 中创建 JSON 对象

Name: Bill Gates
Age: 56
Address: Fifth Avenue New York 666
Phone: 555 1234567

图 8-1 JSON 对象示例

2. JSON 优势

与 XML 类似之处包括：

- ❑ JSON 是纯文本。

- JSON 具有“自我描述性”(人类可读)。
- JSON 具有层级结构(值中存在值)。
- JSON 可通过 JavaScript 进行解析。
- JSON 数据可使用 AJAX 进行传输。

与 XML 不同之处包括:

- 没有结束标签。
- 更短。
- 读写的速度更快。
- 能够使用内建的 JavaScript eval() 方法进行解析。
- 使用数组。
- 不使用保留字。

使用 JSON 的原因包括:

- 对于 AJAX 应用程序来说,JSON 比 XML 更快更易使用。
- 使用 XML,读取 XML 文档,使用 XML DOM 循环遍历文档。
- 读取值并存储在变量中。
- 使用 JSON,读取 JSON 字符串,用 eval() 处理 JSON 字符串。

8.2 JSON 语法

JSON 语法是 JavaScript 语法的子集。JSON 文件的文件类型是 ".json"。JSON 文本的 MIME 类型是 "application/json"。本节主要讲解 JSON 的基础语法和使用。

8.2.1 JSON 语法规则

JSON 语法是 JavaScript 对象表示法语法的子集,具体规则包括:

- 数据在名称 / 值对中。
- 数据由逗号分隔。
- 花括号保存对象。
- 方括号保存数组。

1. JSON 名称 / 值对

JSON 数据的书写格式是:名称 / 值对。

名称 / 值对包括字段名称(在双引号中),后面是一个冒号,然后是值,代码示例如下:

```
"firstName" : "John"
```

这很容易理解,等价于下面这条 JavaScript 语句:

```
firstName = "John"
```

2. JSON 值

JSON 值可以是：

- ❑ 数字（整数或浮点数）
- ❑ 字符串（在双引号中）
- ❑ 逻辑值（true 或 false）
- ❑ 数组（在方括号中）
- ❑ 对象（在花括号中）
- ❑ null

3. JSON 对象的写法

JSON 对象在花括号中书写。对象可以包含多个名称 / 值对，代码示例如下：

```
{ "firstName":"John" , "lastName":"Doe" }
```

这一点也容易理解，与下面这条 JavaScript 语句等价：

```
firstName = "John"
lastName = "Doe"
```

4. JSON 数组的写法

JSON 数组在方括号中书写。数组可包含多个对象，代码示例如下：

```
{
  "employees":
  [
    { "firstName":"Bill" , "lastName":"Gates" },
    { "firstName":"George" , "lastName":"Bush" },
    { "firstName":"Thomas" , "lastName":"Carter" }
  ]
}
```

在上面的例子中，对象 "employees" 是包含三个对象的数组。每个对象代表一条关于某人（有姓和名）的记录。

8.2.2 JSON 使用 JavaScript 语法

因为 JSON 使用 JavaScript 语法，所以无须额外的软件就能处理 JavaScript 中的 JSON。通过 JavaScript 可以创建一个对象数组，并像进行赋值，代码示例如下：

```
var employees = [
  { "firstName":"Bill" , "lastName":"Gates" },
  { "firstName":"George" , "lastName":"Bush" },
  { "firstName":"Thomas" , "lastName": "Carter" }
];
```

可以访问 JavaScript 对象数组中的第一项，代码示例如下：

```
employees[0].lastName;
```

返回的内容是：

```
Gates
```

可以修改数据，代码示例如下：

```
employees[0].lastName = "Jobs";
```

完整代码示例如下：

```
<!DOCTYPE html >
<html xmlns="http://www.w3.org/1999/xhtml">
<head>
<meta http-equiv="Content-Type" content="text/html; charset=utf-8" />
<title>JSON语法</title>
</head>
<body>

<h2>通过JSON字符串来创建对象</h3>
<p>First Name: <span id="fname"></span></p>

<script type="text/javascript">
var employees = [
{ "firstName":"Bill" , "lastName":"Gates" },
{ "firstName":"George" , "lastName":"Bush" },
{ "firstName":"Thomas" , "lastName": "Carter" }
];
employees[1].firstName="Jobs";
document.getElementById("fname").innerHTML=employees[1].firstName;
</script>

</body>
</html>
```

效果如图 8-2 所示。

通过 JSON 字符串来创建对象

First Name: Jobs

图 8-2　JSON 创建对象

8.3　JSON 对象

我们在微信小程序的前端开发中，经常会用到 JSON 对象格式的数据；微信小程序中 JSON 数据一般在微信小程序对应的 .js 文件中的 data 区块定义，然后在 .wxml 页面中使用。

8.3.1　对象语法

JSON 对象在花括号 {} 中书写。对象可以包含多个 key/value（名称 / 值对）对。

key 必须是字符串，value 可以是合法的 JSON 数据类型（字符串、数字、对象、数组、布尔值或 null)。key 和 value 中使用冒号(:)分割。每个 key/value 对使用逗号(,)分割。

代码示例如下:

```
{ "name":"runoob", "alexa":10000, "site":null }
```

8.3.2 访问对象值方式 1

你可以使用点号(.)来访问对象的值,代码示例如下:

```
<!DOCTYPE html >
<html xmlns="http://www.w3.org/1999/xhtml">
<head>
<meta http-equiv="Content-Type" content="text/html; charset=utf-8" />
<title>JSON对象-访问对象值</title>
</head>
<body>

<p>你可以使用点号(.)来访问JSON对象的值:</p>
<p id="demo">1</p>
<p id="demo2">2</p>

<script>
var myObj, x;
myObj = { "name":"JS中文教程网", "alexa":10000, "site":"www.8939.org" };
x = myObj.name;
document.getElementById("demo").innerHTML = x;

for ( y in myObj) {
  document.getElementById("demo2").innerHTML += myObj[y] + "<br>";
}
</script>

</body>
</html>
```

效果如图 8-3 所示。

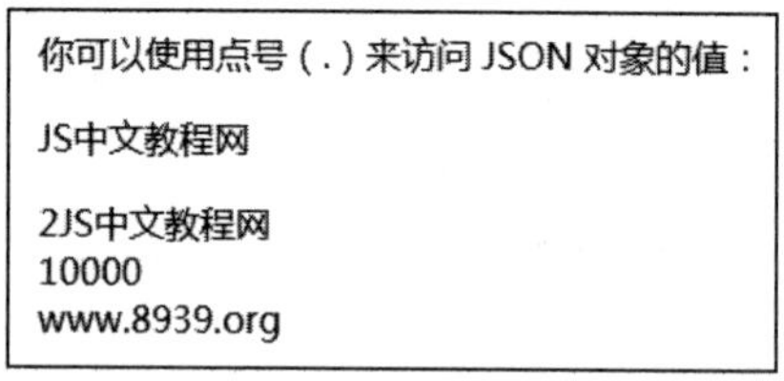

你可以使用点号(.)来访问 JSON 对象的值:

JS中文教程网

2JS中文教程网
10000
www.8939.org

图 8-3 JSON 访问对象方式 1 的效果

8.3.3 访问对象值方式 2

你也可以使用方括号([])来访问对象的值。

代码示例如下:

```
<!DOCTYPE html>
<html>
<head>
<meta charset="utf-8">
<title>JS中文教程网8939.org</title>
</head>
<body>
```

```
<p>你也可以使用方括号（[]）来访问JOSN对象的值：</p>
<p id="demo"></p>
<script>
var myObj, x;
myObj = { "name":"JS中文教程网", "alexa":10000, "site":"8939.org" };
x = myObj["name"];
document.getElementById("demo").innerHTML = x;
</script>
</body>
</html>
```

8.3.4 嵌套JSON对象

JSON对象中可以包含另外一个JSON对象。

代码示例如下：

```
myObj = {
"name":"runoob",
"alexa":10000,
"sites": {
"site1":"www.runoob.com",
"site2":"m.runoob.com",
"site3":"c.runoob.com" }
}
```

你可以使用点号（.）或者方括号（[]）来访问嵌套的JSON对象，代码示例如下：

```
x = myObj.sites.site1;
//或者
x = myObj.sites["site1"];
```

完整代码示例如下：

```
<!DOCTYPE html>
<html>
<head>
<meta charset="utf-8">
<title>JS中文教程网8939.org</title>
</head>
<body>

<p>访问JSON内嵌对象。</p>
<p id="demo"></p>
<script>
myObj = {
  "name":"runoob",
  "alexa":10000,
  "sites": {
    "site1":"www.8895.org",
    "site2":"www.8939.org",
    "site3":"www.9660.org"
```

```
  }
}
document.getElementById("demo").innerHTML += myObj.sites.site1 + "<br>";
//或者
document.getElementById("demo").innerHTML += myObj.sites["site1"];
</script>

</body>
</html>
```

效果如图 8-4 所示。

访问 JSON 内嵌对象。

www.8895.org
www.8895.org

图 8-4 JSON 访问内嵌对象效果

8.3.5 修改值

（1）使用点号（.）来修改 JSON 对象的值

代码示例如下：

```
<!DOCTYPE html>
<html>
<head>
<meta charset="utf-8">
<title>JS中文教程网8939.org</title>
</head>
<body>

<p>修改JSON对象的值。</p>
<p id="demo"></p>

<script>
var myObj, i, x = "";
myObj = {
  "name":"runoob",
  "alexa":10000,
  "sites": {
    "site1":"www.runoob.com",
    "site2":"m.runoob.com",
    "site3":"c.runoob.com"
  }
}
myObj.sites.site1 = "www.google.com";
for (i in myObj.sites) {
  x += myObj.sites[i] + "<br>";
}
document.getElementById("demo").innerHTML = x;
</script>

</body>
</html>
```

效果如图 8-5 所示。

修改 JSON 对象的值。

www.google.com
m.runoob.com
c.runoob.com

图 8-5 使用点号修改 JSON 对象值的效果

（2）使用方括号（[]）来修改 JSON 对象的值

代码示例如下：

```
<!DOCTYPE html>
<html>
<head>
<meta charset="utf-8">
<title>JS中文教程网8939.org</title>
</head>
<body>

<p>使用方括号（[]）来修改JSON对象的值。</p>
<p id="demo"></p>

<script>
var myObj, i, x = "";
myObj = {
  "name":"runoob",
  "alexa":10000,
  "sites": {
    "site1":"www.runoob.com",
    "site2":"m.runoob.com",
    "site3":"c.runoob.com"
  }
}
myObj.sites["site1"] = "www.google.com";
for (i in myObj.sites) {
  x += myObj.sites[i] + "<br>";
}
document.getElementById("demo").innerHTML = x;
</script>

</body>
</html>
```

效果如图 8-6 所示。

使用方括号([])来修改 JSON 对象的值。

www.google.com
m.runoob.com
c.runoob.com

图 8-6　使用方括号修改 JSON 对象值的效果

8.3.6 删除对象属性

我们可以使用 delete 关键字来删除 JSON 对象的属性。代码示例如下：

```
<!DOCTYPE html>
<html>
<head>
<meta charset="utf-8">
<title>JS中文教程网8939.org</title>
</head>
<body>

<p>删除JSON对象属性。</p>
<p id="demo"></p>
```

```
<script>
var myObj, i, x = "";
myObj = {
  "name":"runoob",
  "alexa":10000,
  "sites": {
    "site1":"www.runoob.com",
    "site2":"m.runoob.com",
    "site3":"c.runoob.com"
  }
}
delete myObj.sites.site1;          //删除的方式1
//delete myObj.sites["site1"];    //删除的方式2
for (i in myObj.sites) {
  x += myObj.sites[i] + "<br>";
}
document.getElementById("demo").innerHTML = x;
</script>

</body>
</html>
```

效果如图 8-7 所示。

删除 JSON 对象属性。

m.runoob.com
c.runoob.com

图 8-7 删除 JSON 对象属性后的效果

8.4 JSON 数组

JSON 数组在方括号中书写。JSON 中数组值必须是合法的 JSON 数据类型（字符串、数字、对象、数组、布尔值或 null）。

JavaScript 中，数组值可以是以上 JSON 数据类型，也可以是 JavaScript 表达式，包括函数、日期及 undefined。

在微信小程序的前端开发中，JSON 数组的数据通常配合 for 循环渲染列表来显示。本节主要讲解通用 JSON 数组的应用。

8.4.1 JSON 对象中的数组

1. 简易数组

代码示例如下：

```
<!DOCTYPE html >
<html xmlns="http://www.w3.org/1999/xhtml">
<head>
<meta http-equiv="Content-Type" content="text/html; charset=utf-8" />
<title> </title>
</head>
<body>
```

```
<p>数组的访问：</p>
<p id="demo"></p>
<p id="demo2"></p>

<script>
var myObj, x;
myObj = [ "Google", "Runoob", "Taobao" ];
x = myObj[0];
document.getElementById("demo").innerHTML = x;
</script>

</body>
</html>
```

效果如图 8-8 所示。

数组的访问：

Google

图 8-8　简易数组的效果

2. 数组作为属性

代码示例如下：

```
{ "name":"网站", "num":3, "sites":[ "Google", "Runoob", "Taobao" ] }
```

可以使用索引值来访问数组，代码示例如下：

```
x = myObj.sites[0];
```

完整代码示例如下：

```
<!DOCTYPE html>
<html>
<head>
<meta charset="utf-8">
<title>JS中文教程网8939.org</title>
</head>
<body>

<p>访问JSON对象数组值。</p>
<p id="demo"></p>

<script>
var myObj, x;
myObj = {
  "name":"网站",
  "num":3,
  "sites":[ "Google", "Runoob", "Taobao" ]
}
x = myObj.sites[0];
document.getElementById("demo").innerHTML = x;
</script>

</body>
</html>
```

效果如图 8-9 所示。

访问 JSON 对象数组值。

Google

图 8-9　数组作为属性的效果

8.4.2 数组的循环访问

使用 for-in 来访问数组：

代码示例如下：

```
for (i in myObj.sites) {
x += myObj.sites[i] + "<br>";
}
```

使用 for 循环访问数组，代码示例如下：

```
for (i = 0; i < myObj.sites.length; i++) {
x += myObj.sites[i] + "<br>";
}
```

完整代码示例如下：

```
<!DOCTYPE html>
<html>
<head>
<meta charset="utf-8">
<title>JS中文教程网8939.org</title>
</head>
<body>

<p>你可以使用for-in来访问数组:</p>
<p id="demo"></p>
<hr>
<p id="demo2"></p>

<script>
var myObj, i, x = "";
myObj = {
"name":"网站",
"num":3,
"sites":[ "Google", "Runoob", "Taobao" ]
};

for (i in myObj.sites) {
  x += myObj.sites[i] + "<br>";
}
document.getElementById("demo").innerHTML = x;

var j,y="";
for (j = 0; j < myObj.sites.length; j++) {
  y += myObj.sites[j] + "<br>";
}
document.getElementById("demo2").innerHTML = y;

</script>
```

```
</body>
</html>
```

效果如图 8-10 所示。

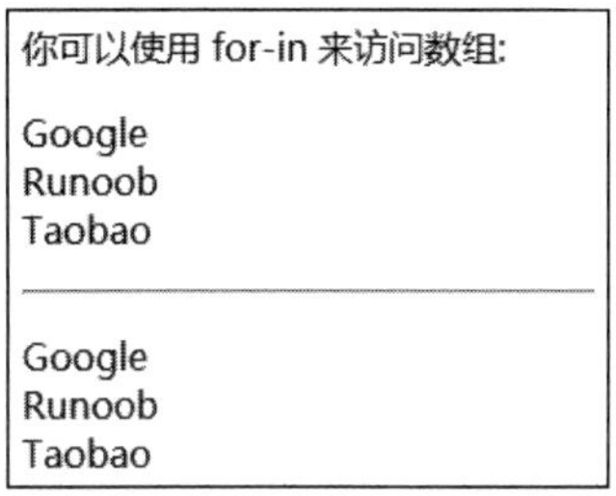

你可以使用 for-in 来访问数组:

Google
Runoob
Taobao

Google
Runoob
Taobao

图 8-10　使用 for-in 访问数组的效果

8.4.3　嵌套 JSON 对象中的数组

在 JSON 对象中，数组可以包含另外一个数组，或者另外一个 JSON 对象。代码示例如下：

```
myObj = {
"name":"网站",
"num":3,
"sites": [
{ "name":"Google", "info":[ "Android", "Google搜索", "Google翻译" ] },
{ "name":"Runoob", "info":[ "菜鸟教程", "菜鸟工具", "菜鸟微信" ] },
{ "name":"Taobao", "info":[ "淘宝", "网购" ] }
]
}
```

可以使用 for-in 循环访问每个数组。代码示例如下：

```
for (i in myObj.sites) {
x += "<h1>" + myObj.sites[i].name + "</h1>";
for (j in myObj.sites[i].info) {
x += myObj.sites[i].info[j] + "<br>";
}
}
```

完整代码示例如下：

```
<!DOCTYPE html>
<html>
<head>
<meta charset="utf-8">
<title>JS中文教程网8939.org</title>
</head>
<body>

<p>循环内嵌数组</p>
<p id="demo"></p>

<script>
var myObj, i, j, x = "";
myObj = {
  "name":"网站",
  "num":3,
  "sites": [
    { "name":"Google", "info":[ "Android", "Google搜索", "Google翻译" ] },
    { "name":"Runoob", "info":[ "菜鸟教程", "菜鸟工具", "菜鸟微信" ] },
    { "name":"Taobao", "info":[ "淘宝", "网购" ] }
```

```
  ]
}
for (i in myObj.sites) {
  x += "<h1>" + myObj.sites[i].name + "</h1>";
  for (j in myObj.sites[i].info) {
    x += myObj.sites[i].info[j] + "<br>";
  }
}
document.getElementById("demo").innerHTML = x;
</script>

</body>
</html>
```

效果如图 8-11 所示。

循环内嵌数组

Google

Android
Google 搜索
Google 翻译

Runoob

菜鸟教程
菜鸟工具
菜鸟微信

Taobao

淘宝
网购

图 8-11 嵌套 JSON 对象中数组的效果

8.4.4 修改数组值

可以使用索引值来修改数组值，代码示例如下：

```
myObj.sites[1] = "Github";
```

完整代码示例如下：

```
<!DOCTYPE html>
<html>
<head>
<meta charset="utf-8">
<title>JS中文教程网8939.org</title>
</head>
<body>

<p>修改JSON对象数组值。</p>
<p id="demo"></p>

<script>
var myObj, i, x = "";
myObj = {
  "name":"网站",
  "num":3,
  "sites":[ "Google", "Runoob", "Taobao" ]
};
myObj.sites[1] = "Github";

//delete myObj.sites[1];

for (i in myObj.sites) {
  x += myObj.sites[i] + "<br>";
}
```

```
document.getElementById("demo").innerHTML = x;
</script>

</body>
</html>
```

效果如图 8-12 所示。

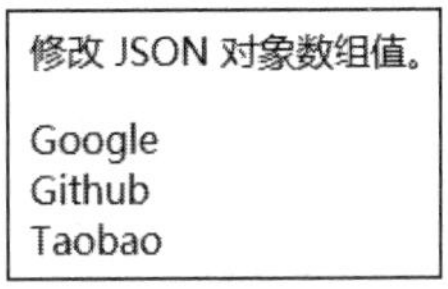

修改 JSON 对象数组值。

Google
Github
Taobao

图 8-12　修改数组值的效果

8.4.5　删除数组元素

可以使用 delete 关键字来删除数组元素，代码示例如下：

```
delete myObj.sites[1];
```

8.5　JSON.parse()

本节主要讲解通用 JSON 处理函数——JSON 数据解析函数（JSON.parse）的语法和应用。

8.5.1　浏览器支持

以下主流浏览器都支持 JSON.parse() 函数：

- Firefox 3.5
- Internet Explorer 8
- Chrome
- Opera 10
- Safari 4

8.5.2　语法

JSON 通常用于与服务端交换数据。在接收服务器数据时一般是字符串。

我们可以使用 JSON.parse() 方法将数据转换为 JavaScript 对象。代码示例如下：

```
JSON.parse(text[, reviver])
```

参数说明如下。

- text：必需，一个有效的 JSON 字符串。
- reviver：可选，一个转换结果的函数，将为对象的每个成员调用此函数。

8.5.3　JSON 解析实例

例如，我们从服务器接收了以下数据：

```
{ "name":"runoob", "alexa":10000, "site":"www.runoob.com" }
```

使用 JSON.parse() 方法处理以上数据，将其转换为 JavaScript 对象，代码示例如下：

```
var obj = JSON.parse('{
  "name":"runoob", "alexa":10000, "site":"www.runoob.com"
}');
```

解析前要确保数据是标准的 JSON 格式，否则会解析出错。

完整代码示例如下：

```
<!DOCTYPE html >
<html xmlns="http://www.w3.org/1999/xhtml">
<head>
<meta http-equiv="Content-Type" content="text/html; charset=utf-8" />
<title>JS中文教程网8939.org</title>
</head>
<body>

<h2>从JSON对象中创建JavaScript对象</h2>
<p id="demo"></p>
<script>
var str='{ "name":"JS中文教程网", "alexa":10000, "site":"www.8939.org" }';
var obj = JSON.parse(str);
document.getElementById("demo").innerHTML = obj.name + ": " + obj.site;
</script>

</body>
</html>
```

效果如图 8-13 所示。

从 JSON 对象中创建 JavaScript 对象

JS中文教程网：www.8939.org

图 8-13 JSON 解析实例

8.5.4 从服务端接收 JSON 数据

可以使用 AJAX 从服务器请求 JSON 数据，并解析为 JavaScript 对象。

json_demo.txt 的代码示例如下：

```
{"name":"myweb","num":3}
```

完整代码示例如下：

```
<!DOCTYPE html>
<html>
<head>
<meta charset="utf-8">
<title>JS中文教程网8939.org</title>
</head>
<body>

<h2>使用XMLHttpRequest来获取文件内容</h2>
<p>文件内容是标准的JSON格式，可以使用JSON.parse方法将其转换为JavaScript对象。</p>
```

```
<p id="demo"></p>

<script>

var xmlhttp = new XMLHttpRequest();
xmlhttp.onreadystatechange = function() {
  if (this.readyState == 4 && this.status == 200) {
    myObj = JSON.parse(this.responseText);
    document.getElementById("demo").innerHTML = myObj.name;
  }
};
xmlhttp.open("GET", "http://www.8939.org/json/json_demo.txt", true);
xmlhttp.send();

</script>

<p>查看JSON文件数据<a href="http://www.8939.org/json/json_demo.txt" target="_blank">
  json_demo.txt</a></p>

</body>
</html>
```

8.5.5 从服务端接收数组的 JSON 数据

json_demo_array.txt 的代码示例如下：

```
[ "Google", "Runoob", "Taobao" ]
```

完整代码示例如下：

```
<!DOCTYPE html>
<html>
<head>
<meta charset="utf-8">
<title>JS中文教程网8939.org</title>
</head>
<body>

<h2>内容是数组</h2>
<p>内容是数组会转换为JavaScript数组。</p>

<p id="demo"></p>

<script>

var xmlhttp = new XMLHttpRequest();
xmlhttp.onreadystatechange = function() {
  if (this.readyState == 4 && this.status == 200) {
    myArr = JSON.parse(this.responseText);
```

```
    document.getElementById("demo").innerHTML = myArr[1];
  }
};
xmlhttp.open("T", "http://www.8939.org/json/json_demo_array.txt", true);
xmlhttp.send();

</script>

<p>查看服务端数据<a href="http://www.8939.org/json/json_demo_array.txt" target="_blank">
  json_demo_array.txt</a></p>

</body>
</html>
```

8.6 JSON.stringify() 转字符串

本节主要讲解通用 JSON 函数——JSON 转字符串函数（JSON.stringify）的使用。

8.6.1 JSON.stringify() 语法

JSON 通常用于与服务端交换数据。在向服务器发送数据时一般是字符串。

可以使用 JSON.stringify() 方法将 JavaScript 对象转换为字符串。代码如下：

```
JSON.stringify(value[, replacer[, space]])
```

参数说明如下。

- value：必需，一个有效的 JSON 对象。
- Replacer：可选，用于转换结果的函数或数组。如果 replacer 为函数，则 JSON.stringify 将调用该函数，并传入每个成员的键和值。使用返回值而不是原始值。如果此函数返回 undefined，则排除成员。根对象的键是一个空字符串 ""。如果 replacer 是一个数组，则仅转换该数组中具有键值的成员。成员的转换顺序与键在数组中的顺序一样。当 value 参数也为数组时，将忽略 replacer 数组。
- Space：可选，文本添加缩进、空格和换行符，如果 space 是一个数字，则文本在每个级别缩进指定数目的空格，如果 space 大于 10，则文本缩进 10 个空格。space 也可以使用非数字，如 \t。

8.6.2 JavaScript 对象转换

例如，我们向服务器发送以下数据：

```
var obj = { "name":"runoob", "alexa":10000, "site":"www.runoob.com"};
```

使用 JSON.stringify() 方法处理以上数据，将其转换为字符串，代码示例如下：

```
var myJSON = JSON.stringify(obj);
```

myJSON 为字符串。

我们可以将 myJSON 发送到服务器，代码示例如下：

```
var obj = { "name":"runoob", "alexa":10000, "site":"www.runoob.com"};
var myJSON = JSON.stringify(obj);
document.getElementById("demo").innerHTML = myJSON;
```

8.6.3 JavaScript 数组转换

我们也可以将 JavaScript 数组转换为 JSON 字符串。

代码示例如下：

```
var arr = [ "Google", "Runoob", "Taobao", "Facebook" ]; var myJSON = JSON.
  stringify(arr);
```

myJSON 为字符串。

可以将 myJSON 发送到服务器，代码示例如下：

```
var arr = [ "Google", "Runoob", "Taobao", "Facebook" ]; v
ar myJSON = JSON.stringify(arr);
document.getElementById("demo").innerHTML = myJSON;
```

综合案例代码示例如下：

```
<!DOCTYPE html>
<html xmlns="http://www.w3.org/1999/xhtml">
<head>
<meta http-equiv="Content-Type" content="text/html; charset=utf-8" />
<title></title>
</head>
<body>

  <h2> json转字符串</h2>

  <div id="demo01"></div>
  <div id="demo02"></div>

  <script type="text/javascript">
    var obj1={"xing":"黄","ming":"菊华"};
    var obj2=["黄","菊","华"];

    var j1=JSON.stringify(obj1)
    document.getElementById("demo01").innerHTML = j1;

    var j2=JSON.stringify(obj2)
    document.getElementById("demo02").innerHTML = j2;
```

```
  </script>

</body>
</html>
```

效果如图 8-14 所示。

json转字符串

{"xing":"黄","ming":"菊华"}
["黄","菊","华"]

图 8-14 JavaScript 数组转换

8.7 eval 函数

1. 把 JSON 文本转换为 JavaScript 对象

JSON 最常见的用法之一是，从 Web 服务器上读取 JSON 数据（作为文件或 Http-Request），将 JSON 数据转换为 JavaScript 对象，然后在网页中使用该数据。

为了更简单，我们使用字符串（而不是文件）作为输入进行演示。

2. JSON 实例——来自字符串的对象

创建包含 JSON 语法的 JavaScript 字符串，代码示例如下：

```
var txt = '{ "sites" : [' +
'{ "name":"JS中文教程网" , "url":"www.8939.org" },' +
'{ "name":"google" , "url":"www.google.com" },' +
'{ "name":"微博" , "url":"www.weibo.com" } ]}';
```

由于 JSON 语法是 JavaScript 语法的子集，使用 JavaScript 函数 eval() 可将 JSON 文本转换为 JavaScript 对象。

eval() 函数使用的是 JavaScript 编译器，可解析 JSON 文本，然后生成 JavaScript 对象。必须把文本包围在括号中，这样才能避免语法错误，代码示例如下：

```
var obj = eval ("(" + txt + ")");
```

在网页中使用 JavaScript 对象，代码示例如下：

```
var txt = '{ "sites" : [' +
'{ "name":"JS中文教程网" , "url":"www.8939.org" },' +
'{ "name":"google" , "url":"www.google.com" },' +
'{ "name":"微博" , "url":"www.weibo.com" } ]}';

var obj = eval ("(" + txt + ")"); d
ocument.getElementById("name").innerHTML=obj.sites[0].name
document.getElementById("url").innerHTML=obj.sites[0].url
```

完整代码示例如下：

```
<!DOCTYPE html>
<html xmlns="http://www.w3.org/1999/xhtml">
<head>
<meta http-equiv="Content-Type" content="text/html; charset=utf-8" />
<title>1.4-JSON数组02-对象中的数组</title>
```

```
</head>
<body>

  <h2>JSON数组02-对象中的数组</h2>
    <div id="demo01"></div>

  <script type="text/javascript">
      var str='{"xing":"黄","ming":"菊华"}';
      var obj=eval( "("+ str + ")" );
      document.getElementById("demo01").innerHTML=obj.xing;
  </script>

</body>
</html>
```

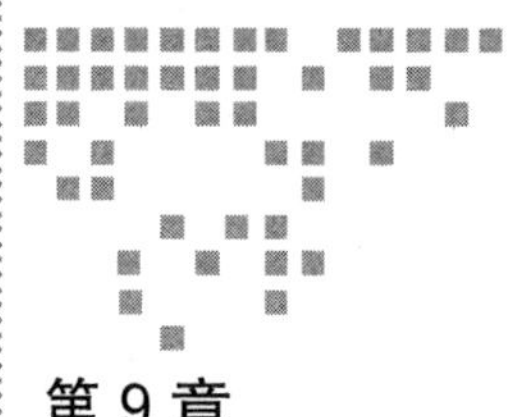

Chapter 9 第 9 章

小程序前端开发基础

一个服务仅仅有界面展示是不够的，还需要和用户进行交互：响应用户的点击，获取用户的位置等。在小程序里面，可以通过编写 .js 脚本文件来处理用户的操作。

本章主要讲解微信小程序中常用的变量、对象、数组等数据的定义和使用方法，if 语句、for 语句等逻辑语法，小程序常用的事件、函数、参数等。

9.1 常用数据

本节主要讲解小程序常用的变量、对象、数组的定义和使用方法。小程序 .js 文件中的语法沿用 JavaScript 的语法，基础知识请参考第 8 章。

9.1.1 变量

1. 变量的定义和使用

在小程序中对应的 .js 文件里的 data 区块定义变量，然后在对应的 .wxml 页面使用变量。下面通过案例来讲解。

.js 文件中定义变量的代码示例如下：

```
data: {
  myvar01: "我是变量01",
  myvar02: "我是变量02",
},
```

WXML 中的动态数据均来自对应 Page 的 data。数据绑定使用双花括号将变量包起来。.wxml 文件中变量的显示，代码示例如下：

```
<!--简单变量的使用-->
<view>{{myvar01}}</view>
<view>{{myvar02}}</view>
```

效果如图 9-1 所示。

图 9-1　变量在 WXML 页面中的显示

2. 通过事件来改变变量

在小程序中，对应的 .js 文件定义事件来处理内容，然后在对应的 .wxml 页面使用 bindtap 来调用事件。

.wxml 文件中定义事件的代码示例如下：

```
<!--简单变量的使用-->
<view>{{myvar01}}</view>
<view>{{myvar02}}</view>
<!—按钮调用事件setvar01-->
<button  bindtap='setvar01' type='primary' style='width:90%'>
 通过事件来改变变量的值
</button>
```

.js 文件中定义事件的代码示例如下：

```
setvar01:function() //定义事件
{
  //myvar01:"我是变量01改变后的值"
  //直接写是错误的，需要用setData
  this.setData({
    myvar01: "我是变量01改变后的值"
  })
},
```

点击前和点击后的效果如图 9-2 和图 9-3 所示。

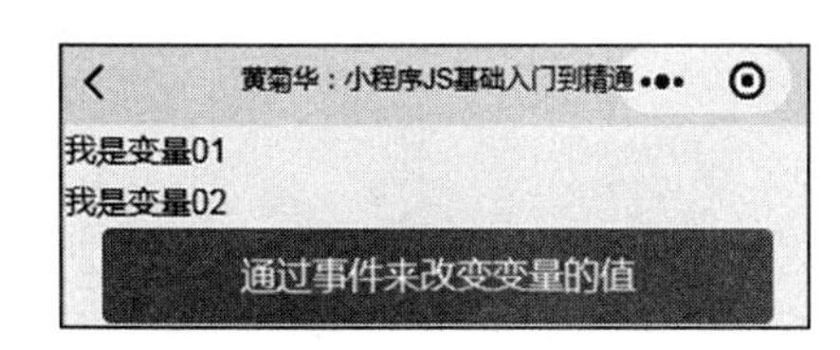

图 9-2　事件点击前效果

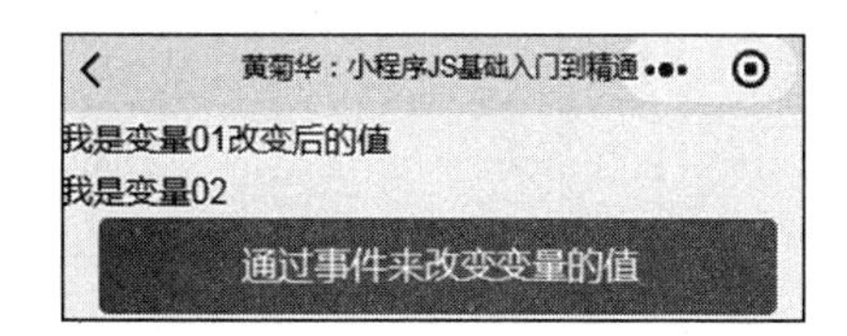

图 9-3　事件点击后效果

9.1.2　对象

在小程序中对应的 .js 文件里的 data 区块定义对象，然后在对应的 .wxml 页面使用对象。

.js 文件中定义对象的代码示例如下：

```
data: {
  detail:
    {
      "id": 5,
      "title": "服务项目",
      "content": "上面开锁"
    }
},
```

.wxml 文件中使用对象的代码示例如下：

```
<view >
  {{detail.id}}-----{{detail.title}}
</view>
```

效果如图 9-4 所示。

图 9-4 对象的使用

9.1.3 数组

1. 数组的定义和使用

在小程序中对应的 .js 文件里的 data 区块定义数组，然后在对应的 .wxml 页面使用数组，还可以利用 for 循环语句来循环显示数组的内容。

.js 文件中定义数组的代码示例如下：

```
data: {
  people: ["张三", "李四", "王五"]
},
```

.wxml 文件中显示数组的代码示例如下：

```
<!--基本使用-->
<view>{{people[0]}}</view>

<!--数组的长度-->
<view>{{people.length}}</view>

<!--循环显示数组-->
<view wx:for="{{people}}">
  {{index}}{{item}}
</view>

<!--循环显示数组2-->
<view wx:for="{{people}}" wx:for-index="id"  wx:for-item="xingming" >
  <view>序号: {{id}} |内容: {{xingming}}</view>
</view>
```

效果如图 9-5 所示。

2. 单字段对象数组的定义和使用

在小程序中对应的 .js 文件里的 data 区块定义对象数组，然后在对应的 .wxml 页面使用 for 循环语句来显示数组的内容。这里的对象数组是指，数组里面的每个成员是对象。

.js 文件中定义数据的代码示例如下：

```
data: {
  shuzu:
    [
      { shuiguo: "苹果" },
      { shuiguo: "香蕉" },
      { shuiguo: "西瓜" },
      { shuiguo: "琵琶" }
    ],
},
```

.wxml 文件中显示数据的代码示例如下：

```
<view wx:for="{{shuzu}}">
  {{index}}:{{item.shuiguo}}
</view>
```

效果如图 9-6 所示。

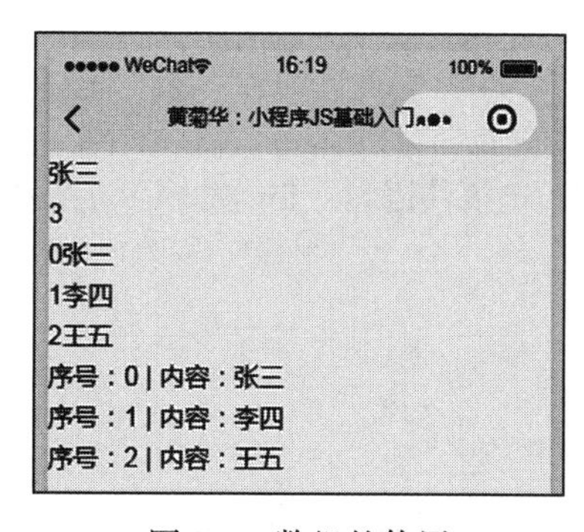

图 9-5　数组的使用

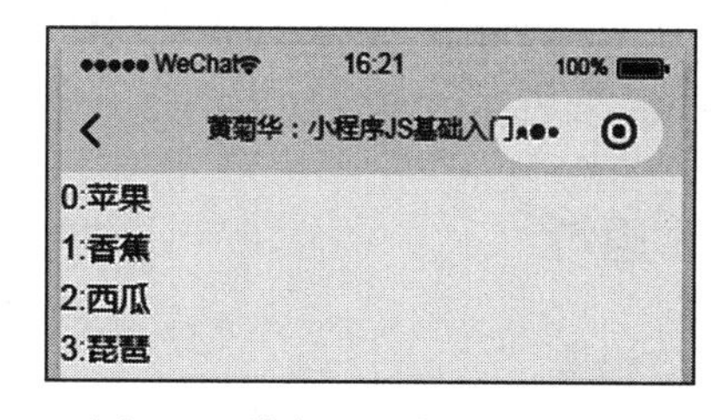

图 9-6　单字段对象数组的显示

3. 多字段对象数组的定义和使用

.js 文件中定义数据的代码示例如下：

```
data: {
  shuzu2:
    [
      {
        "id": 1,
        "title": "2018年企业最新代理政策！"
      },
      {
        "id": 2,
        "title": "2018年劳动节放假时间和安排通知"
```

```
        },
        {
          "id": 3,
          "title": "帮助你在云平台上搭建自己的"
        },
        {
          "id": 4,
          "title": "关注我们的最新企业微信号"
        },
        {
          "id": 5,
          "title": "帮助你在云平台上搭建自己"
        }
      ]
    },
```

.wxml 文件中显示数据的代码示例如下：

```
<view wx:for="{{shuzu2}}">
  {{index}}:{{item.title}}
</view>
```

效果如图 9-7 所示。

0:2018年企业最新代理政策！
1:2018年劳动节放假时间和安排通知
2:帮助你在云平台上搭建自己的
3:关注我们的最新企业微信号
4:帮助你在云平台上搭建自己

图 9-7 多字段对象数组的显示

9.2 逻辑语句

本小节主要讲解微信小程序中常用的几个语句：if 条件语句，for 循环语句，while 循环语句，switch 和 case 选择语句。

9.2.1 if 语句

1. 基本语法

在框架中，使用 wx:if="{{condition}}" 来判断是否需要渲染该代码块，.wxml 文件代码示例如下：

```
<block wx:if="{{true}}">
  <view> view1 </view>
  <view> view2 </view>
</block>
```

注意：if 条件语句后面的 {{true}}，里面的 true 或者 false 不能添加单引号或者双引号；如果添加了单引号或者双引号，里面的内容变成字符串，会被解析成 true。

2. 单独的 if 语句

在小程序中对应的 .js 文件里的 data 区块定义变量 shuzi（数值为 5），然后在对应的 .wxml 页面使用 if 语句来判断变量（shuzi）是否大于 2，如果大于 2 则显示“if 条件为

true 则显示”。下面举例说明。

.js 文件中定义变量的代码示例如下：

```
data: {
  shuzi:5
},
```

.wxml 文件代码示例如下：

```
<view wx:if="{{shuzi>2}}">
  <view>if条件为true则显示</view>  <!—shuzi这个变量的值为5，大于2，该内容将显示-->
</view>
```

3. elif 和 else 语句

在小程序中对应的 .js 文件里的 data 区块定义变量 shuzi（数值为 5），然后在对应的 .wxml 页面使用 if 语句来判断变量（shuzi）是否大于 2；如果小于 2 则显示“小于 2”，如果大于 2 则显示“大于 2”，下面举例说明。

.js 文件中定义变量的代码示例如下：

```
data: {
  shuzi:5
},
```

.wxml 文件代码示例如下：

```
<view wx:elif="{{shuzi<2}}">
 小于2  <!—shuzi这个变量的值为5，大于2，该内容不显示-->
</view>
<view wx:else>
 大于2  <!—shuzi这个变量的值为5，大于2，该内容将显示-->
</view>
```

4. if 语句的案例

.wxml 文件代码示例如下：

```
<view wx:if="{{shuzi>2}}">
    <view>if条件为true则显示</view> <!—shuzi这个变量的值为2，不大于2，该内容不显示-->
</view>

<view wx:elif="{{shuzi<2}}">
  1   <!—shuzi这个变量的值为2，不大于2（因为等于2），该内容不显示-->
</view>
<view wx:else>
  2 <!—shuzi这个变量的值为2，等于2，该内容将显示-->
</view>

<block wx:if="{{true}}">  <!—条件为true，则包含的代码块内容都显示-->
  <view> view1 </view>
  <view> view2 </view>
</block>
```

.js 文件代码示例如下：

```
data: {
  shuzi:2  <!—定义变量shuzi的值-->
},
```

效果如图 9-8 所示。

9.2.2 for 语句

.js 文件的 for 语句使用传统的 JavaScript 语法，有别于微信小程序 WXML 页面中使用的 for 语句。

.js 文件中使用 for 语句的代码示例如下：

```
onLoad: function (options) {
  for (var i = 0; i < 3; ++i) {
    console.log(i);
  }
},
```

图 9-8 if 语句的使用

效果如图 9-9 所示。

1. WXML 页面中 for 语句的使用

在组件上使用 wx:for 控制属性绑定一个数组，即可使用数组中各项的数据重复渲染该组件。

默认数组当前项的下标变量名为 index，数组当前项的变量名为 item。

WXML 页面中可以通过 for 循环显示 .js 脚本中定义的或者获取的数组数据，WXML 中使用 for 语句的代码示例如下：

```
<view wx:for="{{[1,2,3,4,5,6,7,8,9]}}"> <!—{{}}中定义了一个数组，使用for循环来显示-->
  <view>序号：{{index}} |内容：{{item}}</view>
</view>
```

效果如图 9-10 所示。

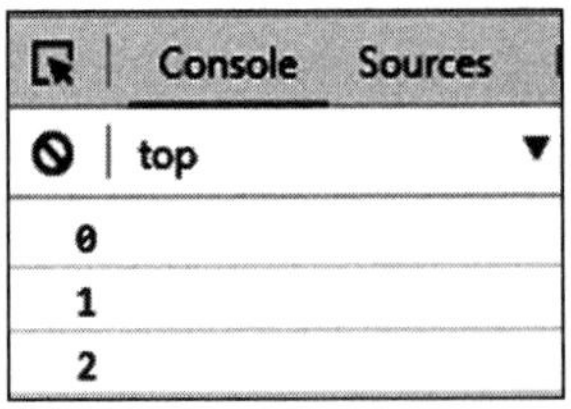

图 9-9 .js 脚本中 for 语句的使用

图 9-10 WXML 页面中 for 语句的使用

2. WXML 中 for 语句嵌套的使用

提示　使用 wx:for-item 可以指定数组当前元素的变量名，使用 wx:for-index 可以指定数组当前下标的变量名。

九九乘法表，.wxml 文件代码示例如下：

```
<view wx:for="{{[1,2,3,4,5,6,7,8,9]}}" wx:for-item="i">
  <view wx:for="{{[1,2,3,4,5,6,7,8,9]}}" wx:for-item="j">
    <view wx:if="{{i <= j}}">
      {{i}}*{{j}} = {{i * j}}
    </view>
  </view>
</view>
```

效果如图 9-11 所示。

--------------- 下面是一个九九乘法表事例：
1*1 = 1
1*2 = 2
1*3 = 3
1*4 = 4
1*5 = 5
1*6 = 6
1*7 = 7
1*8 = 8
1*9 = 9
2*2 = 4
2*3 = 6
2*4 = 8

图 9-11　九九乘法表

3. for 循环在 WXML 中的使用

在小程序中对应的 .js 文件里的 data 区块定义数组（people），然后在对应的 .wxml 页面使用 for 循环来显示。

.js 文件中定义数组的代码示例如下：

```
data: {
  people: ["张三", "李四", "王五"]
},
```

.wxml 中 for 语句显示数组示例如下：

```
<view wx:for="{{people}}">
  <view>序号：{{index}} |内容：{{item}}</view>
</view>
```

效果如图 9-12 所示。

序号：0 | 内容：张三
序号：1 | 内容：李四
序号：2 | 内容：王五

图 9-12　for 循环在 WXML 中的使用

使用 wx:for-item 和 wx:for-index 修改关键字后，.wxml 代码示例如下：

```
<view wx:for="{{people}}" wx:for-index="id"  wx:for-item="xingming" >
  <view>序号：{{id}} |内容：{{xingming}}</view>
</view>
```

效果如图 9-12 所示。

9.2.3　while 语句

小程序的 wxml 循环是使用 for 语句，但是我们在小程序对应的 .js 文件里可以使用 while 语句来做循环。

下面通过案例来介绍 while 语句，通过按钮来调用事件实现循环和设定值，然后显示。

.wxml 文件代码示例如下：

```
<view>{{var01}}</view>

<button  bindtap='setvar01' type='primary' style='width:90%'>
通过事件来改变变量的值
</button>
```

.js 文件代码示例如下：

```
data: {
    var01:3,
  },
setvar01: function () {
    while (this.data.var01 < 11) {   <!--使用传统的JavaScript语法-->
      console.log(this.data.var01)  <!—输出在console控制台而不是wxml页面-->
      this.data.var01 = this.data.var01 + 1
    }
    this.setData({    /*如果不用setData函数设置，页面的值（变量var01）不会改变*/
      var01: this.data.var01
    })
},
```

点击前和点击后的效果如图 9-13 和图 9-14 所示。

图 9-13 事件点击前效果

图 9-14 事件点击后效果

日志输出的循环效果如图 9-15 所示。

9.2.4 switch 和 case 语句

switch 和 case 语句主要应用在小程序中对应的 .js 文件里面。WXML 页面中的选择语句主要通过 if 语句来实现。

.wxml 文件代码示例如下：

```
<view>{{exp}}</view>
<button  bindtap='setvar01' type='primary' style=
  'width:90%'>
 通过事件来改变变量的值
</button>
```

.js 文件代码示例如下：

```
data: {
    exp:10 /*尝试字符、数字和其他数组看效果*/
  },
setvar01: function () {
```

Console Sources Network
top Filter
3
4
5
6
7
8
9
10

图 9-15 循环在日志中的输出

```
    switch(this.data.exp) {
      case "10":
        console.log("string 10");
        this.setData({
          exp: "string 10"   /*如果不设置页面的值不会改变*/
        })
        break;
      case 10:
        console.log("number 10");
        this.setData({
          exp: "number 10"   /*如果不设置页面的值不会改变*/
        })
        break;
      default:
        console.log("default");
    }
  },
```

点击前和点击后的效果如图 9-16 和图 9-17 所示。

图 9-16　点击前效果

图 9-17　点击后效果

9.3　其他

本小节我们主要讲解小程序中事件的定义，以及如何通过 url 来传递和获取参数。

9.3.1　事件的定义和使用

.wxml 文件中定义事件的代码示例如下：

```
<button  bindtap='setbiaoti'>
 通过事件来设置栏目的标题
</button>

<button  bindtap='tishi'>
 通过按钮显示提示信息
</button>
```

.js 文件中定义函数的代码示例如下：

```
  setbiaoti: function () {
wx.setNavigationBarTitle({ title: '通过按钮设置的标题' })
<!—调用api函数来设置标题-->
  },
  tishi: function () {
```

```
    wx.showToast({ <!—调用api函数来显示提示信息-->
      title: '成功',
      icon: 'success',
      duration: 2000
    })
  },
```

默认效果如图 9-18 所示。

点击第一个按钮的效果如图 9-19 所示。

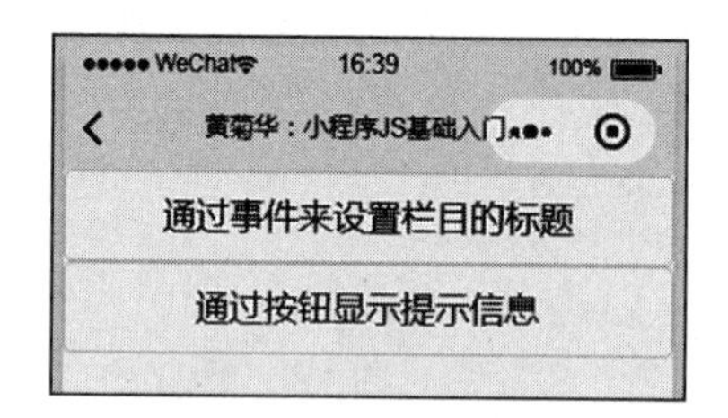

图 9-18 默认运行效果

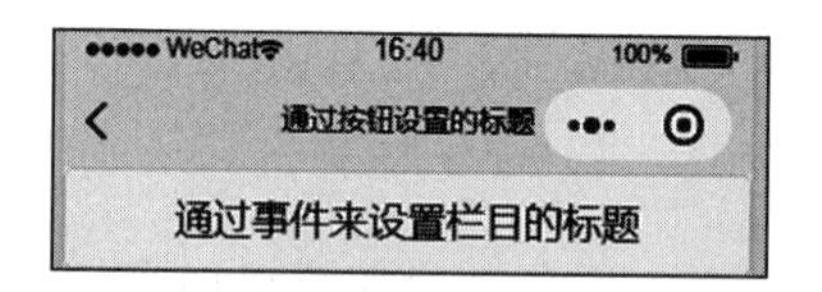

图 9-19 “通过事件来设置栏目的标题”按钮点击效果

点击第二个按钮的效果如图 9-20 所示。

图 9-20 “通过按钮显示提示信息”按钮点击效果

9.3.2 通过 url 来传递参数

在微信小程序开发中，从产品列表或者信息列表跳转到具体页面的时候，需要带上产品的 ID 或者信息的 ID 作为参数，这样我们在详细页面就可以根据 ID 来获取对应的详细信息了。

这里通过案例来讲解。假设有 A 页面和 B 页面，A 页面通过 url+ 参数链接到 B 页面，B 页面通过参数获取传递过来的值。

A 页面的 .wxml 文件代码示例如下：

```
<navigator url='/pages/04form/02-b?id=123'> <!--?后面的是参数，多个参数使用&连接-->
  <view>A页面传递参数到B页面</view>
</navigator>
```

B 页面的 .wxml 文件显示参数的代码如下：

```
页面传递过来的参数：{{myid}}
```

.js 文件获取参数的代码示例如下：

```
/***页面的初始数据*/
data: {
  myid:""
},
/***生命周期函数--监听页面加载*/
onLoad: function (options) {<!—options为系统参数-->
  console.log(options.id) <!--options.id这里的值是123-->
  this.setData({
    myid: options.id  <!—获取到上个页面传递过来的id的值后，我们将值赋值给变量myid-->
  })
},
```

第四部分 Part 4

实　　战

- 第 10 章　常用组件
- 第 11 章　常用 API
- 第 12 章　首页
- 第 13 章　分类和产品
- 第 14 章　购物车和下单
- 第 15 章　会员界面
- 第 16 章　公用功能
- 第 17 章　杂项知识

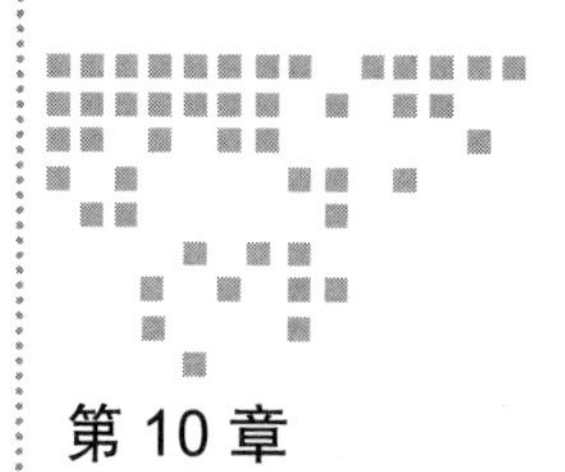

Chapter 10 第10章

常用组件

本章主要介绍商城小程序中常用的一些组件知识，主要包含基础组件、表单组件、页面链接组件等，以期为后面商城小程序的界面实战应用打下基础。

10.1 组件概要

小程序为开发者提供了丰富的基础组件，开发者可以像搭积木一样，将各种组件拼合成自己的小程序。

就像HTML的div、p等标签一样，在小程序里，你只需在WXML中写上对应的组件标签名字就可以把该组件显示在界面上。

需要在界面上显示图片时，你只需写如下代码即可：

```
<image></image>
```

使用组件的时候，还可以通过属性将值传递给组件，让组件可以以不同的状态去展现，例如，我们希望图片一开始就显示，那么你需要声明图片的src属性，代码示例如下：

```
<image src='/img/ad01.png'></image>
```

组件的内部行为也会通过事件的形式让开发者可以感知，例如，用户点击了图片，你可以在.js脚本中编写bindtap函数来处理，代码示例如下：

```
<image  bindtap='mytupian' src='/img/ad01.png'></image>
```

当然也可以通过style或者class来控制组件的外层样式，以便适应你的界面宽度和高度等等，代码示例如下：

```
<image  class='ad01'  bindtap='mytupian' src='/img/ad01.png'></image>
```

本章主要讲解官方提供的一些常见组件的使用方法。

10.2 基础组件

本节主要讲解微信小程序中几个常用的基础组件基础知识，包含：视图容器（view）、可滚动视图区域（scroll-view）、滑块视图容器（swiper）、图标（icon）、文本（text）、图片（image）。

10.2.1 视图容器（view）

view 组件的属性值参见表 10-1。

表 10-1 view 组件属性

属性名	类型	默认值	说明
hover-class	String	none	按下去的样式类。当 hover-class="none" 时，没有点击态效果
hover-stop-propagation	Boolean	false	是否阻止本节点的祖先节点出现点击态
hover-start-time	Number	50	按住后多久出现点击态，单位为毫秒
hover-stay-time	Number	400	手指松开后点击态保留时间，单位为毫秒

10.2.2 可滚动视图区域（scroll-view）

scroll-view 组件的属性参见表 10-2。

表 10-2 scroll-view 组件属性

属性名	类型	默认值	说明
scroll-x	Boolean	false	允许横向滚动
scroll-y	Boolean	false	允许纵向滚动
upper-threshold	Number / String	50	距顶部 / 左边多远时（单位 px，2.4.0 起支持 rpx），触发 scrolltoupper 事件
lower-threshold	Number / String	50	距底部 / 右边多远时（单位 px，2.4.0 起支持 rpx），触发 scrolltolower 事件
scroll-top	Number / String		设置纵向滚动条位置（单位 px，2.4.0 起支持 rpx）
scroll-left	Number / String		设置横向滚动条位置（单位 px，2.4.0 起支持 rpx）
scroll-into-view	String		值应为某子元素 ID（ID 不能以数字开头）。设置哪个方向可滚动，则在哪个方向滚动到该元素
scroll-with-animation	Boolean	false	在设置滚动条位置时使用动画过渡
enable-back-to-top	Boolean	false	iOS 点击顶部状态栏、安卓双击标题栏时，滚动条返回顶部，只支持纵向
bindscrolltoupper	EventHandle		滚动到顶部 / 左边，会触发 scrolltoupper 事件

（续）

属 性 名	类 型	默 认 值	说 明
bindscrolltolower	EventHandle		滚动到底部 / 右边，会触发 scrolltolower 事件
bindscroll	EventHandle		滚动时触发，event.detail = {scrollLeft, scrollTop, scrollHeight, scrollWidth, deltaX, deltaY}

使用纵向滚动时，需要为 <scroll-view> 设置一个固定高度，通过 WXSS 设置 height。

注意 请勿在 scroll-view 中使用 textarea、map、canvas、video 组件。scroll-into-view 的优先级高于 scroll-top。在滚动 scroll-view 时会阻止页面回弹，所以在 scroll-view 中滚动，是无法触发 onPullDownRefresh 的。若要使用下拉刷新，请使用页面滚动，而不是 scroll-view，这样也能通过点击顶部状态栏回到页面顶部。

10.2.3 滑块视图容器（swiper）

swiper 组件的属性参见表 10-3。

表 10-3 swiper 组件属性

属 性 名	类 型	默 认 值	说 明
indicator-dots	Boolean	false	是否显示面板指示点
indicator-color	Color	rgba(0, 0, 0, .3)	指示点颜色
indicator-active-color	Color	#000000	当前选中的指示点颜色
autoplay	Boolean	false	是否自动切换
current	Number	0	当前所在滑块的 index
current-item-id	String	""	当前所在滑块的 item-id，不能与 current 同时被指定
interval	Number	5000	自动切换时间间隔
duration	Number	500	滑动动画时长
circular	Boolean	false	是否采用衔接滑动
vertical	Boolean	false	滑动方向是否为纵向
previous-margin	String	"0px"	前边距，用于露出前一项的一小部分，接受 px 和 rpx 值
next-margin	String	"0px"	后边距，用于露出后一项的一小部分，接受 px 和 rpx 值
display-multiple-items	Number	1	同时显示的滑块数量
skip-hidden-item-layout	Boolean	false	是否跳过未显示的滑块布局，设为 true 可优化复杂情况下的滑动性能，但会丢失隐藏状态滑块的布局信息
bindchange	EventHandle		current 改变时会触发 change 事件，event.detail = {current: current, source: source}
bindanimationfinish	EventHandle		动画结束时会触发 animationfinish 事件，event.detail 同上

从 1.4.0 开始，change 事件返回的 detail 中包含一个 source 字段，表示导致变更的原因，可能值如下。

- autoplay：自动播放导致 swiper 变化。
- touch：用户划动引起 swiper 变化。
- 他原因将用空字符串表示。

注意 其中只可放置 <swiper-item/> 组件，否则会导致未定义的行为。

---

swiper-item 仅可放置在 <swiper> 组件中，宽高自动设置为 100%，其属性如下：

属性名	类型	默认值	说明
item-id	String	""	该 swiper-item 的标识符

注意 如果在 bindchange 的事件回调函数中使用 setData 来改变 current 值，则有可能导致 setData 被不停地调用，因而通常情况下请在改变 current 值前检测 source 字段，判断是否因用户触摸引起。

10.2.4 图标（icon）

icon 组件的属性参见表 10-4。

表 10-4 icon 组件属性

属性名	类型	默认值	说明
type	String		icon 的类型，有效值：success、success_no_circle、info、warn、waiting、cancel、download、search、clear
size	Number / String	23px	icon 的大小，单位 px（2.4.0 起支持 rpx）
color	Color		icon 的颜色，同 CSS 的 color

10.2.5 文本（text）

text 组件的属性参见表 10-5。

表 10-5 text 组件属性

属性名	类型	默认值	说明
selectable	Boolean	false	文本是否可选
space	String	false	显示连续空格
decode	Boolean	false	是否解码

其中，space 有效值如下。

- ensp：中文字符空格一半大小。
- emsp：中文字符空格大小。
- nbsp：根据字体设置的空格大小。

注意 decode 可以解析的有   < > & '   各个操作系统的空格标准并不一致。<text> 组件内只支持 <text> 嵌套。除了文本节点以外的其他节点都无法长按选中。

10.2.6 图片（image）

image 组件的属性参见表 10-6。

表 10-6 image 组件属性

属性名	类型	默认值	说明
src	String		图片资源地址，支持云文件 ID（2.2.3 起）
mode	String	'scaleToFill'	图片裁剪、缩放的模式
lazy-load	Boolean	false	图片懒加载。只针对 page 与 scroll-view 下的 image 有效
binderror	HandleEvent		当错误发生时，发布到 AppService 的事件名，事件对象 event.detail = {errMsg: 'something wrong'}
bindload	HandleEvent		当图片载入完毕时，发布到 AppService 的事件名，事件对象 event.detail = {height:' 图片高度 px', width:' 图片宽度 px'}

注意 image 组件默认宽度 300px、高度 225px 。image 组件中二维码 / 小程序码图片不支持长按识别。仅在 wx.previewImage 中支持长按识别。

其中，mode 有 13 种模式——4 种缩放模式，9 种裁剪模式。参见表 10-7。

表 10-7 mode 的 13 种模式

模式	值	说明
缩放	scaleToFill	不保持纵横比缩放图片，使图片的宽高完全拉伸至填满 image 元素
缩放	aspectFit	保持纵横比缩放图片，使图片的长边能完全显示出来。也就是说，可以完整地将图片显示出来
缩放	aspectFill	保持纵横比缩放图片，只保证图片的短边能完全显示出来。也就是说，图片通常只在水平或垂直方向是完整的，另一个方向将会发生截取
缩放	widthFix	宽度不变，高度自动变化，保持原图宽高比不变
裁剪	top	不缩放图片，只显示图片的顶部区域
裁剪	bottom	不缩放图片，只显示图片的底部区域
裁剪	center	不缩放图片，只显示图片的中间区域

（续）

模　式	值	说　明
裁剪	left	不缩放图片，只显示图片的左边区域
裁剪	right	不缩放图片，只显示图片的右边区域
裁剪	top left	不缩放图片，只显示图片的左上边区域
裁剪	top right	不缩放图片，只显示图片的右上边区域
裁剪	bottom left	不缩放图片，只显示图片的左下边区域
裁剪	bottom right	不缩放图片，只显示图片的右下边区域

10.3　表单组件

微信小程序和后台数据的互动主要通过表单来实现，本节主要讲解微信小程序中与表单相关的组件，包含：按钮（button）、多选项目（checkbox）、多项选择器（checkbox-group）、表单（form）、输入框（input）、标签（label）、滚动选择器（picker）、单选项目（radio）、单项选择器（radio-group）、滑动选择器（slider）、开关选择器（switch）、多行输入框（textarea）。

10.3.1　按钮（button）

button 组件的属性参见表 10-8。

表 10-8　button 组件属性

属 性 名	类　型	默 认 值	说　明	生效时机
size	String	default	按钮的大小	
type	String	default	按钮的样式类型	
plain	Boolean	false	按钮是否镂空，背景色透明	
disabled	Boolean	false	是否禁用	
loading	Boolean	false	名称前是否带 loading 图标	
form-type	String		用于 <form> 组件，点击分别会触发 <form> 组件的 submit/reset 事件	
open-type	String		微信开放能力	
hover-class	String	buttonhover	按钮按下去的样式类。当 hover-class="none" 时，没有点击态效果	
hover-stop-propagation	Boolean	false	是否阻止本节点的祖先节点出现点击态	
hover-start-time	Number	20	按住后多久出现点击态，单位毫秒	
hover-stay-time	Number	70	手指松开后点击态保留时间，单位毫秒	
lang	String	en	指定返回用户信息的语言，zh_CN 为体中文，zh_TW 为繁体中文，en 为英文	open-type="getUserInfo"

（续）

属性名	类型	默认值	说明	生效时机
bindgetuserinfo	Handler		用户点击该按钮时，会返回获取到的用户信息，回调的 detail 数据与 wx.getUserInfo 返回的一致	open-type="getUserInfo"
session-from	String		会话来源	open-type="contact"
send-message-title	String	当前标题	会话内消息卡片标题	open-type="contact"
send-message-path	String	当前分享路径	会话内消息卡片点击跳转小程序路径	open-type="contact"
send-message-img	String	截图	会话内消息卡片图片	open-type="contact"
show-message-card	Boolean	false	显示会话内消息卡片	open-type="contact"
bindcontact	Handler		客服消息回调	open-type="contact"
bindgetphonenumber	Handler		获取用户手机号回调	open-type="getPhoneNumber"
app-parameter	String		打开 APP 时，向 APP 传递的参数	open-type="launchApp"
binderror	Handler		当使用开放能力时，发生错误的回调	open-type="launchApp"
bindopensetting	Handler		在打开授权设置页后回调	open-type="openSetting"

其中，button-hover 默认为 {background-color: rgba(0, 0, 0, 0.1); opacity: 0.7;}。bindgetphonenumber 从 1.2.0 开始支持，但是在 1.5.3 以下版本中无法使用 wx.canIUse 进行检测，建议使用基础库版本进行判断。

在 bindgetphonenumber 等返回加密信息的回调中调用 wx.login 登录，可能会刷新登录态。此时服务器使用 code 换取的 sessionKey 而不是加密时使用的 sessionKey，导致解密失败。建议开发者提前进行 login；或者在回调中先使用 checkSession 进行登录态检查，避免 login 刷新登录态。

从 2.1.0 起，button 可作为原生组件的子节点嵌入，以便在原生组件上使用 open-type 的功能。

size 有效值如下。

- ❑ default：默认大小。
- ❑ mini：小尺寸。

type 有效值如下。

- ❑ primary：绿色。
- ❑ default：白色。
- ❑ warn：红色。

form-type 有效值如下。

- ❑ submit：提交表单。
- ❑ reset：重置表单。

open-type 有效值如下：

值	说　明	最低版本
contact	打开客服会话，如果用户在会话中点击消息卡片后返回小程序，可以从 bindcontact 回调中获得具体信息	1.1.0
share	触发用户转发，使用前建议先阅读使用指引	1.2.0
getUserInfo	获取用户信息，可以从 bindgetuserinfo 回调中获取用户信息	1.3.0
getPhoneNumber	获取用户手机号，可以从 bindgetphonenumber 回调中获取用户信息	1.2.0
launchApp	打开 APP，可以通过 app-parameter 属性设定向 APP 传的参数	1.9.5
openSetting	打开授权设置页	2.0.7
feedback	打开“意见反馈”页面，用户可提交反馈内容并上传日志，开发者可以登录小程序管理，台后进入左侧菜单“客服反馈”页面获取反馈内容	2.1.0

10.3.2 多选项目（checkbox）

checkbox 组件的属性参见表 10-9。

表 10-9　checkbox 组件属性

属性名	类　型	默认值	说　明
value	String		<checkbox> 标识，选中时触发 <checkbox-group> 的 change 事件，并携带 <checkbox> 的 value
disabled	Boolean	false	是否禁用
checked	Boolean	false	当前是否选中，可用来设置默认选中
color	Color		checkbox 的颜色同 CSS 的 color

代码示例如下：

```
<checkbox value="{{item.name}}" checked="{{item.checked}}"/>{{item.value}}
```

10.3.3 多项选择器（checkbox-group）

checkbox-group 组件的属性如下：

属性名	类　型	说　明
bindchange	EventHandle	<checkbox-group> 中选中项发生改变时触发 change 事件，detail = {value:[选中的 checkbox 的 value 的数组]}

.wxml 文件代码示例如下：

```
<checkbox-group bindchange="checkboxChange">
  <label class="checkbox" wx:for="{{items}}">
    <checkbox value="{{item.name}}" checked="{{item.checked}}"/>{{item.value}}
  </label>
</checkbox-group>
```

.js 文件代码示例如下：

```
Page({
  data: {
    items: [
      {name: 'USA', value: '美国'},
      {name: 'CHN', value: '中国', checked: 'true'},
      {name: 'BRA', value: '巴西'},
      {name: 'JPN', value: '日本'},
      {name: 'ENG', value: '英国'},
      {name: 'TUR', value: '法国'},
    ]
  },
  checkboxChange(e) {
    console.log('checkbox发生change事件，携带value值为：', e.detail.value)
  }
})
```

10.3.4 表单（form）

表单将组件内用户输入的 <switch> <input> <checkbox> <slider> <radio> <picker> 提交。

当点击 <form> 表单中 form-type 为 submit 的 <button> 组件时，会将表单组件中的 value 值进行提交，需要在表单组件中加上 name 作为 key。

form 组件的属性参见表 10-10。

表 10-10 form 组件属性

属 性 名	类 型	说 明
report-submit	Boolean	是否返回 formId 用于发送模板消息
bindsubmit	EventHandle	携带 form 中的数据触发 submit 事件，event.detail = {value : {'name': 'value'} , formId: ''}
bindreset	EventHandle	表单重置时会触发 reset 事件

10.3.5 输入框（input）

input 组件的属性参见表 10-11。

表 10-11 input 组件属性

属 性 名	类 型	默 认 值	说 明
value	String		输入框的初始内容
type	String	"text"	input 的类型
password	Boolean	false	是否为密码类型
placeholder	String		输入框为空时占位符
placeholder-style	String		指定 placeholder 的样式

（续）

属性名	类型	默认值	说明
placeholder-class	String	"input-placeholder"	指定 placeholder 的样式类
disabled	Boolean	false	是否禁用
maxlength	Number	140	最大输入长度，设置为 -1 的时候不限制最大长度
cursor-spacing	Number / String	0	指定光标与键盘的距离，单位 px（2.4.0 起支持 rpx）。取 input 距离底部的距离和 cursor-spacing 指定的距离的最小值作为光标与键盘的距离
auto-focus	Boolean	false	（即将废弃，请直接使用 focus）自动聚焦，拉起键盘
focus	Boolean	false	获取焦点
confirm-type	String	"done"	设置键盘右下角按钮的文字，仅在 type='text' 时生效
confirm-hold	Boolean	false	点击键盘右下角按钮时是否保持键盘不收起
cursor	Number		指定 focus 时的光标位置
selection-start	Number	-1	光标起始位置，自动聚集时有效，需与 selection-end 搭配使用
selection-end	Number	-1	光标结束位置，自动聚集时有效，需与 selection-start 搭配使用
adjust-position	Boolean	true	键盘弹起时，是否自动上推页面
bindinput	EventHandle		键盘输入时触发，event.detail = {value, cursor, keyCode}，keyCode 为键值，2.1.0 起支持，处理函数可以直接 return 一个字符串替换输入框的内容
bindfocus	EventHandle		输入框聚焦时触发，event.detail = { value, height }，height 为键盘高度，在基础库 1.9.90 起支持
bindblur	EventHandle		输入框失去焦点时触发，event.detail = {value: value}
bindconfirm	EventHandle		点击完成按钮时触发，event.detail = {value: value}

其中，type 有效值如下。

- text：文本输入键盘。
- number：数字输入键盘。
- idcard：身份证输入键盘。
- digit：带小数点的数字键盘。

confirm-type 有效值如下。

- end：右下角按钮为“发送”。
- search：右下角按钮为“搜索”。
- next：右下角按钮为“下一个”。
- go：右下角按钮为“前往”。
- done：右下角按钮为“完成”。

注意 confirm-type 的最终表现与手机输入法本身的实现有关，部分安卓系统输入法和第三方输入法可能不支持或不完全支持。在注意原生组件使用限制的同时，还请关注以下几点：

- 微信版本 6.3.30, focus 属性设置无效；placeholder 在聚焦时出现重影问题。
- input 组件是一个原生组件，字体是系统字体，所以无法设置 font-family。
- 在 input 聚焦期间，避免使用 CSS 动画。
- 于将 input 封装在自定义组件中、而 from 在自定义组件外的情况，form 将不能获得这个自定义组件中 input 的值。此时需要使用自定义组件的内置 behaviors wx://form-field。

10.3.6 标签（label）

标签用来改进表单组件的可用性，使用 for 属性找到对应的 ID，或者将控件放在该标签下，当点击时，就会触发对应的控件。

for 优先级高于内部控件，内部有多个控件的时候默认触发第一个控件。目前可以绑定的控件有：<button> <checkbox> <radio> <switch>。

label 组件的属性如下：

属性名	类型	说明
for	String	绑定控件的 ID

10.3.7 滚动选择器（picker）

滚动选择器从底部弹起。现支持 5 种选择器，通过 mode 来区分：普通选择器，多列选择器，时间选择器，日期选择器，省市区选择器。默认是普通选择器。

1. 普通选择器

mode = selector

普通选择器的属性参见表 10-12。

表 10-12 普通选择器属性

属性名	类型	默认值	说 明
range	Array / Object Array	[]	mode 为 selector 或 multiSelector 时，range 有效
range-key	String		当 range 是一个 Object Array 时，通过 range-key 来指定 Object 中 key 的值作为选择器显示内容
value	Number	0	value 的值表示选择了 range 中的第几个（下标从 0 开始）
bindchange	EventHandle		value 改变时触发 change 事件，event.detail = {value: value}
disabled	Boolean	false	是否禁用
bindcancel	EventHandle		取消选择或点遮罩层收起 picker 时触发

2. 多列选择器

mode = multiSelector

多列选择器的属性参见表 10-13。

表 10-13 多列选择器属性

属性名	类型	默认值	说明
range	二维 Array/ 二维 Object Array	[]	mode 为 selector 或 multiSelector 时，range 有效。二维数组，长度表示多少列，数组的每项表示每列的数据，如 [["a","b"], ["c","d"]]
range-key	String		当 range 是一个二维 Object Array 时，通过 range-key 指定 Object 中 key 的值作为选择器显示内容
value	Array	[]	value 每一项的值表示选择了 range 对应项中的第几个（下标从 0 开始）
bindchange	EventHandle		value 改变时触发 change 事件，event.detail = {value: value}
bindcolumnchange	EventHandle		某一列的值改变时触发 columnchange 事件，event.detail = {column: column, value: value}，column 的值表示改变了第几列（下标从 0 开始），value 的值表示变更值的下标
bindcancel	EventHandle		取消选择时触发
disabled	Boolean	false	是否禁用

3. 时间选择器

mode = time

时间选择器的属性参见表 10-14。

表 10-14 时间选择器属性

属性名	类型	默认值	说明
alue	String		选中的时间，格式为 "hh:mm"
start	String		有效时间范围的开始，字符串格式为 "hh:mm"
end	String		有效时间范围的结束，字符串格式为 "hh:mm"
bindchange	EventHandle		value 改变时触发 change 事件，event.detail = {value: value}
bindcancel	EventHandle		取消选择时触发
disabled	Boolean	false	是否禁用

4. 日期选择器

mode = date

日期选择器的属性参见表 10-15。

表 10-15 日期选择器属性

属性名	类型	默认值	说明
value	String	0	选中的日期，格式为 "YYYY-MM-DD"

（续）

属性名	类型	默认值	说明
start	String		有效日期范围的开始，字符串格式为 "YYYY-MM-DD"
end	String		有效日期范围的结束，字符串格式为 "YYYY-MM-DD"
fields	String	day	有效值 year,month,day，表示选择器的粒度
bindchange	EventHandle		value 改变时触发 change 事件，event.detail = {value: value}
bindcancel	EventHandle		取消选择时触发
disabled	Boolean	false	是否禁用

其中，fields 有效值如下。

- year：选择器粒度为年。
- month：选择器粒度为月。
- day：选择器粒度为天。

5. 省市区选择器

mode = region

省市区选择器的属性参见表 10-16。

表 10-16 省市区选择器属性

属性名	类型	默认值	说明
value	Array	[]	选中的省市区，默认选中每一列的第一个值
custom-item	String		可为每一列的顶部添加一个自定义的项
bindchange	EventHandle		value 改变时触发 change 事件，event.detail = {value: value, code: code, postcode: postcode}，其中字段 code 是统计用区划代码，postcode 是邮政编码
bindcancel	EventHandle		取消选择时触发
disabled	Boolean	false	是否禁用

10.3.8 单选项目（radio）

radio 组件的属性参见表 10-17。

表 10-17 radio 组件属性

属性名	类型	默认值	说明
value	String		<radio> 标识。当该 <radio> 选中时，<radio-group> 的 change 事件会携带 <radio> 的 value
checked	Boolean	false	当前是否选中
disabled	Boolean	false	是否禁用
color	Color		radio 的颜色，同 CSS 的 color

10.3.9　单项选择器（radio-group）

单项选择器内部由多个 <radio> 组成。

radio-group 组件的属性如下：

属性名	类型	说　明
bindchange	EventHandle	<radio-group> 中的选中项发生变化时触发 change 事件，event.detail = {value: 选中项 radio 的 value}

10.3.10　滑动选择器（slider）

slider 组件的属性参见表 10-18。

表 10-18　slider 组件属性

属　性　名	类　　型	默　认　值	说　　明
min	Number	0	最小值
max	Number	100	最大值
step	Number	1	步长，取值必须大于 0，并且可被（max - min）整除
disabled	Boolean	false	是否禁用
value	Number	0	当前取值
color	Color	#e9e9e9	背景条的颜色（请使用 backgroundColor）
selected-color	Color	#1aad19	已选择的颜色（请使用 activeColor）
activeColor	Color	#1aad19	已选择的颜色
backgroundColor	Color	#e9e9e9	背景条的颜色
block-size	Number	28	滑块的大小，取值范围为 12～28
block-color	Color	#ffffff	滑块的颜色
show-value	Boolean	false	是否显示当前 value
bindchange	EventHandle		完成一次拖动后触发的事件，event.detail = {value: value}
bindchanging	EventHandle		拖动过程中触发的事件，event.detail = {value: value}

10.3.11　开关选择器（switch）

switch 组件的属性参见表 10-19。

表 10-19　switch 组件属性

属　性　名	类　　型	默　认　值	说　　明
checked	Boolean	false	是否选中
disabled	Boolean	false	是否禁用
type	String	switch	样式，有效值：switch, checkbox

（续）

属性名	类型	默认值	说明
bindchange	EventHandle		checked 改变时触发 change 事件，event.detail={ value:checked}
color	Color		switch 的颜色，同 CSS 的 color

switch 类型切换时在 iOS 系统中自带振动反馈，可在“系统设置 -> 声音与触感 -> 系统触感反馈”中关闭。

10.3.12 多行输入框（textarea）

textarea 组件是原生组件，textarea 组件的属性参见表 10-20。

表 10-20 textarea 组件属性

属性名	类型	默认值	说明
value	String		输入框的内容
placeholder	String		输入框为空时占位符
placeholder-style	String		placeholder 的样式
placeholder-class	String	textarea-placeholder	placeholder 的样式类
disabled	Boolean	false	是否禁用
maxlength	Number	140	最大输入长度，设置为 -1 的时候不限制最大长度
auto-focus	Boolean	false	自动聚焦，拉起键盘
focus	Boolean	false	获取焦点
auto-height	Boolean	false	是否自动增高，设置 auto-height 时，style.height 不生效
fixed	Boolean	false	如果 textarea 是在一个 position:fixed 区域，需要显示地指定属性 fixed 为 true
cursor-spacing	Number/String	0	光标与键盘的距离，单位 px（2.4.0 起支持 rpx）。取 textarea 距离底部的距离和 cursor-spacing 指定的距离的最小值作为光标与键盘的距离
cursor	Number		focus 时的光标位置
show-confirm-bar	Boolean	true	是否显示键盘上方带有“完成”按钮那一栏
selection-start	Number	-1	光标起始位置，自动聚集时有效，需与 selection-end 搭配使用
selection-end	Number	-1	光标结束位置，自动聚集时有效，需与 selection-start 搭配使用
adjust-position	Boolean	true	键盘弹起时，是否自动上推页面
bindfocus	EventHandle		输入框聚焦时触发，event.detail = { value, height }，height 为键盘高度，基础库 1.9.90 起支持
bindblur	EventHandle		输入框失去焦点时触发，event.detail = {value, cursor}
bindlinechange	EventHandle		输入框行数变化时调用，event.detail = {height: 0, heightRpx: 0, lineCount: 0}

（续）

属性名	类型	默认值	说明
bindinput	EventHandle		键盘输入时触发 input 事件，event.detail = {value, cursor}，bindinput 处理函数的返回值并不会反映到 textarea 上
bindconfirm	EventHandle		点击完成时触发 confirm 事件，event.detail = {value: value}

10.4 其他

本节主要讲解在开发中常用的页面链接组件和原生组件的使用限制。

10.4.1 页面链接（navigator）

navigator 组件的属性参见表 10-21。

表 10-21　navigator 组件属性

属性名	类型	默认值	说明
target	String	self	在哪个目标上发生跳转，默认当前小程序，可选值 self/ miniProgram
url	String		当前小程序内的跳转链接
open-type	String	navigate	跳转方式
delta	Number		当 open-type 为 'navigateBack' 时有效，表示回退的层数
app-id	String		当 target="miniProgram" 时有效，要打开的小程序 AppID
path	String		当 target="miniProgram" 时有效，打开的页面路径，如果为空则打开首页
extra-data	Object		当 target="miniProgram" 时有效，需要传递给目标小程序的数据，目标小程序可在 App.onLaunch()、App.onShow() 中获取到这份数据
version	version	release	当 target="miniProgram" 时有效，要打开的小程序版本，有效值为 develop（开发版）、trial（体验版）和 release（正式版），仅在当前小程序为开发版或体验版时此参数有效；如果当前小程序是正式版，则打开的小程序必定是正式版
hover-class	String	navigator-hover	点击时的样式类，当 hover-class="none" 时，没有点击态效果
hover-stop-propagation	Boolean	false	是否阻止本节点的祖先节点出现点击态
hover-start-time	Number	50	按住后多久出现点击态，单位毫秒
hover-stay-time	Number	600	手指松开后点击态保留时间，单位毫秒
bindsuccess	String		当 target="miniProgram" 时有效，跳转小程序成功
bindfail	String		当 target="miniProgram" 时有效，跳转小程序失败
bindcomplete	String		当 target="miniProgram" 时有效，跳转小程序完成

其中，open-type 有效值如下：

值	说 明
navigate	对应 wx.navigateTo 或 wx.navigateToMiniProgram 的功能
redirect	对应 wx.redirectTo 的功能
switchTab	对应 wx.switchTab 的功能
reLaunch	对应 wx.reLaunch 的功能
navigateBack	对应 wx.navigateBack 的功能
exit	退出小程序，target="miniProgram" 时生效

使用限制：需要用户确认跳转。从 2.3.0 版本开始，在跳转至其他小程序前，将统一增加弹窗，询问是否跳转，用户确认后才可以跳转到其他小程序。如果用户点击取消，则回调 fail cancel。每个小程序可跳转的其他小程序的数量限制为不超过 10 个。

从 2.4.0 版本以及指定日期（具体待定）开始，开发者提交新版小程序代码时，如使用了跳转其他小程序功能，则需要在代码配置中声明将要跳转的小程序名单，限定不超过 10 个，否则将无法通过审核。该名单可在发布新版时更新，不支持动态修改。调用此接口时，所跳转的 AppID 必须在配置列表中，否则回调 fail appId "${appId}" is not in navigateToMiniProgramAppIdList。

注意 navigator-hover 默认为 {background-color: rgba(0, 0, 0, 0.1); opacity: 0.7;}，<navigator> 的子节点背景色应为透明色。

10.4.2 原生组件的使用限制

由于原生组件游离在 WebView 渲染流程外，因此在使用时有以下限制：

- 原生组件的层级是最高的，所以页面中的其他组件无论将 z-index 设置为多少，都无法覆盖在原生组件上。
    - 后插入的原生组件可以覆盖之前的原生组件。
- 原生组件无法在 scroll-view、swiper、picker-view、movable-view 中使用。
- 部分 CSS 样式无法应用于原生组件，例如，
    - 无法对原生组件设置 CSS 动画。
    - 无法定义原生组件为 position: fixed。
    - 不能在父级节点使用 overflow: hidden 来裁剪原生组件的显示区域。
- 原生组件的事件监听不能使用 bind:eventname 的写法，只支持 bindeventname。原生组件也不支持 catch 和 capture 的事件绑定方式。
- 在 iOS 下，原生组件暂时不支持触摸相关的事件。
- 原生组件会遮挡 vConsole 弹出的调试面板。

在工具上，原生组件是用 Web 组件模拟的，因此在很多情况下并不能很好地还原真机的表现，建议开发者在使用原生组件时尽量在真机上进行调试。

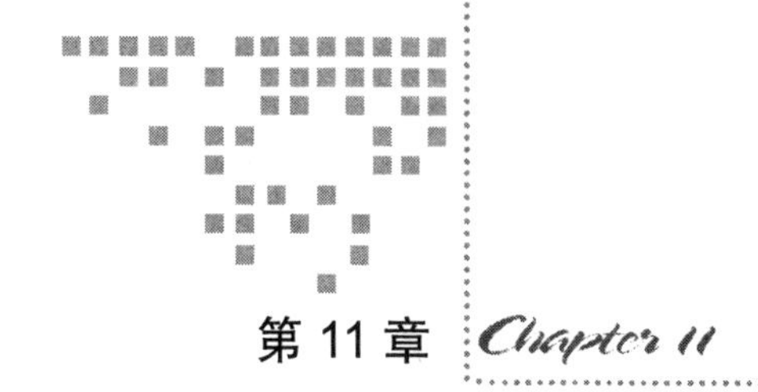

第 11 章 Chapter 11

常用 API

小程序开发框架提供了丰富的微信原生 API，可以方便地调用微信提供的能力，如获取用户信息、本地存储、支付功能等。

本章主要讲解微信小程序在商城开发中应用到的常见的 API，如：手机相关的 API、数据缓存 API、交互 API、路由 API 等。

11.1 网络相关说明

在讲解 API 之前，先介绍一下在使用微信小程序相关 API 时需要注意的网络相关事项。

11.1.1 网络配置

1. 服务器域名配置

每个微信小程序需要事先设置一个通信域名，小程序只可以与指定的域名进行网络通信，包括普通 HTTPS 请求（request）、上传文件（uploadFile）、下载文件（downloadFile) 和 WebSocket 通信（connectSocket）。

2. 配置流程

服务器域名在“小程序后台 - 设置 - 开发设置 - 服务器域名”中进行配置，配置时需要注意要点：

- 域名只支持 https（request、uploadFile、downloadFile）和 wss（connectSocket）协议。
- 域名不能使用 IP 地址或 localhost。
- 域名必须经过 ICP 备案。

- 出于安全考虑，api.weixin.qq.com 不能被配置为服务器域名，相关 API 也不能在小程序内调用。开发者应将 appsecret 保存到后台服务器中，通过服务器使用 appsecret 获取 accesstoken，并调用相关 API。
- 对于每个接口，分别可以配置最多 20 个域名。

3. 网络请求

有关超时时间的规定：

- 默认超时时间和最大超时时间都是 60s。
- 超时时间可以在 app.json 中配置。

有关使用限制的规定：

- 网络请求的 referer header 不可设置。其格式固定为 https://servicewechat.com/{appid}/{version}/page-frame.html，其中 {appid} 为小程序的 AppID，{version} 为小程序的版本号，版本号为 0 表示为开发版、体验版以及审核版本，版本号为 devtools 表示为开发者工具，其余为正式版本。
- request、uploadFile、downloadFile 的最大并发限制为 10 个。
- 小程序进入后台运行后（非置顶聊天），如果 5s 内网络请求没有结束，会回调错误信息 fail interrupted；在回到前台之前，网络请求接口都会无法调用。

有关返回值编码的规定：

- 建议服务器返回值使用 UTF-8 编码。对于非 UTF-8 编码，小程序会尝试进行转换，但是会有转换失败的可能。
- 小程序会自动对 BOM 头进行过滤（只过滤一个 BOM 头）。

有关回调函数的规定：

- 只要成功接收到服务器返回值，无论 statusCode 是多少，都会进入 success 回调。请开发者根据业务逻辑对返回值进行判断。

4. 常见问题

（1）HTTPS 证书

小程序必须使用 HTTPS/WSS 发起网络请求。请求时系统会对服务器域名使用的 HTTPS 证书进行校验，如果校验失败，则请求不能成功发起。由于系统限制，不同平台对于证书要求的严格程度不同。为了保证小程序的兼容性，建议开发者按照最高标准进行证书配置，并使用相关工具检查现证书是否符合要求。

对证书要求如下：

- HTTPS 证书必须有效。
  - 证书必须被系统信任，即根证书已被系统内置。
  - 部署 SSL 证书的网站域名必须与证书颁发的域名一致。
  - 证书必须在有效期内。
  - 证书的信任链必需完整（需要服务器配置）。

- iOS 不支持自签名证书。
- iOS 下证书必须满足苹果 App Transport Security (ATS) 的要求。
- TLS 必须支持 1.2 及以上版本。部分旧 Android 机型还未支持 TLS 1.2，请确保 HTTPS 服务器的 TLS 版本支持 1.2 及以上版本。
- 部分 CA 可能不被操作系统信任，请开发者在选择证书时注意小程序和各系统的相关通告。

除了网络请求 API 外，小程序中其他 HTTPS 请求如果出现异常，例如 https 的图片无法加载、音视频无法播放等，也请按上述流程进行检查。

（2）跳过域名校验

在微信开发者工具中，可以临时开启"开发环境不校验请求域名"、" TLS 版本及 HTTPS 证书"选项，跳过服务器域名的校验。此时，在微信开发者工具中及手机开启调试模式时，不会进行服务器域名的校验。

在服务器域名配置成功后，建议开发者关闭此选项进行开发，并在各平台下进行测试，以确认服务器域名配置正确。

提示　如果手机上出现"打开调试模式可以发出请求，关闭调试模式无法发出请求"的现象，请确认是否跳过了域名校验，并确认服务器域名和证书配置是否正确。

11.1.2 HTTPS 网络请求

wx.request(Object object) 用于发起 HTTPS 网络请求，参数 Object object 见表 11-1。

表 11-1　wx.request(Object object) 参数

属　性	类　型	默 认 值	必 填	说　明
url	string		是	开发者服务器接口地址
data	string/object/ArrayBuffer		否	请求的参数
header	Object		否	设置请求的 header，header 中不能设置 Referer。content-type 默认为 application/json
method	string	GET	否	HTTP 请求方法
dataType	string	json	否	返回的数据格式
responseType	string	text	否	响应的数据类型
success	function		否	接口调用成功的回调函数
fail	function		否	接口调用失败的回调函数
complete	function		否	接口调用结束的回调函数（调用成功、失败都会执行）

其中，object.method 的合法值如下：

值	说 明
OPTIONS	HTTP 请求 OPTIONS
GET	HTTP 请求 GET
HEAD	HTTP 请求 HEAD
POST	HTTP 请求 POST
PUT	HTTP 请求 PUT
DELETE	HTTP 请求 DELETE
TRACE	HTTP 请求 TRACE
CONNECT	HTTP 请求 CONNECT

object.dataType 的合法值如下：

值	说 明
json	返回的数据为 JSON，返回后会对返回的数据进行一次 JSON.parse
其他	不对返回的内容进行 JSON.parse

object.responseType 的合法值如下：

值	说 明
text	响应的数据为文本
arraybuffer	响应的数据为 ArrayBuffer

object.success 回调函数的参数见表 11-2。

表 11-2 object.success 回调函数参数

属 性	类 型	说 明
data	string/Object/Arraybuffer	开发者服务器返回的数据
statusCode	number	开发者服务器返回的 HTTP 状态码
header	Object	开发者服务器返回的 HTTP Response Header

最终发送给服务器的数据是 String 类型，如果传入的 data 不是 String 类型，会被转换成 String。转换规则如下：

- 对于 GET 方法的数据，会将数据转换成 query string（encodeURIComponent(k)=encodeURIComponent(v)&encodeURIComponent(k)=encodeURIComponent(v)...）。
- 对于 POST 方法且 header['content-type'] 为 application/json 的数据，会对数据进行 JSON 序列化。
- 对于 POST 方法且 header['content-type'] 为 application/x-www-form-urlencoded 的数据，会将数据转换成 query string（encodeURIComponent(k)=encodeURIComponent(v)&encodeURIComponent(k)=encodeURIComponent(v)...）。

11.2　手机相关的 API

本节主要讲解微信小程序在使用过程中常用的几个 API，包括：wx.chooseImage、wx.getSystemInfo、wx.makePhoneCall，重点要掌握 wx.getSystemInfo 这个 API 的使用。

11.2.1　wx.chooseImage

wx.chooseImage(Object object) 从本地相册选择图片或使用相机拍照，参数 Object object 见表 11-3。

表 11-3　wx.chooseImage 参数

属　　性	类　　型	默　认　值	必　　填	说　　明
count	number	9	否	最多可以选择的图片张数
sizeType	Array.<string>	['original', 'compressed']	否	所选图片的尺寸
sourceType	Array.<string>	['album', 'camera']	否	所选图片的来源
success	function		否	接口调用成功的回调函数
fail	function		否	接口调用失败的回调函数
complete	function		否	接口调用结束的回调函数（调用成功、失败都会执行）

其中，object.sizeType 的合法值如下：

值	说　　明
original	原图
compressed	压缩图

object.sourceType 的合法值如下：

值	说　　明
album	从相册选图
camera	使用相机

object.success 回调函数参数 Object res 取值如下：

属性	类型	说　　明
tempFilePaths	Array.<string>	图片的本地临时文件路径列表
tempFiles	Array.<Object>	图片的本地临时文件列表

其中，res.tempFiles 的结构如下：

属性	类型	说 明
path	string	本地临时文件路径
size	number	本地临时文件大小，单位 B

11.2.2 wx.getSystemInfo

wx.getSystemInfo(Object object) 用于获取系统信息，参数 Object object 见表 11-4。

表 11-4 wx.getSystemInfo 的参数

属 性	类 型	默 认 值	必 填	说 明
success	function		否	接口调用成功的回调函数
fail	function		否	接口调用失败的回调函数
complete	function		否	接口调用结束的回调函数（调用成功、失败都会执行）

object.success 回调函数的参数 Object res 见表 11-5。

表 11-5 object.success 回调函数参数

属 性	类 型	说 明
brand	string	手机品牌
model	string	手机型号
pixelRatio	number	设备像素比
screenWidth	number	屏幕宽度
screenHeight	number	屏幕高度
windowWidth	number	可使用窗口宽度
windowHeight	number	可使用窗口高度
statusBarHeight	number	状态栏的高度
language	string	微信设置的语言
version	string	微信版本号
system	string	操作系统版本
platform	string	客户端平台
fontSizeSetting	number	用户字体大小设置。以“我 - 设置 - 通用 - 字体大小”中的设置为准，单位 px
SDKVersion	string	客户端基础库版本
benchmarkLevel	number	（仅 Android 小游戏）性能等级。-2 或 0：该设备无法运行小游戏；-1：性能未知；>=1：设备性能值，该值越高设备性能越好（目前设备最高不到 50）

代码示例如下：

```
onLoad: function (options) {
  wx.getSystemInfo({
    success: function(res) {
```

```
      console.log("设备品牌:" +res.brand)
      console.log("设备型号:" + res.model)
      console.log("设备像素比" + res.pixelRatio)
      console.log("屏幕宽度, 单位px:" + res.screenWidth)
      console.log("屏幕高度, 单位px:" + res.screenHeight)
      console.log("可使用窗口宽度, 单位px:" + res.windowWidth)
      console.log("可使用窗口高度, 单位px:" + res.windowHeight)
      console.log("状态栏的高度, 单位px:" + res.statusBarHeight)
      console.log("微信设置的语言:" + res.language)
      console.log("微信版本号:" + res.version)
      console.log("操作系统及版本:" + res.system)
      console.log("客户端平台:" + res.platform)
      console.log("用户字体大小 (单位px) :" + res.fontSizeSetting)
      console.log("客户端基础库版本:" + res.SDKVersion)
    },
  })
},
```

11.2.3　wx.makePhoneCall

wx.makePhoneCall(Object object) 用于拨打电话，参数 Object object 见表 11-6。

表 11-6　wx.makePhoneCall 参数

属　性	类　型	必　填	说　明
phoneNumber	string	是	需要拨打的电话号码
success	function	否	接口调用成功的回调函数
fail	function	否	接口调用失败的回调函数
complete	function	否	接口调用结束的回调函数（调用成功、失败都会执行）

代码示例如下：

```
wx.makePhoneCall({
  phoneNumber: '123456789' //仅为示例，并非真实的电话号码
})
```

11.3　数据缓存 API

本节主要讲解微信小程序中常用的几个缓存 API，包含 wx.setStorage、wx.setStorageSync、wx.getStorage、wx.getStorageSync、wx.getStorageInfo、wx.removeStorage、wx.clearStorage。

11.3.1　wx.setStorage

wx.setStorage(Object object) 将数据存储在本地缓存中指定的 key 中，并覆盖掉原来该 key 对应的内容。数据存储生命周期与小程序本身一致，即除非用户主动删除或超过一定时

间被自动清理，否则数据都一直可用。单个 key 允许存储的最大数据长度为 1MB，所有数据存储上限为 10MB。

参数 Object object 见表 11-7。

表 11-7 wx.setStorage 参数

属 性	类 型	必 填	说 明
key	string	是	本地缓存中指定的 key
data	Object	是	需要存储的内容。只支持原生类型、Date 以及能够通过 JSON.stringify 序列化的对象
success	function	否	接口调用成功的回调函数
fail	function	否	接口调用失败的回调函数
complete	function	否	接口调用结束的回调函数（调用成功、失败都会执行）

代码示例如下：

```
wx.setStorage({
  key:"key",
  data:"value"
})
```

11.3.2 wx.setStorageSync

wx.setStorageSync(string key, Object data) 是 wx.setStorage 的同步版本。参数如下：

- string key，本地缓存中指定的 key。
- Object data，需要存储的内容。只支持原生类型、Date 以及能够通过 JSON.stringify 序列化的对象。

11.3.3 wx.getStorage

wx.getStorage(Object objcct) 从本地缓存中异步获取指定 key 的内容，参数 Object object 见表 11-8。

表 11-8 wx.getStorage 参数

属 性	类 型	必 填	说 明
key	string	是	本地缓存中指定的 key
success	function	否	接口调用成功的回调函数
fail	function	否	接口调用失败的回调函数
complete	function	否	接口调用结束的回调函数（调用成功、失败都会执行）

其中，object.success 回调函数参数 Object res 如下：

属性	类型	说明
data	Object/string	key 对应的内容

代码示例如下：

```
wx.getStorage({
  key: 'key',
  success (res) {
    console.log(res.data)
  }
})
try {
  var value = wx.getStorageSync('key')
  if (value) {
    //返回值处理
  }
} catch (e) {
    // 错误处理
}
```

11.3.4 wx.getStorageSync

Object|string wx.getStorageSync(string key) 为 wx.getStorage 的同步版本。

参数 string key：本地缓存中指定的 key。

返回值 Object|string data：key 对应的内容。

代码示例如下：

```
try {
  var value = wx.getStorageSync('key')
  if (value) {
    //返回值处理
  }
} catch (e) {
    //错误处理
}
```

11.3.5 wx.getStorageInfo

wx.getStorageInfo(Object object) 异步获取当前缓存 storage 的相关信息，参数 Object object 见表 11-9。

表 11-9　wx.getStorageInfo 参数

属　性	类　型	必　填	说　明
success	function	否	接口调用成功的回调函数
fail	function	否	接口调用失败的回调函数
complete	function	否	接口调用结束的回调函数（调用成功、失败都会执行）

其中，object.success 回调函数的参数 Object object 如下：

属性	类型	说明
keys	Array.<string>	当前 storage 中所有的 key
currentSize	number	当前占用的空间大小，单位 KB
limitSize	number	限制的空间大小，单位 KB

代码示例如下：

```
wx.getStorageInfo({
  success (res) {
    console.log(res.keys)
    console.log(res.currentSize)
    console.log(res.limitSize)
  }
})
```

Object wx.getStorageInfoSync() 为 wx.getStorageInfo 的同步版本，代码示例如下：

```
try {
  const res = wx.getStorageInfoSync()
  console.log(res.keys)
  console.log(res.currentSize)
  console.log(res.limitSize)
} catch (e) {
  //错误处理
}
```

11.3.6 wx.removeStorage

wx.removeStorage(Object object) 从本地缓存中移除指定 key 的内容，参数 Object object 见表 11-10。

表 11-10 wx.removeStorage 参数

属 性	类 型	必 填	说 明
key	string	是	本地缓存中指定的 key
success	function	否	接口调用成功的回调函数
fail	function	否	接口调用失败的回调函数
complete	function	否	接口调用结束的回调函数（调用成功、失败都会执行）

代码示例如下：

```
wx.removeStorage({
  key: 'key',
  success (res) {
```

```
    console.log(res.data)
  }
})
```

wx.removeStorageSync(string key) 为 wx.removeStorage 的同步版本，参数 string key 为本地缓存中指定的 key。代码示例如下：

```
try {
  wx.removeStorageSync('key')
} catch (e) {
  //错误处理
}
```

11.3.7 wx.clearStorage

wx.clearStorage(Object object) 清理本地数据缓存，参数 Object object 见表 11-11。

表 11-11　wx.clearStorage 参数

属　性	类　型	必　填	说　明
success	function	否	接口调用成功的回调函数
fail	function	否	接口调用失败的回调函数
complete	function	否	接口调用结束的回调函数（调用成功、失败都会执行）

代码示例如下：

```
wx.clearStorage()
```

wx.clearStorageSync() 为 wx.clearStorage 的同步版本，代码示例如下：

```
try {
wx.clearStorageSync()
} catch(e)
  {
  //异常处理代码
}
```

11.4 交互 API

本节主要讲解微信小程序中常用的用户和手机交互的 API，包含 wx.showToast、wx.hideToast、wx.showLoading、wx.hideLoading、wx.showActionSheet、wx.showModal。

11.4.1 wx.showToast

wx.showToast(Object object) 显示消息提示框，参数 Object object 见表 11-12。

表 11-12 wx.showToast 参数

属 性	类 型	默 认 值	必 填	说 明
title	string		是	提示的内容
icon	string	'success'	否	图标
image	string		否	自定义图标的本地路径，image 的优先级高于 icon
duration	number	1500	否	提示的延迟时间
mask	boolean	false	否	是否显示透明蒙层，防止触摸穿透
success	function		否	接口调用成功的回调函数
fail	function		否	接口调用失败的回调函数
complete	function		否	接口调用结束的回调函数（调用成功、失败都会执行）

其中，object.icon 的合法值如下：

值	说明
success	显示成功图标，此时 title 文本最多显示 7 个汉字长度
loading	显示加载图标，此时 title 文本最多显示 7 个汉字长度
none	不显示图标，此时 title 文本最多可显示两行，1.9.0 及以上版本支持

代码示例如下：

```
wx.showToast({
  title: '成功',
  icon: 'success',
  duration: 2000
})
```

注意 wx.showLoading 和 wx.showToast 只能同时显示一个。wx.showToast 应与 wx.hideToast 配对使用。

11.4.2 wx.hideToast

wx.hideToast(Object object) 隐藏消息提示框，参数 Object object 见表 11-13。

表 11-13 wx.hideToast 参数

属 性	类 型	必 填	说 明
success	function	否	接口调用成功的回调函数
fail	function	否	接口调用失败的回调函数
complete	function	否	接口调用结束的回调函数（调用成功、失败都会执行）

11.4.3　wx.showLoading

wx.showLoading(Object object) 显示 loading 提示框，需主动调用 wx.hideLoading 才能关闭提示框。基础库 1.1.0 开始支持，低版本需做兼容处理。参数 Object object 见表 11-14。

表 11-14　wx.showLoading 参数

属　性	类　型	默 认 值	必　填	说　明
title	string		是	提示的内容
mask	boolean	false	否	是否显示透明蒙层，防止触摸穿透
success	function		否	接口调用成功的回调函数
fail	function		否	接口调用失败的回调函数
complete	function		否	接口调用结束的回调函数（调用成功、失败都会执行）

代码示例如下：

```
wx.showLoading({
  title: '加载中',
})

setTimeout(function () {
  wx.hideLoading()
}, 2000)
```

注意　wx.showLoading 和 wx.showToast 只能同时显示一个。wx.showLoading 应与 wx.hideLoading 配对使用。

11.4.4　wx.hideLoading

wx.hideLoading(Object object) 隐藏 loading 提示框，基础库 1.1.0 开始支持，低版本需做兼容处理。参数 Object object 见表 11-15。

表 11-15　wx.hideLoading 参数

属　性	类　型	默 认 值	必　填	说　明
success	function		否	接口调用成功的回调函数
fail	function		否	接口调用失败的回调函数
complete	function		否	接口调用结束的回调函数（调用成功、失败都会执行）

11.4.5　wx.showActionSheet

wx.showActionSheet(Object object) 显示操作菜单，参数 Object object 见表 11-16。

表 11-16 wx.showActionSheet 参数

属 性	类 型	默 认 值	必 填	说 明
itemList	Array.<string>		是	按钮的文字数组，数组长度最大为 6
itemColor	string	#000000	否	按钮的文字颜色
success	function		否	接口调用成功的回调函数
fail	function		否	接口调用失败的回调函数
complete	function		否	接口调用结束的回调函数（调用成功、失败都会执行）

其中，object.success 回调函数的参数 Object res 如下：

属性	类型	说明
tapIndex	number	用户点击的按钮序号，从上到下的顺序，从 0 开始

示例代码如下：

```
wx.showActionSheet({
  itemList: ['A', 'B', 'C'],
  success (res) {
    console.log(res.tapIndex)
  },
  fail (res) {
    console.log(res.errMsg)
  }
})
```

11.4.6 wx.showModal

wx.showModal(Object object) 显示模态对话框，参数 Object object 见表 11-17。

表 11-17 wx.showModal 参数

属 性	类 型	默 认 值	必 填	说 明
title	string		是	提示的标题
content	string		是	提示的内容
showCancel	boolean	true	否	是否显示取消按钮
cancelText	string	'取消'	否	取消按钮的文字，最多 4 个字符
cancelColor	string	#000000	否	取消按钮的文字颜色，必须是 16 进制格式的颜色字符串
confirmText	string	'确定'	否	确认按钮的文字，最多 4 个字符
confirmColor	string	#3cc51f	否	确认按钮的文字颜色，必须是 16 进制格式的颜色字符串
success	function		否	接口调用成功的回调函数
fail	function		否	接口调用失败的回调函数
complete	function		否	接口调用结束的回调函数（调用成功、失败都会执行）

其中，object.success 回调函数的参数 Object res 如下：

属性	类型	说明
confirm	boolean	为 true 时，表示用户点击了确定按钮
cancel	boolean	为 true 时，表示用户点击了取消按钮（用于 Android 系统区分点击蒙层关闭还是点击取消按钮关闭）

代码示例如下：

```
wx.showModal({
  title: '提示',
  content: '这是一个模态弹窗',
  success (res) {
    if (res.confirm) {
      console.log('用户点击确定')
    } else if (res.cancel) {
      console.log('用户点击取消')
    }
  }
})
```

11.5　路由 API

本节主要讲解微信小程序中常用的几个涉及页面跳转的路由 API，包含 wx.navigateTo、wx.navigateBack、wx.redirectTo、wx.reLaunch、wx.switchTab。

11.5.1　wx.navigateTo

wx.navigateTo(Object object) 保留当前页面，跳转到应用内的某个页面，但是不能跳到 tabbar 页面。使用 wx.navigateBack 可以返回到原页面。参数 Object object 见表 11-18。

表 11-18　wx.navigateTo 参数

属　性	类　型	必　填	说　明
url	string	是	需要跳转的应用内非 tabBar 页面的路径，路径后可以带参数。参数与路径之间使用 ? 分隔，参数键与参数值用 = 相连，不同参数用 & 分隔；如 'path?key=value&key2=value2'
success	function	否	接口调用成功的回调函数
fail	function	否	接口调用失败的回调函数
complete	function	否	接口调用结束的回调函数（调用成功、失败都会执行）

代码示例如下：

```
wx.navigateTo({
  url: 'test?id=1'
```

```
})

//test.js
Page({
  onLoad: function(option){
    console.log(option.query)
  }
})
```

11.5.2 wx.navigateBack

wx.navigateBack(Object object) 关闭当前页面，返回上一页面或多级页面。可通过 getCurrentPages() 获取当前的页面栈，决定需要返回几层。参数 Object object 见表 11-19。

表 11-19 wx.navigateBack 参数

属 性	类 型	必 填	说 明
delta	number	是	返回的页面数，如果 delta 大于现有页面数，则返回到首页
success	function	否	接口调用成功的回调函数
fail	function	否	接口调用失败的回调函数
complete	function	否	接口调用结束的回调函数（调用成功、失败都会执行）

代码示例如下：

```
//注意：调用navigateTo跳转时，调用该方法的页面会被加入堆栈，而redirectTo方法则不会。见下方示例代码

//此处是A页面
wx.navigateTo({
  url: 'B?id=1'
})

//此处是B页面
wx.navigateTo({
  url: 'C?id=1'
})

//在C页面内navigateBack，将返回A页面
wx.navigateBack({
  delta: 2
})
```

11.5.3 wx.redirectTo

wx.redirectTo(Object object) 关闭当前页面，跳转到应用内的某个页面，但是不允许跳转到 tabbar 页面。参数 Object object 见表 11-20。

表 11-20　wx.redirectTo 参数

属　性	类　型	必　填	说　明
url	string	是	需要跳转的应用内非 tabBar 页面的路径，路径后可以带参数。参数与路径之间使用 ? 分隔，参数键与参数值用 = 相连，不同参数用 & 分隔；如 'path?key=value&key2=value2'
success	function	否	接口调用成功的回调函数
fail	function	否	接口调用失败的回调函数
complete	function	否	接口调用结束的回调函数（调用成功、失败都会执行）

代码示例如下：

```
wx.redirectTo({
  url: 'test?id=1'
})
```

11.5.4　wx.reLaunch

wx.reLaunch(Object object) 关闭所有页面，打开到应用内的某个页面。基础库 1.1.0 开始支持，低版本需做兼容处理。参数 Object object 见表 11-21。

表 11-21　wx.reLaunch 参数

属　性	类　型	必　填	说　明
url	string	是	需要跳转的应用内页面路径，路径后可以带参数。参数与路径之间使用 ? 分隔，参数键与参数值用 = 相连，不同参数用 & 分隔；如 'path?key=value&key2=value2'，如果跳转的页面路径是 tabBar 页面则不能带参数
success	function	否	接口调用成功的回调函数
fail	function	否	接口调用失败的回调函数
complete	function	否	接口调用结束的回调函数（调用成功、失败都会执行）

代码示例如下：

```
wx.reLaunch({
  url: 'test?id=1'
})

Page({
  onLoad (option) {
    console.log(option.query)
  }
})
```

11.5.5　wx.switchTab

wx.switchTab(Object object) 跳转到 tabBar 页面，并关闭其他所有非 tabBar 页面。参数 Object object 见表 11-22。

表 11-22 wx.switchTab 参数

属 性	类 型	必 填	说 明
url	string	是	需要跳转的 tabBar 页面的路径（需在 app.json 的 tabBar 字段定义页面），路径后不能带参数
success	function	否	接口调用成功的回调函数
fail	function	否	接口调用失败的回调函数
complete	function	否	接口调用结束的回调函数（调用成功、失败都会执行）

代码示例如下：

```
{
  "tabBar": {
    "list": [{
      "pagePath": "index",
      "text": "首页"
    },{
      "pagePath": "other",
      "text": "其他"
    }]
  }
}

wx.switchTab({
  url: '/index'
})
```

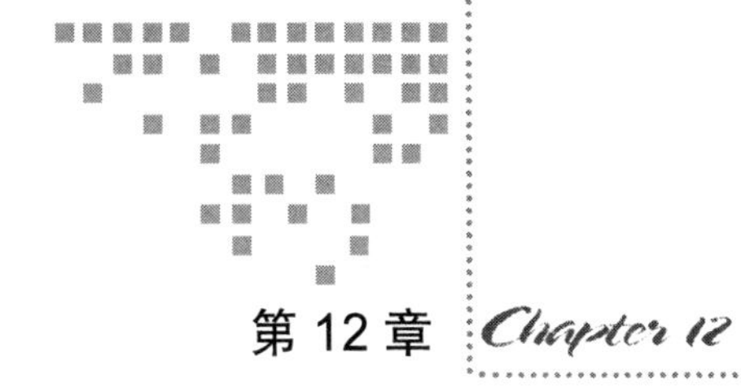

第12章 Chapter 12

首　页

本章讲解商城小程序首页模块的制作，包含商城框架、顶部普通广告图片、顶部轮播广告、快捷菜单、最新通知、最新产品、精品推荐等元素的制作，最后介绍销售排行的制作。本章主要应用了 CSS 和 Flex Box 的知识，以及小程序前端开发的基础知识。

12.1　商城框架

本节开始制作整个商城小程序的框架，主要是底部5个菜单的设置，微信小程序中 app.json 的设置参见2.2.1节“全局配置”。

准备：5个菜单的默认图片和选中菜单的显示图片，合计10个图片，位于文件夹 images。底部菜单的设置参见2.2.1节中的“tabBar”。

app.json 的设置代码示例如下：

```
{
  "pages":[ ←小程序里面的页面
    "pages/index/index"
  ],
  "window":{ ←小程序的窗体设置
    "backgroundTextStyle":"light",
    "navigationBarBackgroundColor": "#999999",
    "navigationBarTitleText": "小程序购物商城",
    "navigationBarTextStyle":"black"
  },
  "tabBar":{ ←底部菜单
    "list":[
      {
        "pagePath":"pages/index/index", ←页面链接的路径
```

```
          "text":"首页", ←菜单文字
          "iconPath":"images/shou-off.png", ←菜单图片
          "selectedIconPath":"images/shou-on.png" ←菜单选中时候显示的图片
        },
        {
          "pagePath": "pages/fenlei/index",
          "text": "分类",
          "iconPath": "images/fen-off.png",
          "selectedIconPath": "images/fen-on.png"
        },
        {
          "pagePath":"pages/tmp/gouwuche/01-jianjie",
          "text":"购物车",
          "iconPath":"images/che-off.png",
          "selectedIconPath": "images/che-on.png"
        },
        {
          "pagePath": "pages/huiyuan/index",
          "text": "我的",
          "iconPath": "images/hui-off.png",
          "selectedIconPath": "images/hui-on.png"
        },
        {
          "pagePath": "pages/tmp/index",
          "text": "知识点",
          "iconPath": "images/anli-off.png",
          "selectedIconPath": "images/anli-on.png"
        }
      ]
    }
}
```

效果如图 12-1 所示。

图 12-1 商城小程序框架

12.2 顶部广告图片

本节主要讲解图片组件 image 的使用，应用于商城小程序中的顶部广告图片中。效果如图 12-2 所示。

图 12-2 商城顶部图片广告

1. 应用知识点分析

用到图片组件的使用、远程图片的调用、变量的使用等知识：

- ❑ 图片组件 image 的使用，见 10.2.6 节“图片（image）”。
- ❑ 本地图片的调用。
- ❑ 最简单的变量的使用，见 9.1.1 节“变量”。
- ❑ 远程服务器图片的调用。

提示　微信小程序整个程序包大小不能超过 2M（2048K），所以一些大的图片需要放在服务器上，使用服务器的地址来调用。常用的菜单图标这类小的图片可以放在小程序本地文件夹内。

---

2. 功能实现

.wxml 文件代码示例如下：

```
<view >

  <!—使用Web网页开发样式的调用方式,通过class选择器来调用：class='ad01'-->

  <!—显示本地图片，图片地址从小程序根目录/开始，和Web网页开发模式一样-->
  <image class='ad01' src='/img/ad01.png'></image>

  <!—通过变量来设置图片的地址，变量的值为互联网上的图片-->
  <!—变量的内容是需要放在{{}}之间，变量名img-ad02，变量的值在js代码中定义-->
  <image class='ad02' src='{{img-ad02}}'></image>

</view>
```

.wxss 文件代码示例如下：

```
/*小程序中样式的定义，同Web网页开发*/
.ad01{width: 100%; height: 30px; /*最顶部广告图片*/ }
.ad02{width: 100%; height: 80px; /*（最顶部广告图片）下面一张图*/}
```

说明：定义变量 img-ad02 和值。

.js 文件代码示例如下：

```
data: {
//图片的地址需要完整的路径，需要带上https或者http
//定义远程图片地址，将远程图片地址赋值给变量，然后在WXML页面就可以调用
  Img-ad02:"https://www.yaoyiwangluo.com/wx/ad02.png",
}
```

提示　也可以通过 API 函数 wx.request 来获取远程数据中设置的图片，用法见 11.1.2 节“HTTPS 网络请求”，这样可以实现动态更新。

12.3 顶部轮播图片

下面讲解如何在小程序商城中轮播图片，例如，实现 3 张图片的轮换播放，效果如图 12-3 所示。

图 12-3 轮播广告图效果

1. 应用知识点分析

- Swiper 组件的使用，用法见 10.2.3 节“滑块视图容器（swiper)”。
- 使用 block wx:for 循环语句来显示多张图片，for 语句用法见 9.2.2 节”。
- 变量的使用，swiper 的属性设置。

2. 功能实现

.wxml 文件代码示例如下：

```
<swiper  indicator-dots="{{indicatorDots}}"   <!--是否显示面板指示点-->
         vertical="{{vertical}}"      <!--滑动方向是否为纵向-->
         autoplay="{{autoplay}}"      <!--是否自动切换-->
         interval="{{interval}}"      <!--自动切换时间间隔，毫秒-->
         duration="{{duration}}"      <!--滑动动画时长，毫秒-->
         bindchange="swiperchange"    <!--current改变时会触发change事件-->
>
  <!—ads是自定义的数组，数组的内容是轮播的图片，内容见.js脚本代码，数组用法见9.1.3数组-->
  <block wx:for="{{ads}}" wx:key="item.id">
    <swiper-item>
      <!—item代表数组的内容，这里值是图片的地址-->
      <image src="{{item}}" class="slide-image"/>
    </swiper-item>
  </block>
</swiper>
```

如果不想涉及 .js 脚本，可以直接编写 .js 文件，代码示例如下：

```
<swiper  indicator-dots="{{true}}"    <!--是否显示面板指示点-->
         vertical="{{false}}"         <!--滑动方向是否为纵向-->
         autoplay="{{true}}"          <!--是否自动切换-->
         interval="5000"              <!--自动切换时间间隔，毫秒-->
         duration="500"               <!--滑动动画时长，毫秒-->
>
```

```
  <!—每个swiper-item表示一个轮播的项目，里面包含一张图片-->
  <swiper-item>
    <image src="/img/ban1.jpg " class="slide-image"/> <!—图片-->
  </swiper-item>
  <swiper-item>
    <!—每个swiper-item表示轮播的一个项目，每个swiper-item里面放置一个图片-->
    <image src="/img/ban2.jpg " class="slide-image"/>
  </swiper-item>
  <swiper-item>
    <image src="/img/ban3.jpg " class="slide-image"/>
  </swiper-item>
</swiper>
```

提示　数字和字符内容可以直接写在属性后面，true 和 false 需要写在 {{}} 之间。

前端 WXSS 样式 ,wxss 文件代码示例如下：

```
.slide-image {
  height: 100%;  <!—高度-->
  width: 100%;   <!—宽度-->
  display: inline-block;   /*设置行内块*/
  overflow: hidden;
}
```

逻辑 .js 脚本编写，.js 文件代码示例如下：

```
data: {
  //定义图片数组，数组名称为ads，在WXML中使用数组名称ads来调用
  //数组的名称自行定义，数组里面的图片数量可以自行增减，数组用法见9.1.3节
  ads: ['/img/ban1.jpg','/img/ban2.jpg','/img/ban3.jpg'],
  indicatorDots: true,  //是否显示面板指示点
  vertical: false,      //滑动方向是否为纵向
  autoplay: true,       //是否自动切换
  interval: 3000,       //自动切换时间间隔，毫秒
  duration: 1200        //滑动动画时长，毫秒
}
```

12.4　快捷菜单

下面讲解小程序商城两行快捷菜单的实现，效果如图 12-4 和图 12-5 所示。

图 12-4　第一行快捷菜单

留言反馈　活动列表　帮助中心　关于我们

图 12-5 第二行快捷菜单

1. 应用知识点分析

用到的知识点包括：

- ❑ 普通菜单的使用。
- ❑ 循环菜单的使用。
- ❑ 1 行 4 列的布局实现。
- ❑ 跳转的实现。

这里主要讲解快捷菜单的 3 种实现方式。

第 1 种：本地界面，纯页面布局的制作，适合纯前端人员；效果如图 12-4 所示。

第 2 种：本地数据，本地 .js 脚本数据来实现菜单功能，适合全栈人员；效果如图 12-5 所示。

第 3 种：远程数据，通过 .js 脚本调用远程数据来实现菜单功能，适合全栈人员。

2. 实现本地界面

提示　我们可以将 view 当作 div 来使用。

结构布局分析如图 12-6 所示。

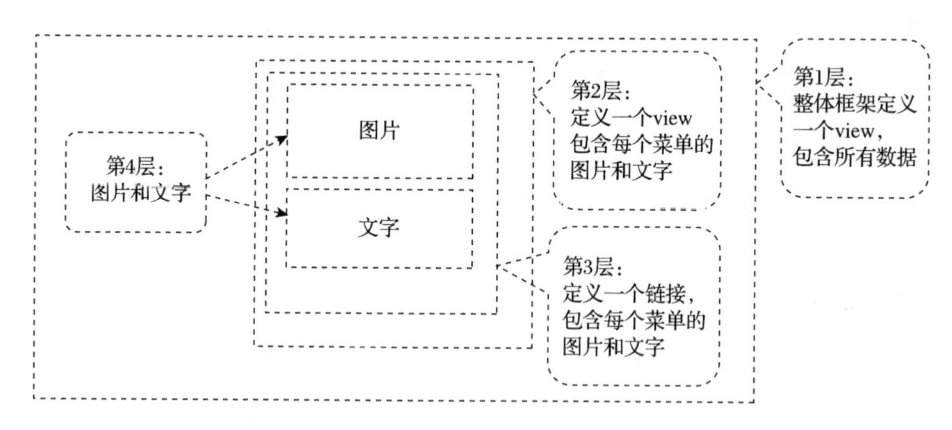

图 12-6 本地界面结构布局分析

根据图 12-6 的布局分析产生基础的框架，代码示例如下：

```
<view>  <!—第1层-开始-->
  <view>  <!—第2层-开始-->
```

```
    <navigator>   <!—第3层-开始-->
      <image> </image><!—第4层-图片-->
      <text>  <text><!—第4层-文字-->
    </navigator>   <!—第3层-结束-->
  </view>   <!—第2层-结束-->
</view>  <!—第1层-结束-->
```

根据效果图分析出框架的层级后，在每个层级的 view 上加入样式，编码实现即可。

- 第 1 层：定义 flex 模式，默认从左到右的排列。
- 第 2 层：按 1 行 4 列的布局来定义显示的格局（4 个菜单）。
- 第 3 层：链接，使用系统默认样式。
- 第 4 层：对图片和文字单独定义样式。

说明：第 2 层和第 3 层框架的样式也可合并到第 3 层的链接 navigator。

.wxml 文件代码示例如下：

```
<!--菜单-开始，每个菜单都属于第2层-->
<view class="navs"><!—第1层-开始-->
  <!—菜单1 品牌大全-->
  <view class="nav-item" ><!—第2层-开始-->
    <navigator url="/pages/fenlei/list/01-dingbu"> <!—链接-->
      <image src='/images/menu01.png' class="nav-image"/>
      <text >品牌大全</text>
    </navigator>
</view> <!—第2层-结束-->


<!—菜单2 最新上架-->
  <view class="nav-item" >
    <navigator url="/pages/fenlei/list/01-dingbu">
      <image src='/images/menu02.png' class="nav-image"/>
      <text >最新上架</text>
    </navigator>
</view>

<!—菜单3 用户中心-->
  <view class="nav-item" >
    <navigator url="/pages/huiyuan/index"  open-type="switchTab">
      <image src='/images/menu05.png' class="nav-image"/>
      <text >用户中心</text>
    </navigator>
</view>

<!—菜单4 订单列表-->
  <view class="nav-item" >
    <navigator url="/pages/huiyuan/order/order_list2">
      <image src='/images/menu04.png' class="nav-image"/>
      <text >订单列表</text>
    </navigator>
```

```
</view>

</view><!—第1层-结束-->
```

.wxss 文件代码示例如下：

```
/*菜单样式：1行4列图片的布局*/
/*第1层样式的定义*/
.navs {
  display: flex;            /*定义为flex模式，详情见7.1 Flex Box介绍  */
  /*默认是按行排行的，实现1行4列布局*/
}
/*第2层样式的定义*/
.nav-item {
  width: 25%;               /*按1行4列来折算，每列的比例就是25% */
  display: flex;            /*第2层级里面的元素也定义为flex模式来显示*/
  align-items: center;      /*上中下对齐方式，这里是居中，
                              语法见：7.2.5 align-items（上中下对齐） */
  flex-direction: column; /*默认是按行来显示，这里按列来显示（上面显示图片下面显示文字）
                              语法见：7.2.1 flex-direction项目的排列方向*/
}
/*第3层样式的定义*/
.nav-item navigator{        /*设置内边距*/
  padding: 5px;
  display: flex;            /*定义第3层内的元素即第4层的图片和文字的布局使用flex，默认从左到右*/
  flex-direction: column; /*需定义flex布局后，该语句才生效；定义图片和文字从上到下布局*/
  align-items:  center;     /*定义内部元素也就是菜单图片和文字左右居中*/
}
.nav-item .nav-image {
  width: 120rpx;            /*设置图片宽度*/
  height: 120rpx;           /*设置图片高度*/
  border-radius: 50%;       /*设置圆角图片*/
}
.nav-item text {
  padding-top: 20rpx;       /*距离顶部的内边距*/
  font-size: 25rpx;         /*字体大小*/
}
```

3. 实现本地数据

布局分析如下：

- 第 1 层：定义整体菜单的样式。
- 第 2 层：定义 for 循环，循环显示 4 个菜单（3,4 层级是菜单的内容）。
- 第 3 层：定义一个 view 包含图片和文字；同时，通过函数和路由来跳转，取消 navigator。
- 第 4 层：定义菜单的图片和文字。

结构布局分析如图 12-7 所示。

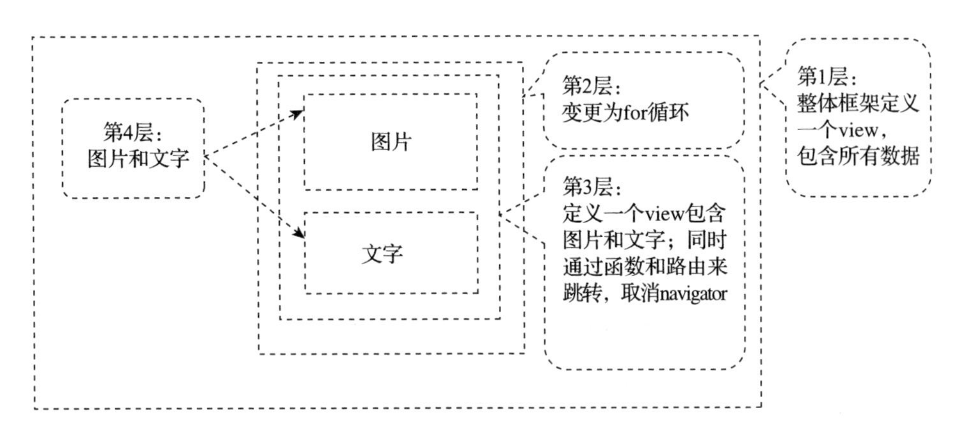

图 12-7　本地数据结构布局分析

根据图 12-7 的布局分析，产生基础的框架，代码示例如下：

```
<view>  <!—第1层-开始-->
  <block wx:for… >  <!—第2层-开始-->
    <view … >   <!—第3层-开始-->
        <image … > </image><!—第4层-图片-->
        <text … >  <text><!—第4层-文字-->
    </view>   <!—第3层-结束-->
  </block>   <!—第2层-结束-->
</view>  <!—第1层-结束-->
```

根据效果图分析出框架的层级后，在每个层级的 view 上加入样式，编码实现即可。

.wxml 文件代码示例如下：

```
<!--循环菜单-开始-->
<view class="navs2">
  <!-- navs为要循环显示的菜单内容；navs是一个数组，数组的成员是对象（每个菜单的内容）-->
  <!—该类型数组的使用，可以参考9.1.3数组-->
  <block wx:for-items="{{navs}}">
    <view class="nav-item"
      <!—下面定义点击事情的处理函数：点击该菜单跳转到哪个页面-->
      catchtap="catchTapCategory"
      <!--定义date数据，用于传递给函数，下面定义的是菜单名称-->
      data-type="{{item.name}}"
      <!--定义date数据，用于传递给函数，下面定义的是菜单的对应的程序路径-->
      data-dizhi="{{item.dizhi}}"
      <!—{{}}中item表示的含义，参考9.1.3数组-->
    >
        <!—下面定义菜单的图片，对应数组中菜单的icon项-->
        <image src="{{item.icon}}" class="nav2-image"/>
        <!—下面定义菜单的名称，对应数组中菜单的name项-->
                <text>{{item.name}}</text>
    </view>
  </block>
```

```
</view>
```

.wxss 文件代码示例如下：

```
/*第1层样式的定义*/
.navs2 {
  display: flex; /*定义整体为flex格式，实现从左到右的排列*/
}
/*第3层样式的定义*/
.nav2-item {
  width: 25%;     /*按1行4列来折算，每列的比例就是25% */
  align-items: center;/*居中*/
  display: flex; /*定义其内部子元素的排列方式为flex，默认为从左到右*/
  flex-direction: column; /*变更flex的默认排列方式为从上到下排列*/

}
.nav2-image {
  width: 120rpx;   /*设置图片宽度*/
  height: 120rpx; /*设置图片高度*/
  border-radius: 50%; /*设置圆角图片*/
}
.nav2-item text {
  padding-top: 20rpx; /*距离顶部的内边距*/
  font-size: 25rpx;    /*字体大小*/
}
```

利用逻辑 .js 脚本编写本地数据，.js 文件代码示例如下：

```
data:
{
  //定义循环显示的菜单内容；对象数组，语法见9.1.3数组
  //下面定义了表示菜单内容的数组navs，数组的每个成员为对象，每个对象代表的一个菜单
    navs: [
      {
        icon: "/images/menu03.png",
        name: "留言反馈",
        typeId: 0,
        dizhi:"/pages/tmp/form/01-liuyan"
      },{
        icon: "/images/menu06.png",
        name: "活动列表", typeId: 1,
        dizhi: "/pages/tmp/liebiao/03-tubiaowenzi"
      },{
        icon: "/images/menu07.png",
        name: "帮助中心",
        typeId: 2,
        dizhi: "/pages/tmp/liebiao/02-tupianwenzi"
      },{
        icon: "/images/menu08.png",
        name: "关于我们",
        typeId: 3,
        dizhi: "/pages/tmp/liebiao/01-wenzi"
```

```
      }
    ]
  },
  catchTapCategory: function (event)
  {
      //下面语句获取参数evetn传递过来的菜单地址
      let route = event.currentTarget.dataset.dizhi
      //下面通过api函数跳转到对应页面，语法见11.5.1 wx.navigateTo
      wx.navigateTo({
        url: route
      })
  }
```

4. 实现远程数据

WXML 页面和 WXSS 沿用上小节的内容，我们只需要改造菜单数组 navs 的实现方式。

菜单数组 navs 的内容可以通过网络远程获取，步骤如下：

1）在 .js 脚本中定义 navs 空的数组。

2）定义一个函数，获取远程服务器端菜单的数据内容。

3）将获取的菜单内容赋值给菜单数组 navs。

获取远程服务器内容，参见 11.1.2 节。将远程菜单数据写在 txt 文本，例如：http://www.x.com/shop-menu.txt。

代码示例如下：

```
[
  {
    icon: "/images/menu03.png",
    name: "留言反馈",
    typeId: 0,
    dizhi:"/pages/tmp/form/01-liuyan"
  },{
    icon: "/images/menu06.png",
    name: "活动列表", typeId: 1,
    dizhi: "/pages/tmp/liebiao/03-tubiaowenzi"
  },{
    icon: "/images/menu07.png",
    name: "帮助中心",
    typeId: 2,
    dizhi: "/pages/tmp/liebiao/02-tupianwenzi"
  },{
    icon: "/images/menu08.png",
    name: "关于我们",
    typeId: 3,
    dizhi: "/pages/tmp/liebiao/01-wenzi"
  }
]
```

菜单的内容可以通过任何语言（比如 php，net，java，asp 等）生成，数据的来源可从数据库或者其他地方获取，格式按此即可。

.js 文件代码示例如下：

```
data:
{
  //第一步：定义菜单数组，这里定义空数组，后面通过获取远程数据来填充
  navs: [],
},
//第二步：定义函数，获取远程数据
fetchData: function ()
{
  wx.request({ //获取远程服务器端数据
    url: "http://www.x.com/shop-menu.txt",
    //第三步：将获取的菜单内容，赋值给菜单数组navs
    success: function (res) // res为系统参数
      {
      // res.data为远程获取后系统返回的内容，也就是shop-menu.txt的内容
      that.setData({navs: res.data}) //返回的内容，赋值给菜单数组navs
    }
  })
}
```

12.5 最新通知

下面讲解最新通知功能的实现，通知可以是 1 条，也可以是多条。效果如图 12-8 所示。

图 12-8 最新通知效果

1. 应用知识点分析

应用的知识点包括：

- 图片的使用，用法见 10.2.6 节。
- 1 行 3 列布局的使用。
- 链接的使用，用法见 10.4.1 节。

最新通知有以下 3 种实现方式。

第 1 种：本地界面，纯页面布局的制作，适合纯前端人员。

第 2 种：本地数据，本地 .js 脚本数据来实现最新通知，适合全栈人员。

第 3 种：远程数据，通过 .js 脚本调用远程数据来实现最新通知，适合全栈人员。

2. 布局分析

结构布局分析如图 12-9 所示。

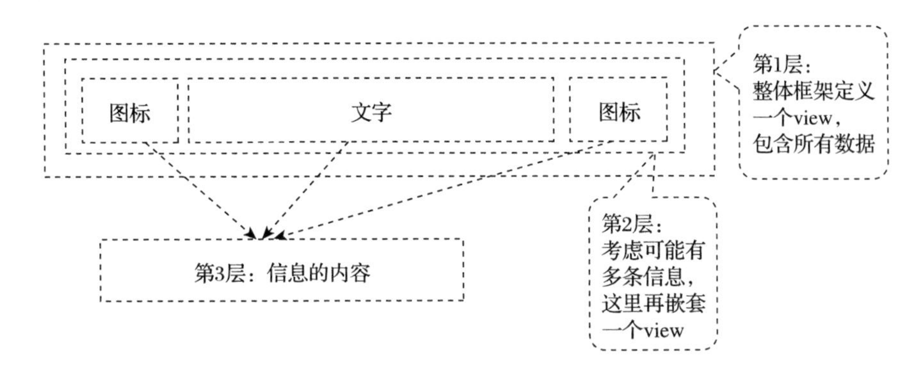

图 12-9 最新通知的结构布局分析

根据图 12-9 的布局分析，会产生基础的框架，代码示例如下：

```
<view>  <!—第1层-开始-->
  <view>   <!—第2层-开始-->
    <image … > </image><!—第3层-图片-->
    <text … >  <text><!—第3层-文字-->
    <image … > </image><!—第3层-图片-->
  </view>   <!—第3层-结束-->
</view>  <!—第1层-结束-->
```

如果信息需要链接到详细页面，可以在第二层外面再嵌套 navigator，或者直接将第二层的 view 组件修改为 navigator 组件来使用。

3. 实现本地界面

下面讲解在前端 WXML 如何布局，如何写 WXSS 样式，适合纯前端人员。

.wxml 文件代码示例如下：

```
<!—外面嵌套了navigator链接，点击信息可以跳转到对应的页面-->
<!—navigator组件url后面的为跳转地址，由两部分组成：页面（/pages/tmp/yemian/01-xiangxi）
+参数?id={{888}}，多个参数由&连接（例如：?id={{888}}&id2=0）-->
<navigator url='/pages/tmp/yemian/01-xiangxi?id={{888}}'>
  <view class="wx-cells"><!—第1层-开始-->
    <view class="wx-cell"><!—第2层-开始-->
      <!—第3层-左边图片-->
      <image class="wx-cell-icon"src="/images/news.png"></image>
      <!—第3层-中间文字-->
      <text class="wx-cell-text">08/08微信小程序上线通知</text>
      <!—第3层-右侧图片-->
      <image class="wx-cell-arrow" src="/images/right.png"></image>
    </view>
  </view>
</navigator>
```

.wxss 文件代码示例如下：

```
/*最新消息:1行3列：左图片，中文字，右图片（最新通告）*/
```

```
/*第1层样式*/
.wx-cells {
  width: 100%;
  margin-top: 15rpx; /*距离顶部的外边距*/
  font-size: 34rpx;
  border-top: 1rpx solid #d9d9d9; /*最新通知-顶部线条*/
  border-bottom: 1rpx solid #d9d9d9; /*最新通知-底部线条*/
  background-color: #fff; /*背景白色，可以自行修改*/
}
/*第2层样式*/
.wx-cell {
  padding: 20rpx 25rpx;
  display: flex; /*定义flex模式，默认里面包含的子元素按从左到右排列在1行*/
  align-items: center; /*居中*/
}
/*下面的都是第3层的元素样式*/
.wx-cell-icon{
  width: 56rpx;
  height: 56rpx;
}
.wx-cell-text{
  flex: 1; /*中间的文字内容，扩展，占用所有剩余的空间，这样左右图片都靠边*/
  margin-left: 30rpx; /*图片内容距离左边的外边距，可以理解为距离左边图标的距离*/
}
.wx-cell-arrow{
  width: 30rpx;
  height: 30rpx;
  margin-left: 10rpx;
}
```

4. 实现本地数据

下面讲解如何在本地 .js 脚本初始化数据，然后前端 WXML 中调用 .js 脚本的数据。

样式 WXSS 参考上面的“实现本地界面”。.js 脚本中的对象如何定义和调用，参考 9.1.2 节“对象”。这里对左右的图标不做修改；只修改链接的参数、信息时间和信息标题。

.js 文件代码示例如下：

```
data: {
  tongzhi01:
    {
      "id": 5,  //作为信息的参数，点击链接，根据id来获取远程数据
      "biaoti": "本地数据-微信小程序上线通知",
      "shijian": "09/09 "
    }
}
```

.wxml 文件代码示例如下：

```
<!--{{tongzhi01.id}}这里调用js数据（tongzhi01定义为对象）的id，也就是值=5-->
<navigator url='/pages/tmp/yemian/01-xiangxi?id={{tongzhi01.id}}'>
  <view class="wx-cells">
```

```
    <view class="wx-cell">
      <image class="wx-cell-icon"src="/images/news.png"></image>
      <text class="wx-cell-text">
        {{tongzhi01.shijian}} {{tongzhi01.biaoti}}
        <!—结果： 09/09本地数据-微信小程序上线通知-->
      </text>
      <image class="wx-cell-arrow" src="/images/right.png"></image>
    </view>
  </view>
</navigator>
```

5. 实现远程数据

我们已实现了本地 .js 脚本的数据化；下面实现获取远程数据来填充本地的 .js 脚本数据。这里远程数据是通用 JSON 格式，可以根据你的实际需求，使用 PHP、.NET、Java、ASP 等语言来实现动态（从数据库读取等）。

操作步骤如下：

1）在 .js 脚本的 data 初始化代码中定义空的对象 tongzhi02（用于存放最新通知信息）。

2）定义一个函数 fetchTongzhi02，获取远程服务器端最新通知的数据内容。

3）将获取的最新通知内容，赋值给对象 tongzhi02。

获取远程服务器内容，参见 12.1.2 节。远程最新通知的数据地址：https://www.yaoyiwangluo.com/wx/tongzhi02.html。

远程数据内容，代码示例如下：

```
{
"id": 6,
"biaoti": "远程数据-微信小程序上线通知",
"shijian": "10/10"
}
```

.js 文件代码示例如下：

```
data: {
  tongzhi02: {} //定义空的对象tongzhi02（后面用于存放最新通知信息）
},
//函数定义完毕后，需要在页面加载的时候执行
fetchTongzhi02: function () {
  var that =this;
  wx.request({ //获取远程服务器端数据
      url: "https://www.yaoyiwangluo.com/wx/tongzhi02.html",
      //第三步：将获取的最新通知内容，赋值给对象tongzhi02
      success: function (res) // res为系统参数
      {
      // res.data为远程获取后系统返回的内容，也就是tongzhi02.html的内容
      that.setData({ tongzhi02: res.data }) //返回的内容，赋值给对象tongzhi02
    }
  })
},
```

```
onLoad: function (options)
{  //定义的函数，需要执行才会将数据绑定
  this.fetchTongzhi02();
},
```

.wxml 文件代码示例如下：

```
<!--{{tongzhi02.id}}这里调用的js数据（tongzhi02定义为对象）的id，也就是值=6-->
<navigator url='/pages/tmp/yemian/01-xiangxi?id={{tongzhi02.id}}'>
  <view class="wx-cells">
    <view class="wx-cell">
      <image class="wx-cell-icon"src="/images/news.png"></image>
      <text class="wx-cell-text">
        {{tongzhi02.shijian}} {{tongzhi02.biaoti}}
        <!—结果： 10/10远程数据-微信小程序上线通知-->
      </text>
      <image class="wx-cell-arrow" src="/images/right.png"></image>
    </view>
  </view>
</navigator>
```

12.6 最新产品

下面讲解最新产品功能的实现，主要涉及“区域标题制作”和“产品列表”两块内容；区域标题如图 12-10 所示，产品列表如图 12-11 所示。

| 最新产品

图 12-10 区域标题

1. 应用知识点分析

应用知识点包括：

- 区域标题的制作，左侧彩色竖条的样式写法。
- 1 行 2 列的布局使用。
- 远程数据的获取和本地显示。

最新上架产品的实现方式有以下 3 种。

第 1 种：纯页面布局的制作，适合纯前端人员。

第 2 种：利用本地 .js 脚本数据来显示最新上架产品，适合全栈人员。

第 3 种：利用 .js 脚本获取远程数据来显示最新上架产品，适合全栈人员。

2. 区域标题的实现

区域标题见图 12-10，结构布局分析如图 12-12 所示。

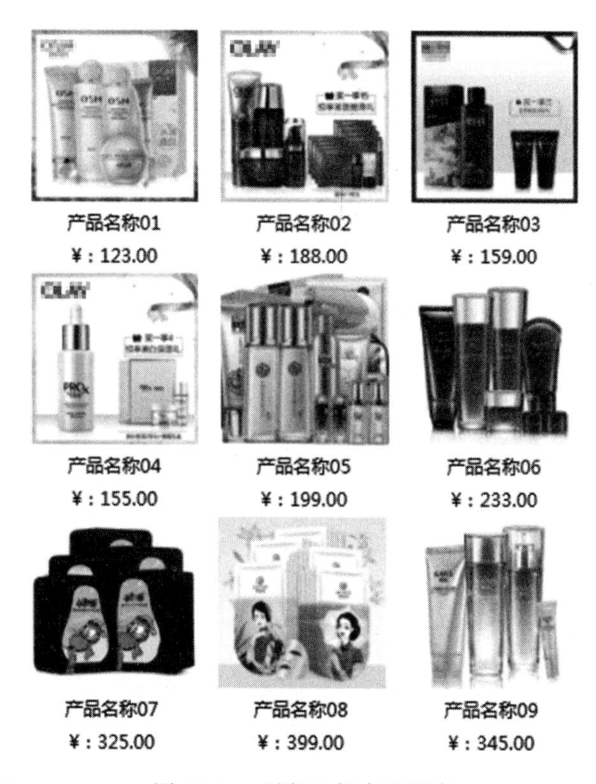

图 12-11　最新上架产品列表

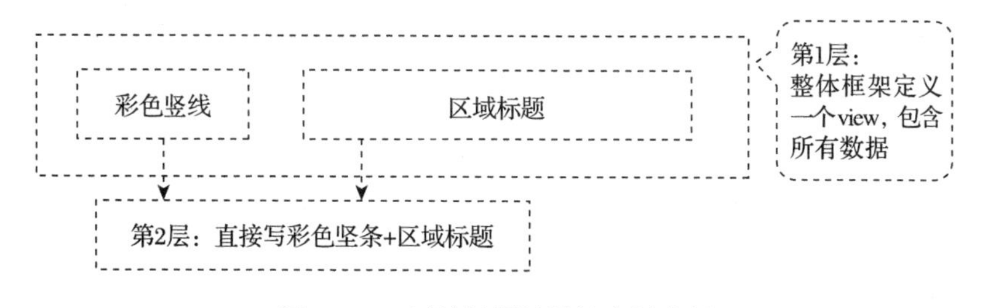

图 12-12　区域标题的结构布局分析

根据图 12-12 的布局分析，会产生基础的框架，代码示例如下：

```
<view>  <!—第1层-开始-->
  <view> </view>  <!—第2层-左侧彩色竖线-->
  <text>  <text>  <!—第4层-区域标题-->
</view>  <!—第1层-结束-->
```

根据效果图分析出框架的层级后，在每个层级的 view 上加入样式，编码实现即可。

.wxml 文件代码示例如下：

```
<view class='text'>
  <view class='line_y'></view> <!—左侧彩色竖条-->
```

```
  <text>最新上架</text>
</view>
```

.wxss 文件代码示例如下：

```
view.text
{
  display: flex; /*定义flex模式，下面的属性才能生效*/
  align-items: center; /*定义完flex后，该语句定义上中下居中*/
  padding: 6px 6px 6px 6px ; /*定义内边距*/
  background-color:  lightgoldenrodyellow; /*定义背景*/
}
.line_y{
  width: 3px;     /*定义宽度*/
  height: 18px; /*定义高度*/
  background-color:  darkcyan;   /*定义竖条的颜色*/
}
view.text text{
  margin-left: 6px; /*区域标题文字距离左边竖条的距离，通过定义text的左外边距来实现*/
}
```

3. 最新产品的本地界面

最新上架产品列表见图 12-11，布局分析如图 12-13 所示。

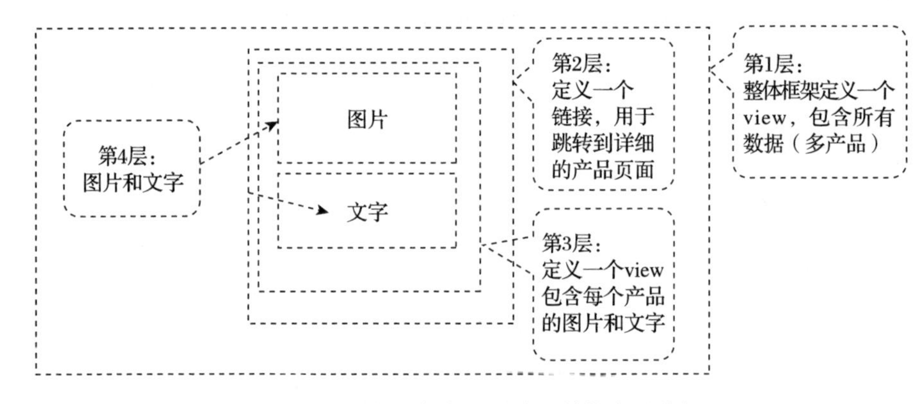

图 12-13 最新上架产品列表的结构布局分析

根据图 12-13 的布局分析，会产生基础的框架，代码示例如下：

```
<view>  <!—第1层-开始: 定义flex模式-->
  <navigator>  <!—第2层-开始-->
    <view>   <!—第3层-开始-->
      <image> </image><!—第4层-图片-->
      <text>  <text><!—第4层-文字-->
      <text>  <text><!—第4层-文字-->
    </view>   <!—第3层-结束-->
  </navigator>   <!—第2层-结束-->
</view>  <!—第1层-结束-->
```

根据效果图分析出框架的层级后，在每个层级的view上加入样式，编码实现即可。

- 第1层：定义flex模式，其内子元素从左到右排列。
- 第2层：定义链接navigator。
- 第3层：定义里面产品和图片的显示模式，从上到下显示。
- 第4层：对图片和文字单独定义样式。

下面讲解在前端WXML中如何布局，如何写WXSS样式以适合纯前端人员。

.wxml文件代码示例如下：

```
<!--最新产品-1行3列图片-->
<view class="zuixins">

  <navigator url='/pages/fenlei/yemian/01-xiangxi'>
  <view class="zuixin-item" >
    <image src='/img/cp01.jpg' class="zuixin-image"/>
    <text>产品名称01</text>
    <text>¥: 123.00</text>
  </view>
  </navigator>

  <navigator url='/pages/fenlei/yemian/01-xiangxi'>
  <view class="zuixin-item" >
    <image src='/img/cp02.jpg' class="zuixin-image"/>
    <text>产品名称02</text>
    <text>¥: 188.00</text>
  </view>
  </navigator>

  <navigator url='/pages/fenlei/yemian/01-xiangxi'>
  <view class="zuixin-item" >
    <image src='/img/cp03.jpg' class="zuixin-image"/>
    <text>产品名称03</text>
    <text>¥: 159.00</text>
  </view>
  </navigator>

</view>
```

.wxss文件代码示例如下：

```
/*最新产品-1行3列图片*/
/*第1层样式*/
.zuixins {
  display: flex; /*定义flex模式，定义其内子元素从左到右排列*/
}
.zuixins navigator{
  width:33%;/*按1行3列的布局，每列的布局33%的宽度*/
}
.zuixin-item {
  display: flex; /*定义flex模式，其内子元素默认从左到右排列*/
```

```
  align-items: center;
  flex-direction: column; /*变更默认子元素的排列方式为，从上到下排列*/
  padding: 5rpx;
}
.zuixin-image {
  width: 220rpx;
  height: 220rpx;
}
.zuixin-item text {
  padding-top: 10rpx;
  font-size: 25rpx;
}
```

4. 实现本地数据

下面讲解如何在本地 .js 脚本初始化数据，然后在前端 WXML 调用 .js 脚本的数据。样式 WXSS 参考上节。

.js 文件代码示例如下：

```
data: {
  cpzuixin01: [
    {
      "id": 4,
      "title": "产品名称04",
      "jiage": "155.00",
      "shuoming": "自然堂",
      "img": "https://www.yaoyiwangluo.com/wx/img/cp04.jpg"
    },
    {
      "id": 5,
      "title": "产品名称05",
      "jiage": "199.00",
      "shuoming": "御泥坊",
      "img": "https://www.yaoyiwangluo.com/wx/img/cp05.jpg"
    },
    {
      "id": 6,
      "title": "产品名称06",
      "jiage": "233.00",
      "shuoming": "妮维雅",
      "img": "https://www.yaoyiwangluo.com/wx/img/cp06.jpg"
    }
  ],
}
```

.wxml 文件代码示例如下：

```
<view class="zuixins">
  <block wx:for-items="{{cpzuixin01}}" wx:key="name" >
  <navigator url='/pages/fenlei/yemian/01-xiangxi?id={{item.id}}'>
    <view class="zuixin-item"   >
```

```
      <image src='{{item.img}}' class="zuixin-image"/>
      <text>{{item.title}}</text>
      <text >¥: {{item.jiage}}</text>
    </view>
  </navigator>
  </block>
</view>
```

5. 实现远程数据

本节删除 navigator 的链接方式，使用 data 路由的模式来链接。布局分析图如 12-14 所示。

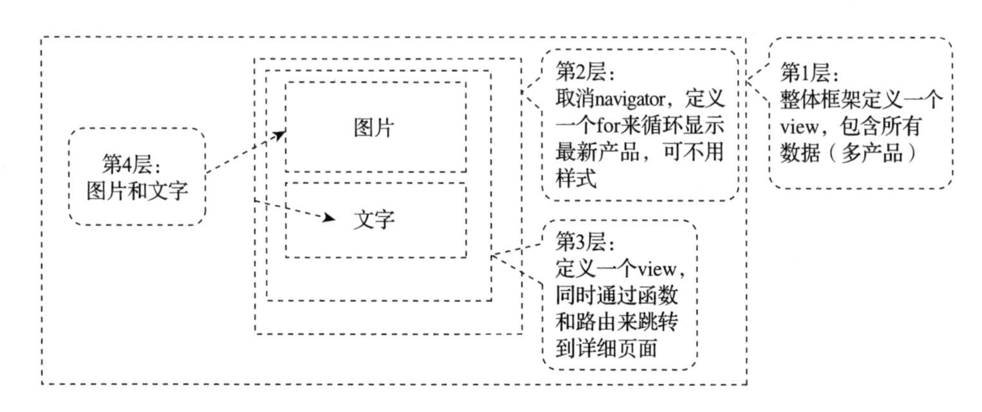

图 12-14　产品远程获取的结构布分析

根据图 12-14 的布局分析，会产生基础的框架，代码示例如下：

```
<view>  <!—第1层-开始：定义flex模式-->
  <block>  <!—第2层-开始-->
    <view>   <!—第3层-开始-->
      <image> </image><!—第4层-图片-->
      <text>  <text><!—第4层-文字-->
      <text>  <text><!—第4层-文字-->
    </view>   <!—第3层-结束-->
  </block>   <!—第2层-结束-->
</view>  <!—第1层-结束-->
```

根据效果图分析出框架的层级后，在每个层级的 view 加上样式，编码实现即可。

- 第 1 层：定义 flex 模式，其内子元素从左到右排列。
- 第 2 层：for 循环，可不定义样式。
- 第 3 层：定义里面产品和图片的显示模式，从上到下显示。
- 第 4 层：对图片和文字单独定义样式。

.wxss 文件样式代码与最新产品的样式相同。

由于取消了 navigator 链接，则原有的这部分样式将失去效果，.wxss 文件代码示例如下：

```
.zuixins navigator{
```

```
  width:33%;/*按1行3列的布局，每列的布局33%的宽度*/
}
```

我们需要补充一个样式：将里面的元素宽度设置为100%，最大程度复用样式，代码示例如下：

```
.zuixin-kuandu{ width: 100%; }
```

.wxml 文件代码示例如下：

```
<!—下面定义点击事情的处理函数：点击该链接跳转到产品页面-->
<view class="zuixins">
  <block wx:for-items="{{cps01}}" wx:key="name" >
    <view class="zuixin-item zuixin-kuandu"
      <!--定义date数据，用于传递给函数，下面定义的是产品页面地址和产品id-->
      data-route='/pages/fenlei/index?id={{item.id}}'
      <!—下面定义点击处理函数navToCP -->
      bindtap='navToCP'
    >
      <image src='{{item.img}}' class="zuixin-image"/>
      <text>{{item.title}}</text>
      <text >¥: {{item.jiage}}</text>
    </view>
  </block>
</view>
```

远程数据地址为：http://www.yaoyiwangluo.com/wx/cpzuixin03.html。

.js 文件代码示例如下：

```
[
  {
    "id" : 7,
    "title" : "产品名称07",
    "jiage" : "325.00",
    "shuoming" : "自然堂",
    "img" : "https://www.yaoyiwangluo.com/wx/img/cp07.jpg"
  },
   {
    "id" : 7,
    "title" : "产品名称08",
    "jiage" : "399.00",
    "shuoming" : "御泥坊",
    "img" : "https://www.yaoyiwangluo.com/wx/img/cp08.jpg"
  },
  {
    "id" : 8,
    "title" : "产品名称09",
    "jiage" : "345.00",
    "shuoming" : "妮维雅",
    "img" : "https://www.yaoyiwangluo.com/wx/img/cp09.jpg"
  }
]
```

.js 文件代码示例如下：

```
data: {
cps01:[]
},
navToCP: function (event){
  //下面语句获取参数evetn传递过来的产品地址
  let route = event.currentTarget.dataset.route
  //下面通过API函数跳转到对应页面
  wx.navigateTo({
    url: route
  })
},
onLoad: function (options) {
  var that = this
  wx.request({
    url: 'http://www.yaoyiwangluo.com/wx/cpzuixin03.html',
    success: function (res)
      {
        that.setData({cps01: res.data})
      }
   })
}
```

12.7 精品推荐

下面讲解精品推荐“区域标题”和“最新产品列表”的界面实现，效果如图 12-15 所示。

图 12-15 精品推荐

1. 应用知识点分析

应用知识点包括：

- 1 行 2 列的布局使用。

- ❑ 本地 .js 脚本数据的设置和使用。
- ❑ 远程数据的获取和本地显示。

最新上架产品的实现方式有以下 3 种：

第 1 种：纯页面布局的制作，适合纯前端人员。

第 2 种：利用本地 .js 脚本数据来显示精品推荐产品，适合全栈人员。

第 3 种：利用 .js 脚本获取远程数据来显示精品推荐产品，适合全栈人员。

2. 布局分析

精品推荐结构布局分析如图 12-16 所示。

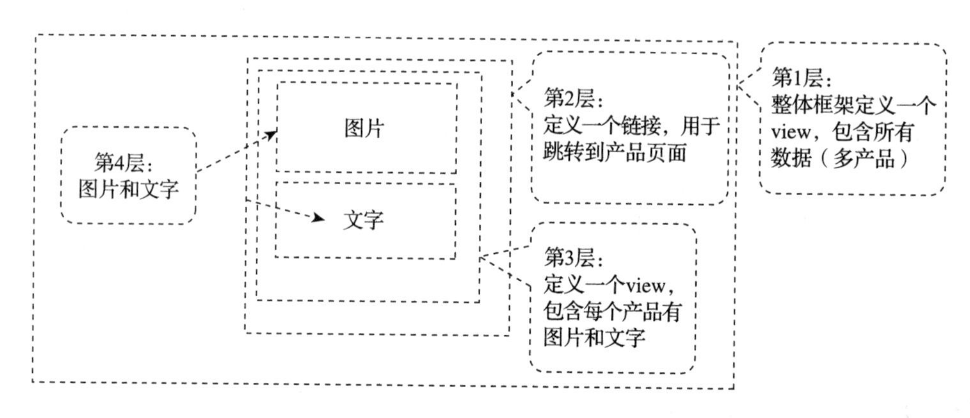

图 12-16 精品推荐结构布局分析

根据图 12-16 的布局分析，会产生基础的框架，代码示例如下：

```
<view>  <!—第1层-开始：定义flex模式-->
  <navigator>  <!—第2层-开始-->
    <view>   <!—第3层-开始-->
      <image> </image><!—第4层-图片-->
      <text>  <text><!—第4层-文字-->
      <text>  <text><!—第4层-文字-->
    </view>   <!—第3层-结束-->
  </navigator>   <!—第2层-结束-->
</view>  <!—第1层-结束-->
```

根据效果图分析出框架的层级后，在每个层级的 view 上加入样式，编码实现即可。

- ❑ 第 1 层：定义 flex 模式，默认从左到右排列。
- ❑ 第 2 层：定义产品链接 navigator。
- ❑ 第 3 层：定义里面产品和图片的显示模式，从上到下显示。
- ❑ 第 4 层：对图片和文字单独定义样式。

3. 实现本地界面

.wxml 文件代码示例如下：

```
<!--精品推荐-区域标题-->
<view class='text'>
  <view class='line_y'></view>
  <text>精品推荐</text>
</view>
<!--精品推荐-1行2列图片-->
<view class="tuijians">
  <navigator url=''>
  <view class="tuijian-item" >
    <image src='/img/cp01.jpg' class="tuijian-image"/>
    <text>产品名称01</text>
    <text class='bg01'>¥: 368</text>
  </view>
  </navigator>
  <navigator url=''>
  <view class="tuijian-item" >
    <image src='/img/cp02.jpg' class="tuijian-image"/>
    <text>产品名称01</text>
    <text class='bg01'>¥: 368</text>
  </view>
  </navigator>
</view>
```

.wxss 文件代码示例如下：

```
/*精品推荐-1行2列图片*/
.tuijians {
  display: flex;
}
.tuijians navigator{
  width:50%;
}
.tuijian-item {
  width: 100%;
  display: flex;
  align-items: center;
  flex-direction: column;
  padding: 20rpx;
}
.tuijian-image {
  width: 330rpx;
  height: 330rpx;
}
.tuijian-item text {
  padding-top: 10rpx;
  font-size: 25rpx; text-align: left;
  width: 100%;
}
.bg01{ background:  #d9d9d9;}
```

4. 实现本地数据

下面讲解如何在本地小程序的 .js 文件中初始化数据，然后在前端 WXML 中调用 .js 脚本的数据。

样式 WXSS 参考上节。.js 脚本中的对象如何定义和调用，参考 9.1.2 节。 我们这里对样式不做修改，只修改链接的参数、信息时间和信息标题。

.js 文件代码示例如下：

```
data: {
  cpjingpin01: [
    {
      "id": 3,
      "title": "产品名称03",
      "jiage": "155.00",
      "shuoming": "自然堂",
      "img": "https://www.yaoyiwangluo.com/wx/img/cp04.jpg"
    },
    {
      "id": 4,
      "title": "产品名称04",
      "jiage": "199.00",
      "shuoming": "御泥坊",
      "img": "https://www.yaoyiwangluo.com/wx/img/cp05.jpg"
    }
}
```

.wxml 文件代码示例如下：

```
<!--  -->
<view class="tuijians">
  <block wx:for-items="{{cpjingpin01}}" wx:key="name" >
  <navigator url='/pages/fenlei/yemian/01-xiangxi?id={{item.id}}'>
  <view class="tuijian-item" >
    <image src='{{item.img}}' class="tuijian-image"/>
    <text>{{item.title}}</text>
    <text class='bg01'>?: {{item.jiage}}</text>
  </view>
  </navigator>
  </block>
</view>
```

5. 实现远程数据

上小节实现了本地 .js 脚本的数据化；这小节承接上小节，获取远程数据来填充本地的 .js 脚本数据。

这里的远程数据是通用 JSON 格式，你可以根据实际需求，使用 PHP、.NET、Java、ASP 等语言来实现动态（从数据库读取等）。

操作步骤如下：

1）在 .js 脚本的 data 初始化代码中定义空的对象 cpjingpin02(用于存放精品推荐产品)。

2）定义一个函数 fetchCpjingpin02，获取远程服务器端最新精品推荐产品。

3）将获取的最新精品推荐产品内容，赋值给对象 cpjingpin02。

获取远程服务器内容，参见 11.1.2 节。远程最新通知的数据地址 https://www.yaoyiwangluo.com/wx/Cpjingpin02.html。

代码示例如下：

```
[
  {
    "id" : 5,
    "title" : "产品名称05",
    "jiage" : "325.00",
    "shuoming" : "自然堂",
    "img" : "https://www.yaoyiwangluo.com/wx/img/cp07.jpg"
  },
   {
    "id" : 6,
    "title" : "产品名称06",
    "jiage" : "399.00",
    "shuoming" : "御泥坊",
    "img" : "https://www.yaoyiwangluo.com/wx/img/cp08.jpg"
  }
]
```

.js 文件代码示例如下：

```
data: {
      cpjingpin02:[]//定义空的对象cpjingpin02（后面用于存放最新精品推荐的产品信息）
},
//函数定义完毕后，需要在页面加载的时候执行
fetchCpjingpin02: function () {
  var that =this;
  wx.request({ //获取远程服务器端数据
      url: "https://www.yaoyiwangluo.com/wx/Cpjingpin02.html",
      //第三步：将获取的最新精品推荐产品内容，赋值给对象cpjingpin02
      success: function (res) // res为系统参数
      {
      // res.data为远程获取后系统返回的内容，也就是Cpjingpin02.html的内容
      that.setData({ tongzhi02: res.data }) //返回的内容，赋值给对象cpjingpin02
    }
  })
},
onLoad: function (options)
{    //定义的函数，需要执行才会将数据绑定
    this.fetchCpjingpin02();
},
```

.wxml 文件代码示例如下：

```
<!--  -->
<view class="tuijians">
  <block wx:for-items="{{cpjingpin02}}" wx:key="name" >
```

```
<navigator url='/pages/fenlei/yemian/01-xiangxi?id={{item.id}}'>
<view class="tuijian-item" >
  <image src='{{item.img}}' class="tuijian-image"/>
  <text>{{item.title}}</text>
  <text class='bg01'>¥: {{item.jiage}}</text>
</view>
</navigator>
</block>
</view>
```

12.8 销售排行

下面讲解销售排行功能的“区域标题”和“产品列表”的界面实现。效果如图 12-17 所示。

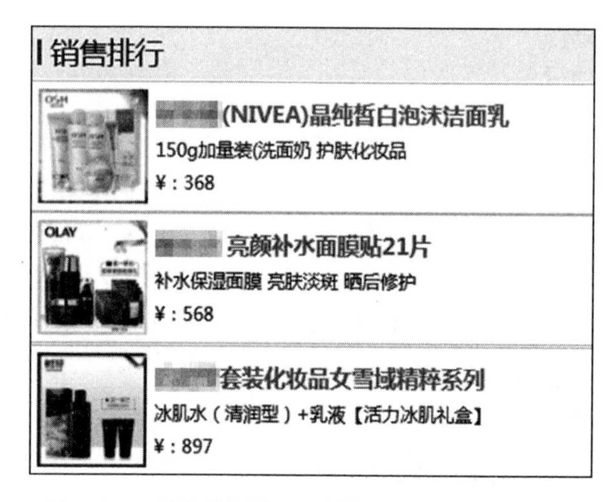

图 12-17 销售排行的“区域标题”和“产品列表”

1. 应用知识点分析

应用知识点包括：

- 1 行 2 列的布局使用（左右两列，右侧 1 列 3 行）。
- 本地 .js 脚本数据的设置和使用。
- 远程数据的获取和本地显示。

销售排行的实现有以下三种方式：

第 1 种：纯页面布局的制作，适合纯前端人员。

第 2 种：本地 .js 脚本数据来显示销售排行，适合全栈人员。

第 3 种：.js 脚本获取远程数据来显示销售排行，适合全栈人员。

2. 布局分析

销售排行结构布局分析如图 12-18 所示。

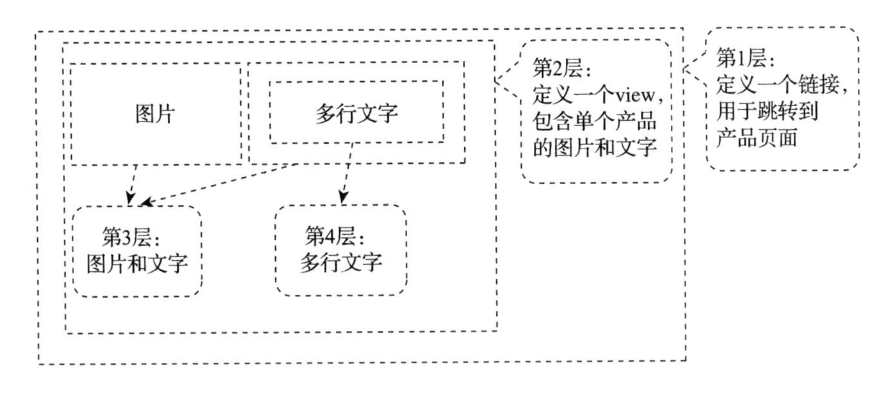

图 12-18　销售排行结构布局分析

根据图 12-18 的布局分析，会产生基础的框架，代码示例如下：

```
<navigator>  <!—第1层-开始-->
  <view>  <!—第2层-开始-->
    <image> </image><!—第3层-图片-->
    <view>   <!—第3层-开始-->
      <text>  <text><!—第4层-文字-->
      <text>  <text><!—第4层-文字-->
    </view>   <!—第3层-结束-->
  </view >   <!—第2层-结束-->
</navigator >  <!—第1层-结束-->
```

根据效果图分析出框架的层级后，在每个层级的 view 上加入样式，编码实现即可。

- 第 1 层：定义产品链接 navigator，无须样式。
- 第 2 层：定义 flex 模式，默认从左到右排列。
- 第 3 层：图片样式，多行文字的总体排列样式。
- 第 4 层：多行文字中每行文字的样式。

3. 实现本地界面

.wxml 文件代码示例如下：

```
<!--销售排行-区域标题-->
<view class='text'>
  <view class='line_y'></view>
  <text>精品推荐</text>
</view>
<navigator url='/pages/fenlei/yemian/01-xiangxi'>
  <view class='paihang'>
    <image class="paihang-img" src='/img/cp01.jpg' />
    <view class='two-line-text'>
      <text class='txt1'>销售排行产品名称01</text>
      <text class="txt2">150g加量装（洗面奶护肤化妆品</text>
      <text class="txt2">¥: 368</text>
    </view>
```

```
  </view>
</navigator>
```

.wxss 文件代码示例如下：

```
/*销售排行1行2列：左图片，右文字（多行文字） */
/*第2层样式*/
.paihang{
  display: flex; /* felx模式，默认图片和文字区块，从左到右排列，也就是1行2列*/
  margin: 1rpx;
  border: #ddd solid 1px;  /*每个产品信息下面的横线*/
  padding: 10rpx;
}
.paihang-img{
  width: 80px;
  height: 80px;
}
.two-line-text{
  padding: 3px;
  display: flex; /*定义flex后，下面的属性才能生效*/
  flex-direction: column; /*将默认的从左到右布局重新定义为从上到下的多行排列布局*/
}
.txt1{
  margin: 3px 3px;
  font-size: 16px;
  font-weight: bold;
  white-space: nowrap; color:  #09bb07;
}
.txt2{
  margin: 3px 3px;
  font-size: 13px;
  color: #656565;
  white-space: nowrap;
}
.txt3{
  margin: 3px 3px;
  font-size: 13px;
  color: #656565;
  white-space: nowrap;
}
```

4. 实现本地数据

本节讲解如何在本地 .js 脚本初始化数据，然后在前端 WXML 中调用 .js 脚本的数据。

样式 WXSS 参考上节。.js 脚本中的对象如何定义和调用，参考 9.1.2 节。我们这里对样式不做修改，只修改链接的参数、产品标题、产品副标题和价格。

.js 文件代码示例如下：

```
data: {
  paihang01: [
    {
      "id": 2,
```

```
      "title": "销售排行产品名称02",
      "title2": "秋季补水套餐双11优惠",
      "jiage": "255.00",
      "shuoming": "自然堂",
      "img": "https://www.yaoyiwangluo.com/wx/img/cp02.jpg"
    },
    {
      "id": 3,
      "title": "售排行产品名称03",
      "title2": "御泥坊面膜套餐-冬季套餐",
      "jiage": "299.00",
      "shuoming": "御泥坊面膜套餐",
      "img": "https://www.yaoyiwangluo.com/wx/img/cp03.jpg"
    }
  ]
}
```

.wxml 文件代码示例如下：

```
<block wx:for-items="{{paihang01}}" wx:key="name" >
  <navigator url='/pages/fenlei/yemian/01-xiangxi?id={{item.id}}'>
    <view class='paihang'>
      <image class="paihang-img" src='{{item.img}}' />
      <view class='two-line-text'>
        <text class='text-center txt1'>{{item.title}}</text>
        <text class="text-center txt2">{{item.title2}}</text>
        <text class="text-center txt2">?: {{item.jiage}}</text>
      </view>
    </view>
  </navigator>
</block>
```

5. 实现远程数据

上小节实现了本地 .js 脚本的数据化，这小节承接上小节，获取远程数据来填充本地的 .js 脚本数据。这里远程数据是通用 JSON 格式，你可以根据实际需求，使用 PHP、.NET、Java、ASP 等语言来实现动态（从数据库读取等）。

操作步骤如下：

1）在 .js 脚本的 data 初始化代码中定义空的对象 paihang02（用于存放销售排行产品）。

2）定义一个函数 fetchCpPaihang02，获取远程服务器端最新销售排行产品数据。

3）将获取的最新销售排行产品内容，赋值给对象 paihang02。

获取远程服务器内容，参见 11.1.2 节。远程最新通知的数据地址 https://www.yaoyiwangluo.com/wx/cppaihang02.html。远程数据代码示例如下：

```
[
  {
    "id": 4,
    "title": "销售排行产品名称04",
```

```
    "title2": "冰肌水（清润型）+乳液",
    "jiage": "255.00",
    "shuoming": "自然堂",
    "img": "https://www.yaoyiwangluo.com/wx/img/cp04.jpg"
  },
  {
    "id": 5,
    "title": "售排行产品名称05",
    "title2": "御泥坊面膜套餐-冬季套餐",
    "jiage": "299.00",
    "shuoming": "面部护理+手部护理2合一套餐",
    "img": "https://www.yaoyiwangluo.com/wx/img/cp05.jpg"
  }
]
```

.js 文件代码示例如下：

```
data: {
    paihang02: []//定义空的对象cpjingpin02（后面用于存放最精品推荐的产品信息）
},
//函数定义完毕后，需要在页面加载的时候执行
fetchCpPaihang02: function () {
  var that =this;
  wx.request({ //获取远程服务器端数据
    url: "https://www.yaoyiwangluo.com/wx/cppaihang02.html",
    //第三步：将获取的最新销售排行产品内容，赋值给对象paihang02
    success: function (res) // res为系统参数
    {
    // res.data为远程获取后系统返回的内容，也就是Cpjingpin02.html的内容
    that.setData({paihang02: res.data }) //返回的内容，赋值给对象paihang02
    }
  })
},
onLoad: function (options)
{  //定义的函数，需要执行才会将数据绑定
   this.fetchCpPaihang02();
},
```

.wxml 文件代码示例如下：

```
<block wx:for-items="{{paihang02}}" wx:key="name" >
  <navigator url='/pages/fenlei/yemian/01-xiangxi?id={{item.id}}'>
    <view class='paihang'>
      <image class="paihang-img" src='{{item.img}}' />
      <view class='two-line-text'>
        <text class='text-center txt1'>{{item.title}}</text>
        <text class="text-center txt2">{{item.title2}}</text>
        <text class="text-center txt2">?: {{item.jiage}}</text>
      </view>
    </view>
  </navigator>
</block>
```

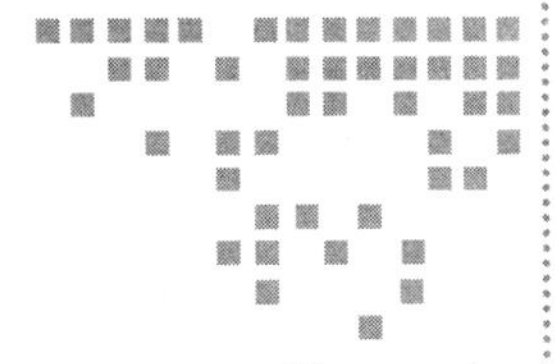

第 13 章 Chapter 13

分类和产品

本章讲解产品分类功能和产品详细页面的实现，主要涉及：如何实现左右布局的框架，如何实现产品页面顶部菜单的切换，如何实现产品的详情页面底部菜单和评论页面等。

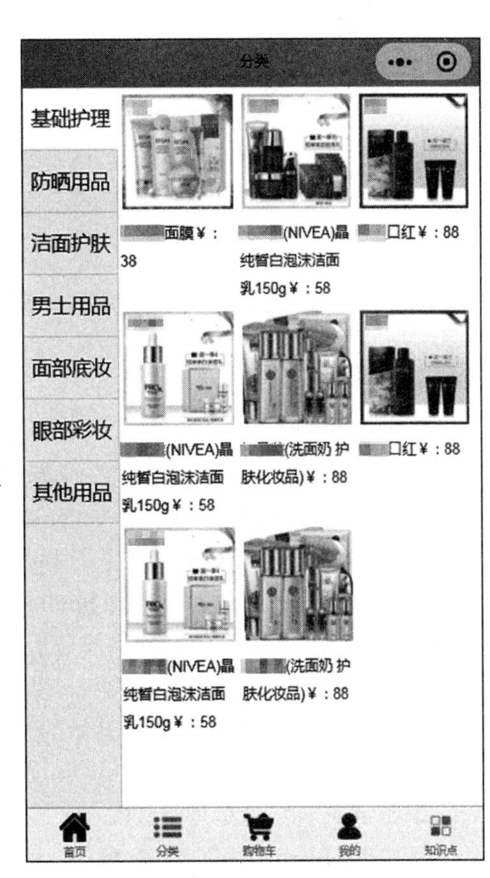

图 13-1　分类的左右布局框架

13.1　左右布局框架

左右布局框架如图 13-1 所示。

13.1.1　布局分析

使用 view 或者循环 / 链接等元素来实现每一个层级，结构布局分析如图 13-2 所示。

根据图 13-2 的布局分析，产生基础的框架，代码示例如下：

```
<view class="container">
  <!--左侧分类-->
  <view >
    <block wx:for="">
      <text >分类名称</text>
    </block>
  </view>

  <--右侧产品-->
  <view >
```

```
      <view >
        <block wx:for="">
          <view >
            <navigator url=' >
              <image />
              <text>产品名称</text>
              <text>¥: 价格</text>
            </navigator>
          </view>
        </block>
      </view>
    </view>

</view>
```

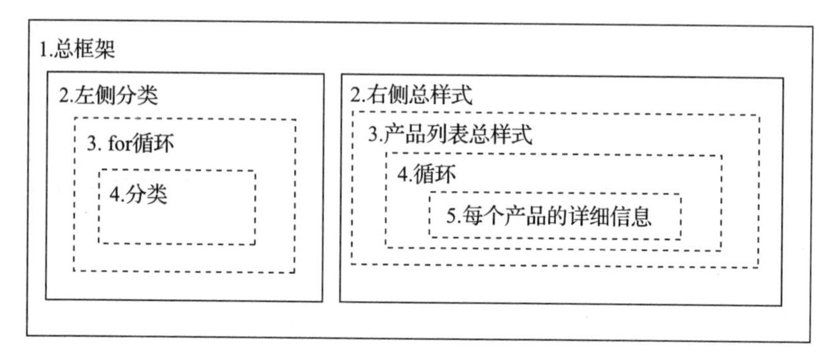

图 13-2 分类的结构布局分析

根据效果图分析出框架的层级后，在每个层级的 view 上加入样式，编码实现即可。

13.1.2 功能实现

左侧分类说明：

- ❑ 读取对象数组 navList 的值，循环显示。
- ❑ 给定分类文本两个样式——普通样式 type-nav 和选中的样式 selected，如果当前选中的分类变量 curNav 和分类本身的 id 一致，则表示当前分类选中。
- ❑ 点击分类的时候触发事件 bindtap，调用对应的自定义函数 selectNav 来处理。设定变量 curNav（用于判断当前显示的分类，默认 curNav=1，显示第一个分类）和变量 curIndex（传递给产品数组，用于定义选择了哪个分类，这里是数组的序号，默认 curIndex=0，数组是从 0 开始的）的值。

右侧产品说明：

- ❑ dishesList，这里是定义的一个多层嵌套的数组。
- ❑ dishesList[[{ 对象 },{ 对象 },{ 对象 }…],…]，数组里面嵌套数组，数组里再嵌套对象。

- 循环显示数组的内容，这里取的是 dishesList 嵌套的这层数组，也就是 dishesList[序号] 的数据。我们定义了变量 curIndex 来表示序号（默认为 0，数组下标从 0 开始，curIndex 随着左侧菜单的点击值会变换），也就是将 dishesList[curIndex] 作为产品的数组，里面包含多个产品。

.wxml 文件代码示例如下：

```
<view class="container">
  <!--左侧分类-->
  <view class="aside"  style="height:{{winHeight}}px">
    <block wx:for="{{navList}}">
      <text class="type-nav {{curNav == item.id ? 'selected' : ''}}"
        bindtap="selectNav"
        data-index="{{index}}"
        data-id="{{item.id}}">
          {{item.name}}
      </text>
    </block>
  </view>

  <!--右侧产品-->
  <view class="content">
    <view class="cps">
      <block wx:for="{{dishesList[curIndex]}}">
        <view class="cp-item" >
          <navigator url='/pages/fenlei/yemian/01-xiangxi'>
            <image src='{{item.img}}' class="cp-image"/>
            <text>{{item.name}}</text>
            <text>¥: {{item.price}}</text>
          </navigator>
        </view>
      </block>
    </view>
  </view>

</view>
```

.wxss 文件代码示例如下：

```
/*整体框架样式: flex模式，左侧菜单，右侧产品*/
.container {
  height: 100%;
  box-sizing: border-box;
  background-color: #f4f4f4;
  display: flex;
  flex-direction: row;
}
/*左侧-分类*/
.aside{
  width:4rem;
```

```
  border-right: 1px solid #ddd;
  font-size: .85rem; height: 100%;
  display: flex;
  flex-direction: column; /*定义菜单显示方式，从上到下排列*/
}
.type-nav{ /*分类通用样式*/
  position: relative;
  padding:.7rem .3rem;
  text-align: center; /*居中*/
  border-bottom: 1px solid #ddd; /*每个分类下面的灰色横线*/
  z-index: 10;
}
.type-nav.selected{/*选中某个分类的样式*/
  margin-right: -1px;
  padding-left:-1px;
  color: #333;
  background-color: #fff; /*白色背景，选中时候突出显示*/
}

/*右侧-1行3列图片*/
.content{/*右侧框架总样式*/
  background-color: #fff;
  flex: 1; /*定义产品列表占满所有空间，这里背景都是白色*/
}
.cps {/*右侧产品的总样式*/
  display: flex;
  flex-wrap:  wrap; /*自动换行*/
}
.cp-item {
  width: 30%;/*考虑右侧留点空白，按1行排列3个产品的比例来设计*/
  display: flex;
  padding: 2px;
}
.cp-item navigator
{
  display: flex;
  flex-direction: column; /*定义产品图片、名称、价格从上到下按行排列*/
}
.cp-image {
  width: 180rpx;height: 180rpx;
  margin: 1px;  padding: 1px;
}
.cp-item text {
  padding-top: 10rpx;
  font-size: 25rpx;
  text-align:  center; /*文字居中显示，默认靠左*/
  width: 100%;
}
```

.js 文件代码示例如下：

```
const app = getApp();
Page({
  /*页面的初始数据*/
  data: {
    winWidth: 0,  /*手机的宽度，初始化设定为0 */
    winHeight: 0, /*手机的高度，初始化设定为0 */
    hidden: false,
    curNav: 1,
    curIndex: 0,
    /*定义分类的数组信息navList */

    navList: [
      {
        id: 1,
        name: '分类1'
      },
      {
        id: 2,
        name: '分类2'
      },
      {
        id: 3,
        name: '分类3'
      }
    ],
    /*定义产品信息dishesList，多层嵌套数组*/
    dishesList: [
      [
        {
          name: "分类1的产品01",
          price: 38,
          num: 1,
          id: 1,
          img:"/img/cp01.jpg"
        },
        {
          name: "分类1的产品02",
          price: 58,
          num: 1,
          id: 2,
          img: "/img/cp02.jpg"
        },
        {
          name: "分类1的产品03",
          price: 88,
          num: 1,
          id: 3,
          img: "/img/cp03.jpg"
        },
        {
          name: "分类1的产品04",
```

```
        price: 58,
        num: 1,
        id: 4,
        img: "/img/cp04.jpg"
      },
      {
        name: "分类1的产品05",
        price: 88,
        num: 1,
        id: 5,
        img: "/img/cp05.jpg"
      },
      {
        name: "分类1的产品06",
        price: 88,
        num: 1,
        id: 6,
        img: "/img/cp06.jpg"
      },
      {
        name: "分类1的产品07",
        price: 58,
        num: 1,
        id: 7,
        img: "/img/cp07.jpg"
      },
      {
        name: "分类1的产品08",
        price: 88,
        num: 1,
        id: 8,
        img: "/img/cp05.jpg"
      }
    ],
    [
      {
        name: "分类2的产品01",
        price: 18,
        num: 1,
        id: 3,
        img: "/img/cp06.jpg"
      },
      {
        name: "分类2的产品02",
        price: 58,
        num: 1,
        id: 4,
        img: "/img/cp07.jpg"
      },
      {
        name: "分类2的产品03",
```

```
            price: 58,
            num: 1,
            id: 4,
            img: "/img/cp08.jpg"
          },
          {
            name: "分类2的产品04",
            price: 58,
            num: 1,
            id: 4,
            img: "/img/cp09.jpg"
          }
        ],
        [
          {
            name: "分类3的产品01",
            price: 18,
            num: 1,
            id: 5,
            img: "/img/cp08.jpg"
          },
          {
            name: "分类3的产品02",
            price: 8,
            num: 1,
            id: 6,
            img: "/img/cp09.jpg"
          }
        ],
        []
      ],
      dishes: []
  },
  /*点击左侧菜单，自定义处理函数*/
  selectNav(event) {
      let id = event.target.dataset.id,
      index = parseInt(event.target.dataset.index);
      this.setData({
        curNav: id, /*当前选中的分类变量curNav和分类本身的id一致，则表示当前分类选中*/
        curIndex: index /*传递给右侧产品列表的数组下标*/
      })
  },
  onLoad() {
      var that = this;
      /*获取系统信息*/
      wx.getSystemInfo({
        success: function (res) {
          that.setData({
            winWidth: res.windowWidth, /*手机的宽度*/
            winHeight: res.windowHeight/*手机的高度*/
          });
```

```
        }
      });
    }

  })
```

13.2 产品列表

下面讲解产品列表界面的实现，包含顶部查询内容布局、条件筛选布局和产品列表布局。效果如图 13-3 所示。

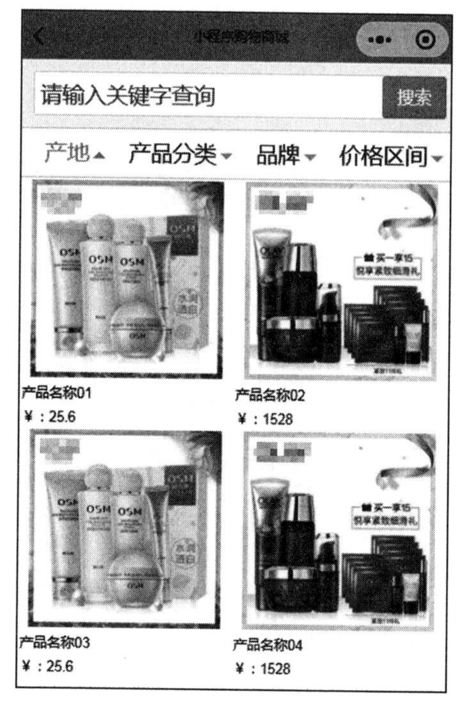

图 13-3 分类右侧的查询、筛选及产品列表

13.2.1 顶部查询布局

本小节主要讲解产品列表顶部查询布局的实现，如图 13-4 所示。

顶部查询结构布局分析示意如图 13-5 所示。

- 第 1 层：整个产品列表公用的框架。
- 第 2 层：定义搜索总区块的背景颜色、下划线等。
- 第 3 层：定义详细内容。

根据上面的布局分析，产生基础的框架，代码示例如下：

```
<view>  <!—第1层-开始-->
  <view>   <!—第2层-开始-->
    <input>   </input>  <!—第3层-输入框-->
    <button>  </button> <!—第3层-按钮-->
  </view>   <!—第2层-结束-->
</view>  <!—第1层-结束-->
```

图 13-4 顶部查询

根据效果图分析出框架的层级后，在每个层级的 view 上加入样式，编码实现即可。.wxml 文件代码示例如下：

```
<view class="container">

  <view class="search-bar ">
```

```
    <input type="text" maxlength="12" placeholder="请输入关键字查询"></input>
    <button   bindtap="submitSearch" >搜索</button>
  </view>

</view>
```

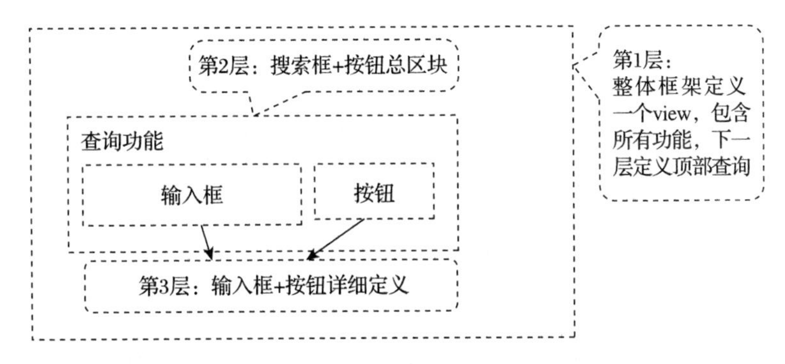

图 13-5 顶部查询结构布局分析

.wxss 文件代码示例如下：

```
.container {
    flex: 1;
  display: flex;
  flex-direction: column;
    box-sizing: border-box;
}

.search-bar{
    display: flex;
  flex: 1;
    border-radius: 6rpx;
    padding: 20rpx;
    border-bottom: 1rpx solid #ddd;
    z-index: 13;
    background: #f9f9f9;
  }
.search-bar button{
    background: #f7982a;
    color: #fff;
    line-height: 72rpx;
    height: 72rpx;
    font-size: 30rpx;
    border-radius: 6rpx;
}
.search-bar input{
    flex: 1;
    height: 72rpx;
    line-height: 72rpx;
```

```
    padding: 0 10rpx;
    background: #fff;
}
```

13.2.2 条件筛选布局

下面讲解产品列表上部的条件筛选布局的实现，如图 13-6 所示。

产地▲ 产品分类▼ 品牌▼ 价格区间▼

图 13-6 条件筛选

条件筛选结构布局分析如图 13-7 所示。

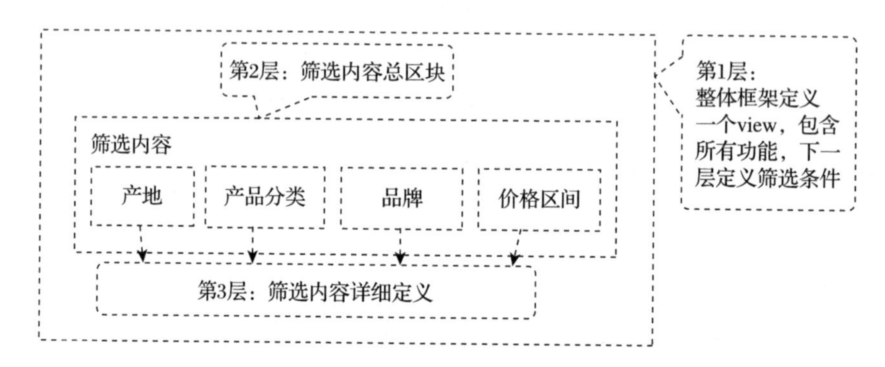

图 13-7 条件筛选结构布局分析

根据图 13-7 的布局分析，产生基础的框架，代码示例如下：

```
<view>  <!—第1层-开始-->
  <view>   <!—第2层-开始-->
    <!—第3层-输入框-->
    <picker>
      <text>筛选的文字标题</text>
    </picker>
  </view>    <!—第2层-结束-->
</view>  <!—第1层-结束-->
```

根据效果图分析出框架的层级后，在每个层级的 view 上加入样式，编码实现即可。
第 1 层的框架沿用 13.2.1 节的。
.wxml 文件代码示例如下：

```
<view class="filter-tab">
    <picker bindchange="bindPickerChange" value="{{index}}" range="{{array}}">
  <text  data-findex="1" class="active">产地</text>
    </picker>
    <picker bindchange="bindPickerChange" value="{{index}}" range="{{array}}">
```

```
  <text  data-findex="1" >产品分类</text>
    </picker>
    <picker bindchange="bindPickerChange" value="{{index}}" range="{{array}}">
  <text  data-findex="1" >品牌</text>
    </picker>
    <picker bindchange="bindPickerChange" value="{{index}}" range="{{array}}">
  <text  data-findex="1" >价格区间</text>
    </picker>
</view>
```

其中，bindchange 是指点击里面的文字触发，内容通过 range 绑定到内容数组。

.wxss 文件代码示例如下：

```
.filter-tab{
  display: flex;
  width: 100%;
  line-height: 80rpx;
  border-bottom: 1rpx solid #ddd;
  position: relative;
  z-index: 2;
  background: #fff;
}
.filter-tab picker{ margin-left: 20rpx; padding-left: 20rpx;}
.filter-tab text{
  flex: 1;
  text-align: center;
}
.filter-tab text:after{
  content: '';
  display: inline-block;
  vertical-align: 4rpx;
  width: 0;
  height: 0;
  border-left: 12rpx solid transparent;
  border-right: 12rpx solid transparent;
  border-top: 12rpx solid #bbb;
  margin-left: 8rpx;
}
.filter-tab text.active{
  color: #f7982a;
}
.filter-tab:not(.sort-tab) text.active:after{
  border-top: 0;
  border-bottom: 12rpx solid #f7982a;
}
.filter-tab.sort-tab text.active:after{
  border-top: 12rpx solid #f7982a;
}
.picker{
  padding: 13px;
  background-color: #FFFFFF;
}
```

.js 文件代码示例如下：

```
data: {
  //WXML页面通过range来绑定
  array: ['美国', '中国', '巴西', '日本'],
},
// Bindchange事件触发自定义函数bindPickerChange
bindPickerChange: function (e) {
  console.log('picker发送选择改变，携带值为', e.detail.value)
  this.setData({
    index: e.detail.value
  })
},
```

13.2.3 产品列表布局

下面讲解产品列表布局的实现，可参考图 13-3。

产品列表结构布局分析如图 13-8 所示。

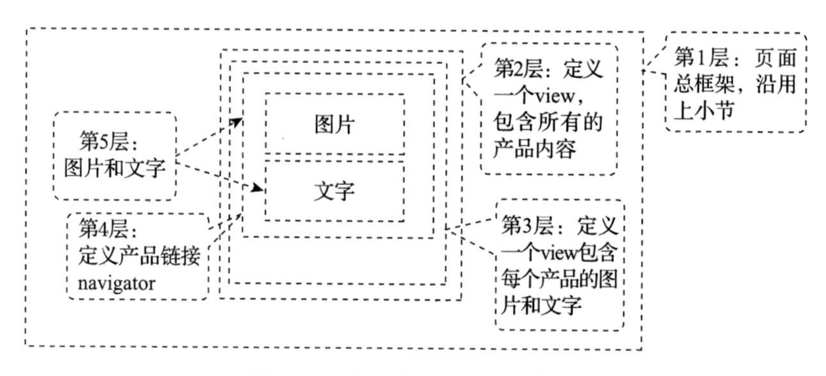

图 13-8 产品列表结构布局分析

根据图 13-8 的布局分析，产生基础的框架，代码示例如下：

```
<view>  <!—第1层-开始-->
  <view>   <!—第2层-开始-->
    <view>   <!—第3层-开始-->
      <navigator>  <!—第4层-开始-->
        <image> </image><!—第5层-图片-->
        <text>  <text><!—第5层-名称-->
        <text>  <text><!—第5层-价格-->
      </navigator>   <!—第4层-结束-->
    </view>   <!—第3层-结束-->
  <view> <!—第2层-结束-->
</view>  <!—第1层-结束-->
```

根据效果图分析出框架的层级后，在每个层级的 view 上加入样式，编码实现即可。

.wxml 文件代码示例如下：

```
<view class="cps">
    <view class="cp-item" >
      <navigator url='/pages/fenlei/yemian/01-xiangxi'>
        <image src='/img/cp01.jpg' class="cp-image"/>
        <text>产品名称01</text>
        <text>¥: 25.6</text>
      </navigator>
    </view>
    <view class="cp-item" >
      <navigator url='/pages/fenlei/yemian/01-xiangxi'>
        <image src='/img/cp01.jpg' class="cp-image"/>
        <text>产品名称02</text>
        <text>¥: 25.6</text>
      </navigator>
    </view>
    <view class="cp-item" >
      <navigator url='/pages/fenlei/yemian/01-xiangxi'>
        <image src='/img/cp01.jpg' class="cp-image"/>
        <text>产品名称03</text>
        <text>¥: 25.6</text>
      </navigator>
    </view>
  </view>
</view>
```

.wxss 文件代码示例如下：

```
/*1行2列,自动换行*/
.cps {
  display: flex;
  flex-wrap:  wrap;  /*自动换行*/
}
.cp-item {
  width: 48%;
  display: flex;
  align-items: center;
  flex-direction: column;
  padding: 5rpx;
}
.cp-item navigator{
  display: flex;
  flex-direction:  column;
}
.cp-image {
  width: 330rpx;
  height: 330rpx;
}
.cp-item text {
  padding-top: 10rpx;
  font-size: 25rpx;
```

```
  text-align: center;
  width: 100%;
}
```

13.3 产品页面顶部切换功能

下面讲解产品详细页面中顶部切换界面和功能的实现，效果如图 13-9 所示。

图 13-9 顶部切换

1. 布局分析

顶部切换及商品内容的结构布局分析如图 13-10 所示。

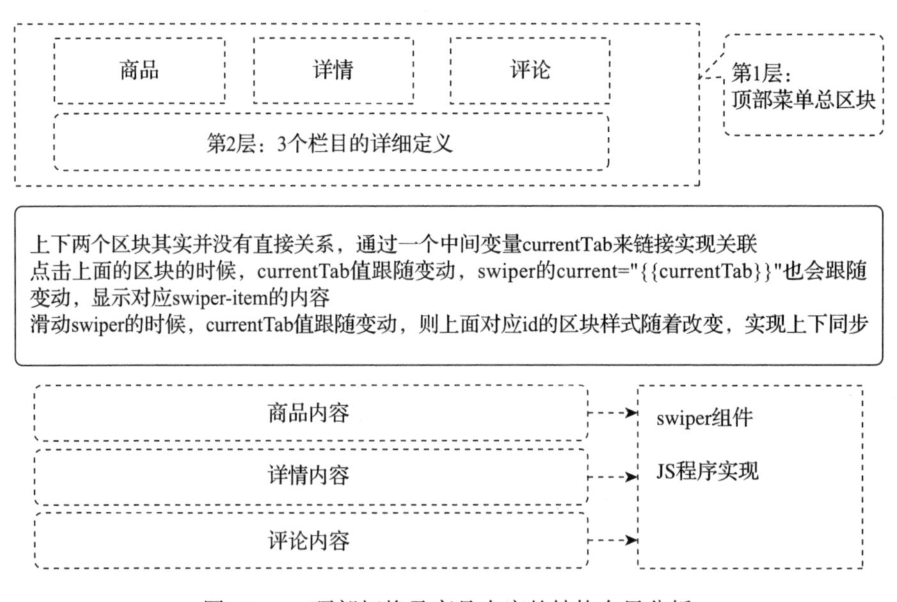

图 13-10 顶部切换及商品内容的结构布局分析

根据图 13-10 的布局分析，产生基础的框架，代码示例如下：

```
<view>  <!—第1层-开始-->
  <view>商品</view>     <!—第2层-->
  <view>详情</view>     <!—第2层-->
```

```
  <view>评论</view>     <!—第2层-->
</view>  <!—第1层-结束-->

<swiper>
    <swiper-item>
    </swiper-item>
</swiper>
```

根据效果图分析出框架的层级后，在每个层级的 view 上加入样式，编码实现即可。

2. 功能实现

.wxml 文件代码示例如下：

```
<view class="swiper-tab">
  <view class="swiper-tab-list {{currentTab==0 ? 'on' : ''}}"
    data-current="0" bindtap="swichNav">
    商品
  </view>
  <view class="swiper-tab-list {{currentTab==1 ? 'on' : ''}}"
    data-current="1" bindtap="swichNav">
    详情
  </view>
  <view class="swiper-tab-list {{currentTab==2 ? 'on' : ''}}"
    data-current="2" bindtap="swichNav">
    评论
  </view>
</view>

<swiper current="{{currentTab}}" class="swiper-box" duration="300" style=
    "height:{{winHeight - 31}}px" bindchange="bindChange">
  <swiper-item>
    <view>我是商品内容</view>
  </swiper-item>
  <swiper-item>
    <view>我是详情内容</view>
  </swiper-item>
  <swiper-item>
    <view>我是评论内容</view>
  </swiper-item>
</swiper>
```

.wxss 文件代码示例如下：

```
.swiper-tab{
  width: 100%;
  border-bottom: 2rpx solid #777777;
  text-align: center;
  line-height: 80rpx;}
.swiper-tab-list{  font-size: 30rpx;
  display: inline-block;
  width: 33%;
```

```
  color: #777777;
}
.on{
  color: #da7c0c;
  border-bottom: 5rpx solid #da7c0c;
}
.swiper-box{
  display: block; height: 100%; width: 100%; overflow: hidden;
  }
.swiper-box view{
  text-align: center;
}
```

.js 文件代码示例如下：

```
data: {
  /**  *页面配置 */
  winWidth: 0,
  winHeight: 0,
  // tab切换
  currentTab: 0,
},
onLoad: function (options) {
  var that = this;
  /*获取系统信息*/
  wx.getSystemInfo({
    success: function (res) {
      that.setData({
        winWidth: res.windowWidth,
        winHeight: res.windowHeight
      });
    }
  });
},
  /**  *滑动切换tab   */
bindChange: function (e) {
  var that = this;
  that.setData({ currentTab: e.detail.current });
},
  /**  *点击tab切换 */
swichNav: function (e) {
  var that = this;
  if (this.data.currentTab === e.target.dataset.current) {
    return false;
  } else {
    that.setData({
      currentTab: e.target.dataset.current
    })
  }
},
```

13.4　产品页面底部功能

下面讲解产品页面底部菜单界面的实现，效果如图 13-11 所示。

图 13-11　底部菜单

1. 应用知识点分析

底部有 5 个菜单：首页，收藏，购物车，加入购物车，立即购买。我们可以按一定的宽度比例来分配空间，通过内联样式“style='width:x%'”来实现。

在产品详细页面，我们首先要获取远程链接过来的产品 ID 参数。

.js 文件代码示例如下：

```
//页面的初始数据
data: {
  cpid:"",   //产品ID，初始数据为0或者空都可以
}

//页面加载的时候获取参数，并将获得的产品ID赋值给变量cpid，本页面其他地方可调用
onLoad: function (options) {
  var that = this;
  that.setData({ cpid: options.id}) //赋值
}
```

2. 布局分析

底部菜单的结构布局分析如图 13-12 所示。

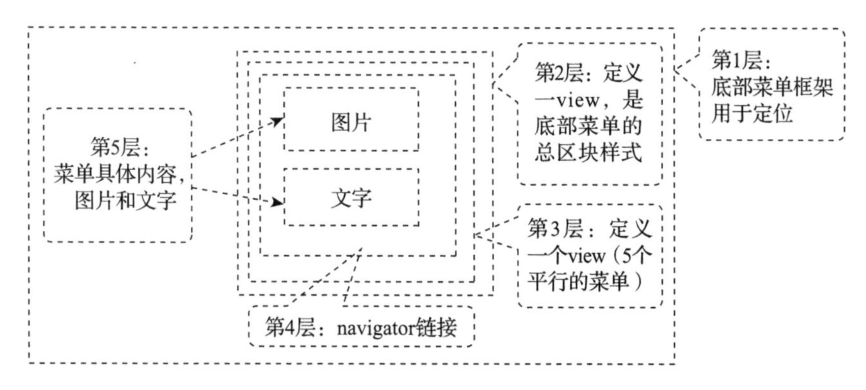

图 13-12　底部菜单的结构布局分析

根据图 13-12 的布局分析，产生基础的框架，代码示例如下：

```
<view>  <!—第1层-开始-->
  <view>  <!—第2层-开始-->
```

```
    <view>  <!—第3层-开始，这里有5个平行的菜单-->
      <navigator>  <!—第4层-开始-->
        <image> </image><!—第5层-图片-->
        <text>  </text><!—第5层-文字-->
      </navigator>   <!—第4层-结束-->
    </view>  <!—第3层-结束-->
  </view>  <!—第2层-结束-->
</view>  <!—第1层-结束-->
```

根据效果图分析出框架的层级后，在每个层级的 view 上加入样式，编码实现即可。

- ❑ 第 1 层：底部菜单框架用于定位。
- ❑ 第 2 层：定义一 view，底部菜单的总区块样式。
- ❑ 第 3 层：定义一个 view（5 个平行的菜单）。
- ❑ 第 4 层：navigator 链接。
- ❑ 第 5 层：菜单具体内容图片和文字。

3. 功能实现

.wxml 文件代码示例如下：

```
<view class="footer">
  <view class="navs">

    <view class="nav-item" style='width:12%' bindtap='toShouYe'>
      <navigator url='/pages/index/index'>
        <image src='/images/sp01.png' class="nav-image"/>
        <text >首页</text>
      </navigator>
    </view>

    <view class="nav-item" style='width:13%' bindtap='ShouCang'>
      <image src='/images/sp02.png' class="nav-image"/>
      <text >收藏</text>
    </view>

    <view class="nav-item" style='width:15%' bindtap='toGouWuChe' >
      <image src='/images/sp03.png' class="nav-image"/>
      <text >购物车</text>
    </view>

    <view class="nav-item"  style='width:33%' bindtap='JiaGouWuChe'>
      <button class='bt01'>加入购物车</button>
    </view>

    <view class="nav-item"  style='width:27%'  bindtap='toGouWuChe'>
      <button class='bt02'>立即购买</button>
    </view>

  </view>
</view>
```

.wxss 文件代码示例如下：

```
/*底部菜单样式*/
.footer {
  position: fixed;
  bottom: 0;
  height: 44px;
  width: 100%;
  line-height: 44px;
  color: #666;
  border-top: 1px solid #eee;
  background: #fff;
  font-size: 16px;
  text-align: center;
}
.navs {
  display: flex;
}
.nav-item {
  display: flex;
  align-items: center;
  flex-direction: column;
  padding: 0px;
}
.nav-item navigator{ display: flex;flex-direction: column;}
.nav-image {
  width: 22px;
  height: 22px;
  align-self: center;
}
.nav-item text {
  color: #666;
  font-size: 12px; margin-top: -10px; text-align: center;
}
.bt01{
  width: 100%;
  background-color: darkorange;
  color:white;
  border-radius: 0; font-size: 16px; padding: 0; margin: 0; height: 44px;
}
.bt02{
  width: 100%;
  background-color: tomato;
  color:white;
  border-radius: 0; font-size: 14px; padding: 0; margin: 0; height: 44px;
}
```

.js 文件代码示例如下：

```
//页面的初始数据
data: {
```

```
  cpid:"",  //产品ID，初始数据为0或者空都可以
}

//页面加载的时候获取参数，并将获得的产品ID赋值给变量cpid，本页面其他地方可调用
onLoad: function (options) {
  var that = this;
  that.setData({ cpid: options.id}) //赋值
},
ShouCang:function(){
  wx.showToast({
    title:  this.data.cpid + '成功收藏',
  })
},
JiaGouWuChe: function () {
  wx.showToast({
    title: '成功加入购物车',
  })
},
toGouWuChe:function()
  {
    wx.reLaunch({
      url: '/pages/tmp/gouwuche/01-jianjie',
    })
},
toShouYe:function(){
    wx.reLaunch({
      url: '/pages/index/index',
    })
}
```

13.5 产品简介布局

下面讲解产品简介页面的布局和实现，效果如图 13-13 所示。

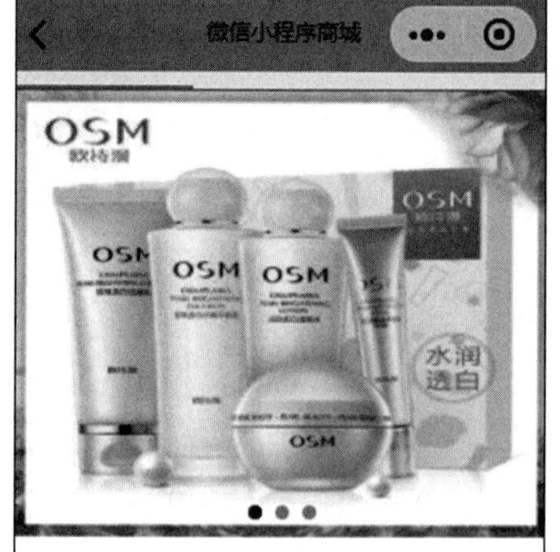

图 13-13 产品简介

1. 应用知识点分析

根据 13.2.3 的分析，我们需要将商品的简介信息写到 swiper 组件中的第一个 swiper-item 里，将产品详情写到第二个 swiper-item 里，将产品评价写到第三个 swiper-item 里。

2. 产品轮播图

详细知识见 10.2.3 节介绍的 swiper 组件。

.wxml 文件代码示例如下：

```
<swiper style='height: 600rpx'  indicator-dots="{{indicatorDots}}"
    vertical="{{vertical}}"    autoplay="{{autoplay}}"  interval="{{interval}}"
      duration="{{duration}}"  >
  <block wx:for="{{ads}}" wx:key="item.id">
    <swiper-item>
      <image src="{{item}}" class="slide-image"/>
    </swiper-item>
  </block>
</swiper>
```

.wxss 文件代码示例如下：

```
.slide-image {
  height: 100%;
  width: 100%;
}
```

.js 文件代码示例如下：

```
data: {
ads: [
      '/img/cp01.jpg',
      '/img/cp02.jpg',
      '/img/cp03.jpg',
    ],
  indicatorDots: true,
  vertical: false,
  autoplay: true,
  interval: 3000,
  duration: 1200,
}
```

3. 标题和价格

下面讲解标题和价格区块功能界面的实现，效果如图 13-14 所示。

御泥坊 亮颜补水面膜贴21片
¥ 150.00
补水保湿面膜 亮肤淡斑 晒后修护

图 13-14　标题和价格

标题和价格的结构布局分析如图 13-15 所示。

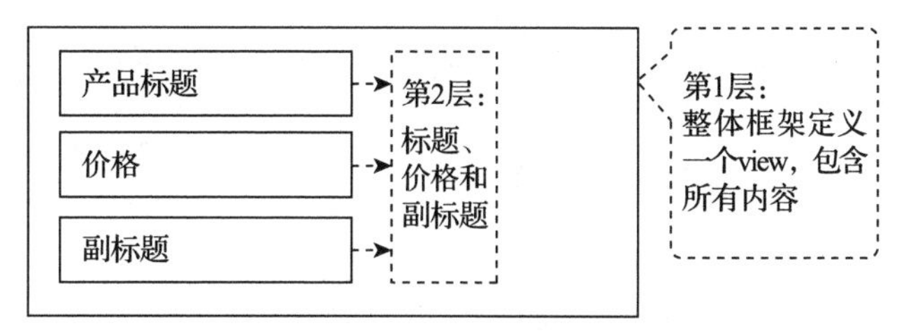

图 13-15　标题和价格结构布局分析

根据图 13-15 的布局分析，产生基础的框架，代码示例如下：

```
<view>  <!—第1层-开始-->
  <view></view>  <!—第2层-标题-->
  <view></view>  <!—第2层-价格-->
  <view></view>  <!—第2层-副标题-->
</view>  <!—第1层-结束-->
<view ></view>  <!—定义与下面区块的距离-->
```

根据效果图分析出框架的层级后，在每个层级的 view 上加入样式，编码实现即可。.wxml 文件代码示例如下：

```
<view class="kongbai">
  <view>
    御泥坊 亮颜补水面膜贴21片
  </view>
  <view class='jiage'>¥ 150.00 </view>
  <view class='fubiaoti'>
    补水保湿面膜 亮肤淡斑 晒后修护
  </view>
</view>
<view class='graySpace15'></view>
```

.wxss 文件代码示例如下：

```
.kongbai{ padding: 10px; background-color: white;}
.kongbai view{ padding: 2px;}
.jiage{ font-size: 16px;color:red; }
.fubiaoti{ font-size: 12px;color: gray; }
/*灰色的空白横线*/
.graySpace15{ background: #eee;min-height: 20rpx;}
```

4. 会员和价格

下面讲解会员等级和价格功能界面的实现，效果如图 13-16 所示。

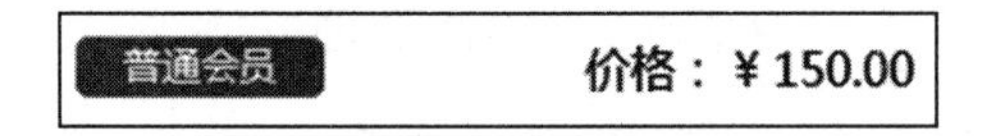

图 13-16 会员和价格

会员和价格的结构布局分析如图 13-17 所示。

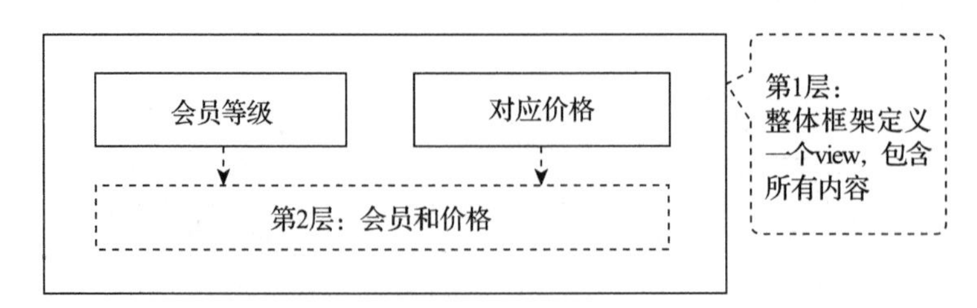

图 13-17 会员和价格结构布局分析

根据图 13-17 的布局分析，产生基础的框架，代码示例如下：

```
<view>  <!—第1层-开始-->
  <view>会员等级</view>  <!—第2层-->
  <view>对应会员等级的价格</view>  <!—第2层-->
</view>  <!—第1层-结束-->
```

根据效果图分析出框架的层级后，在每个层级的 view 上加入样式，编码实现即可。

.wxml 文件代码示例如下：

```
<view class="huiyuans">
  <view class="huiyuan" >
    普通会员
  </view>
  <view class="huiyuan-jiage" >
    价格:  ¥ 150.00
  </view>
  </view>
<view class='graySpace15'></view>
```

.wxss 文件代码示例如下：

```
/*会员和价格*/
.huiyuans{
  padding: 10px; background-color: white;display: flex;
}
.huiyuan{  width: 30%;
  font-size: 14px; background-color:orangered; color: white; border-radius: 5px;
  display: flex;  justify-content: center;
}
.huiyuan-jiage {
  width: 70%;
  display: flex;
  justify-content: flex-end;
  padding: 0px;
}
```

5. 销售相关数据

下面讲解销售数据功能界面的实现，效果如图 13-18 所示。

销售数据的结构布局分析如图 13-19 所示。

根据图 13-19 的布局分析，产生基础的框架，代码示例如下：

```
<view>  <!—第1层-开始-->
  <view>库存</view>  <!—第2层-->
  <view>已销</view>  <!—第2层-->
</view>  <!—第1层-结束-->
```

库存：4件（限购：2件/人）
已销：555 件

图 13-18　销售数据

根据效果图分析出框架的层级后，在每个层级的 view 上加入样式，编码实现即可。

.wxml 文件代码示例如下：

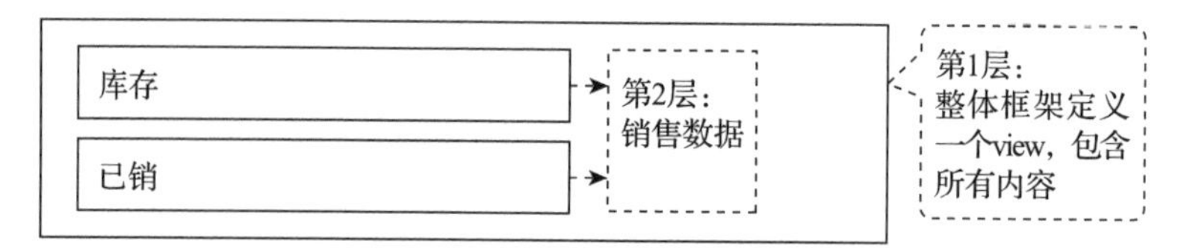

图 13-19 销售数据结构布局分析

```
<view  class="kongbai">
  <view >
  库存：4件（限购：2件/人）
  </view>
  <view >
  已销：555件
  </view>
</view>
```

13.6 产品详情页布局

下面讲解产品详情页的布局与实现，效果如图 13-20 所示。

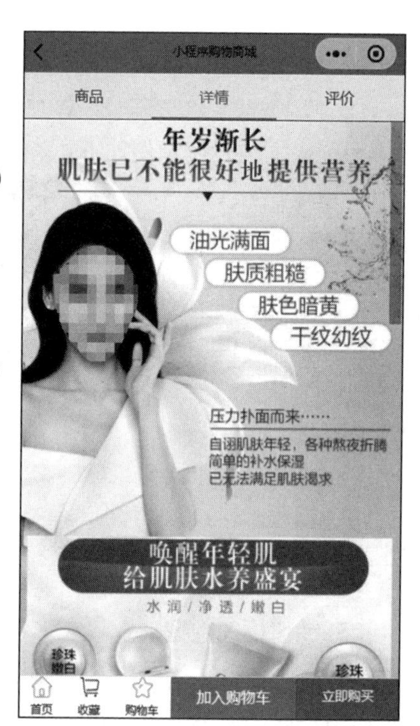

图 13-20 产品详情页

1. 布局分析

产品详情的结构布局分析如图 13-21 所示。

根据图 13-21 的布局分析，产生基础的框架，代码示例如下：

```
<view>  <!—第1层-开始-->
  <image></image>  <!—第2层-详情图片-->
  ……
  <image></image>  <!—第2层-详情图片-->
</view>  <!—第1层-结束-->
```

根据效果图分析出框架的层级后，在每个层级的 view 上加入样式，编码实现即可。

2. 功能实现

.wxml 文件代码示例如下：

```
<!--详情-->
<scroll-view class='box2'  scroll-y='true'>
  <view  class='box2-item' style="height: {{winHeight - 31}}px">
    <image src="/cp/01.jpg" class='box2-item' mode="widthFix"></image>
    <image src="/cp/02.jpg" class='box2-item' mode="widthFix"></image>
    <image src="/cp/03.jpg" class='box2-item' mode="widthFix"></image>
    <image src="/cp/04.jpg" class='box2-item' mode="widthFix"></image>
    <image src="/cp/05.jpg" class='box2-item' mode="widthFix"></image>
  </view>
</scroll-view>
```

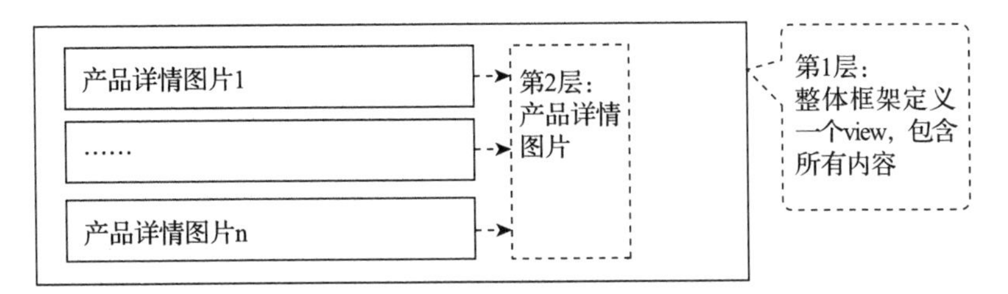

图 13-21　产品详情结构布局分析

.wxss 文件代码示例如下：

```
/*产品详情*/
.box2{
  width: 100vw;
  box-sizing: border-box;
  white-space: nowrap; /*这个不能少*/
}
.box2-item{
  display: block;
  width: 100%; height: 100%; box-sizing:  border-box;
}
```

.js 文件代码示例如下：

```
data: {
  /*页面配置 */
  winWidth: 0,
  winHeight: 0,
},
onLoad: function (options) {
  var that = this;
  /*获取系统信息*/
  wx.getSystemInfo({
    success: function (res) {
      that.setData({
        winWidth: res.windowWidth,
        winHeight: res.windowHeight
      });
    }
  });
}
```

13.7　产品评价页布局

下面讲解产品评价页的布局和实现，效果如图 13-22 所示。

图 13-22　产品评价页

1. 布局分析

产品评价的结构布局分析如图 13-23 所示。

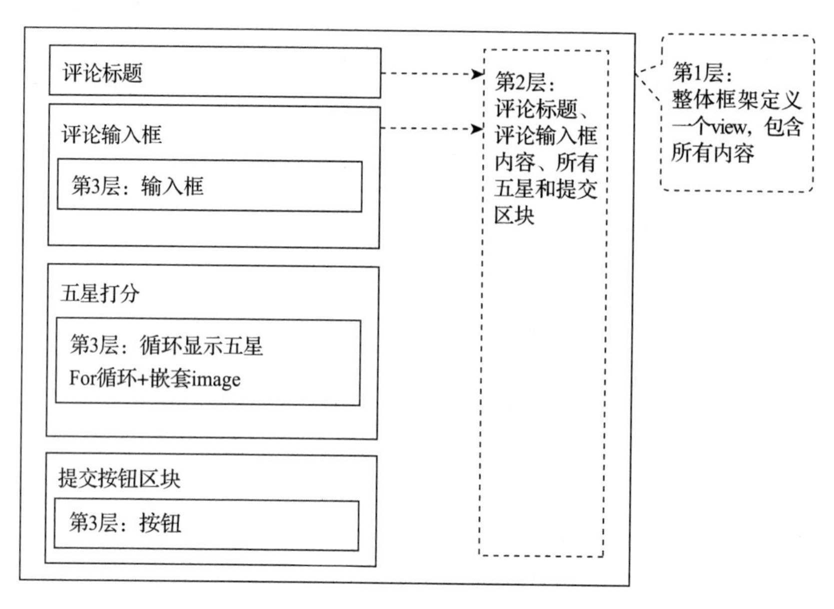

图 13-23 产品评价结构布局分析

根据图 13-23 的布局分析，产生基础的框架，代码示例如下：

```
<view>  <!—第1层-开始-->

  <view></view>      <!—第2层-评论标题-->
  <view>              <!—第2层-评论输入框区块-->
    <textarea></textarea> <!—第3层-评论输入框内容-->
  </view>

  <block wx:for…>  <!—第2层-所有五星-->
    <image></image> <!—第3层-单个五星-->
  </block>

  <view>              <!—第2层-提交区块-->
    <button></button>      <!—第3层-提交按钮-->
  </view>

</view>  <!—第1层-结束-->
```

根据效果图分析出框架的层级后，在每个层级的 view 上加入样式，编码实现即可。

2. 功能实现

.wxml 文件代码示例如下：

```
<!--评价-->
<swiper-item >
  <view class="group">
    <view class="group-header">评价内容</view>
    <view class="group-body">
      <textarea placeholder="请输入产品的评价内容，可输入1000字" maxlength="1000">
      </textarea>
    </view>
    <view class="group-body" style='height:50px;'>
      <block wx:for="{{stars}}" wx:key="xxid">
        <image class="star-image" style="left: {{item*150}}rpx"
          src="{{key > item ?(key-item == 0.5?halfSrc:selectedSrc) : normalSrc}}">
            <view class="item" style="left:0rpx" data-key="{{item+0.5}}" bindtap=
                "selectLeft"></view>
            <view class="item" style="left:75rpx" data-key="{{item+1}}" bindtap=
                "selectRight"></view>
        </image>
      </block>
    </view>
    <view class="btn-submit">
      <button class="btn-block btn-orange" bindtap="questionSubmit">
      确认提交</button>
    </view>
  </view>
</swiper-item>
```

.wxss 文件代码示例如下：

```
/*评价*/
.group{
    flex: 1;
    display: flex;
    flex-direction: column;
    box-sizing: border-box;
    background: #f9f9f9; font-size: 14px;
}
.group-header{
    line-height: 70rpx;
    display: flex;
    padding: 0 20rpx;
    background: #f9f9f9;
}
.group-body{
    background: #fff;
    border-top: 1rpx solid #ddd;
    border-bottom: 1rpx solid #ddd; padding: 5rpx 20rpx;
}

.btn-submit{
    padding: 20rpx;
  width: 93%;
```

```
}
.btn-block{
    width: 100%;
    line-height: 88rpx;
}
.btn-orange{
    background: #f7982a;
    color: #fff;
}

/*五星评分样式*/
.star-image{
  position: absolute;

  width: 100rpx;
  height: 100rpx;
  src: "/images/normal.png";
}
.item{
  width: 75rpx;
  height: 150rpx;
}
```

.js 文件代码示例如下：

```
//点击右边,半颗星
  selectLeft: function (e) {
    var key = e.currentTarget.dataset.key
    if (this.data.key == 0.5 && e.currentTarget.dataset.key == 0.5) {
      //只有一颗星的时候,再次点击,变为0颗
      key = 0;
    }
    console.log("得" + key + "分")
    this.setData({
      key: key
    })

  },
  //点击左边,整颗星
  selectRight: function (e) {
    var key = e.currentTarget.dataset.key
    console.log("得" + key + "分")
    this.setData({
      key: key
    })
  }
```

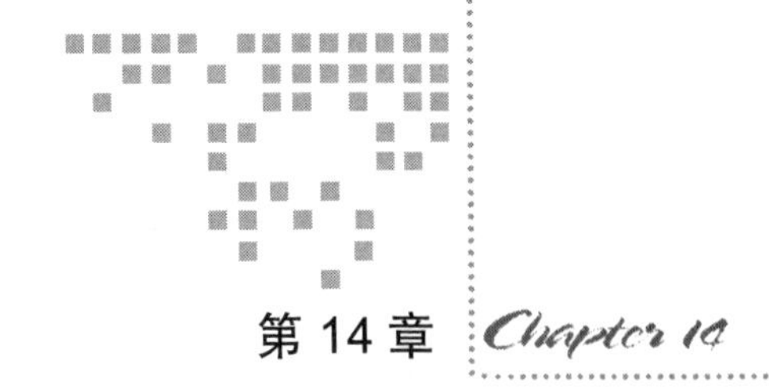

第 14 章 Chapter 14

购物车和下单

本章主要讲解商城小程序购物车界面和下单界面的实现。包含：购物车底部菜单布局，购物车产品列表布局，下单页面底部菜单布局，下单页面其他界面的布局。

14.1 购物车首页底部菜单

下面讲解购物车首页底部菜单界面的实现，效果如图 14-1 所示。

图 14-1 购物车首页底部菜单

1. 布局分析

购物车首页底部菜单结构布局分析如图 14-2 所示。

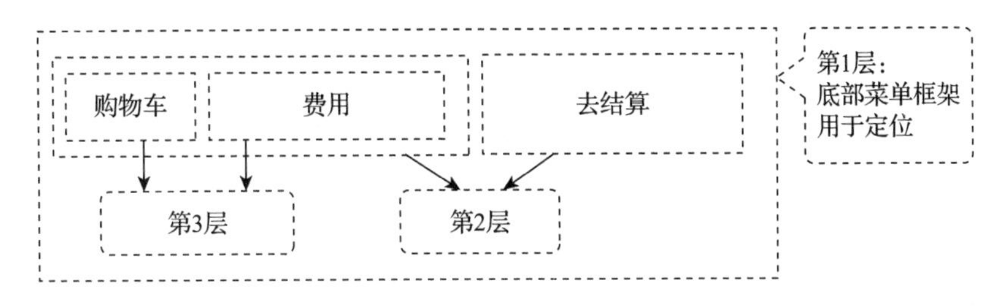

图 14-2 购物车首页底部菜单结构布局分析

根据图 14-2 的布局分析，会产生基础的框架，代码示例如下：

```
<view>  <!—第1层-开始-->

  <view>  <!—第2层-开始-->
    <view>  <!—第2层-开始 -->
      <view>>  <!—第3层-开始-->
        <image> </image>
          </view>>   <!—第3层-结束-->
          <view>费用</view>   <!—第3层-->
    </view>  <!—第2层-结束-->
  </view>  <!—第2层-结束-->

  <view>去结算</view>   <!—第2层-->

</view>  <!—第1层-结束-->
```

根据效果图分析出框架的层级后，在每个层级的 view 上加入样式，编码实现即可。

2. 功能实现

.wxml 文件代码示例如下：

```
<view class="footer {{cost!=0?'active':''}}">

  <view class="howMuch" style='width:70%'>
    <view class="che" style="background:{{cost!=0?'#FFD161':'#E7E7E7'}};">
      <image src="/images/sp02.png" style="width:60rpx;height:60rpx;"></image>
    </view>
    <view class="cost" hidden="{{cost==0}}">¥: 253.00</view>
  </view>

  <view class="pay"  bindtap='jiesuan' style='width:30%'>
    {{cost!=0?'去结算':'15元起送'}}
  </view>

</view>
```

.wxss 文件代码示例如下：

```
/*底部菜单*/
.footer{  /*底部整体样式*/
  display: flex;
  position: absolute;
  right: 0;
  left: 0;
  bottom:0;
  height: 100rpx;
}
  .che{ /*购物车图片样式*/
  position: absolute;
  height: 90rpx;
  width: 90rpx;
```

```
  border-radius: 100rpx;
  left: 20rpx;
  top: -45rpx;
  display: flex;
  align-items: center;
  justify-content: center;
}
.howMuch{
  position: relative;
  flex: 1;
  font-size: 28rpx;
  background: white;
  line-height: 100rpx;
  padding-left: 130rpx;
}
.pay{
  width: 200rpx;
  text-align: center;
  line-height: 100rpx;
  font-size: 30rpx;
  background: #FFD161;
  color: black;
}
.footer .cost{
  margin-top: 20rpx;
  color: red;
  font-size: 40rpx; font-weight: bold;
  line-height: 50rpx;
  height: 50rpx;
  margin-left: 50rpx;
}
```

.js 文件代码示例如下：

```
jiesuan:function(e)
{
  wx.navigateTo({  /* “去结算”按钮……*/
    url: '/pages/gouwuche/xiadan/01-xiadan',
  })
}
```

14.2　购物车产品列表

下面讲解购物车产品列表界面的实现，效果如图 14-3 所示。

图 14-3　购物车产品列表

1. 布局分析

购物车产品列表的结构布局分析如图 14-4 所示。

根据图 14-4 的布局分析，会产生基础的框架，代码示例如下：

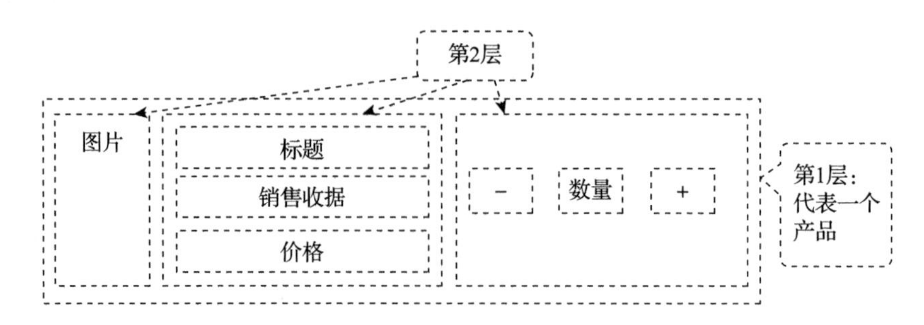

图 14-4 购物车产品列表结构布局分析

```
<view><!—第1层-开始-->
  <image></image><!—第2层-->

  <view><!—第2层-->
    <view>珀莱雅水动力护肤品套装</view><!—第3层-->
    <view>月售：11件/库存：121件</view><!—第3层-->
    <view class="price">¥：129.00</view><!—第3层-->
  </view>

  <view class="food-numb"><!—第2层-->
    <view>-</view><!—第3层-->
    <text>数量</text><!—第3层-->
    <view>+</view><!—第3层-->
  </view>
</view><!—第1层-结束-->
```

根据效果图分析出框架的层级后，在每个层级的 view 上加入样式，编码实现即可。

- 第 1 层：定义产品链接 navigator，无须样式。
- 第 2 层：定义 flex 模式，默认从左到右排列。
- 第 3 层：图片样式，多行文字的总体排列样式（参考代码注释）。

2. 功能实现

.wxml 文件代码示例如下：

```
<scroll-view class="foodList" scroll-y="true">
  <!--第一个产品开始-->
  <view class="food">
    <image class="img" src="/img/cp01.jpg"></image>
    <view class="food-info">
      <view class="name">珀莱雅水动力护肤品套装</view>
      <view class="sales">月售：11件/库存：121件</view>
      <view class="price">¥：129.00</view>
    </view>
    <view class="food-numb">
      <view class="remove" hidden="" >-</view>
```

```
      <text class="mytext" hidden="">2</text>
      <view class="add"  >+</view>
    </view>
  </view><!--第一个产品结束-->
  ......
</scroll-view>
```

.wxss 文件代码示例如下：

```
page{ background-color:  floralwhite;
}
/*购物车产品列表*/
.foodList{
  flex: 1;
  display: flex;
  flex-direction: column;
  height: 100%;
  background: #ECECEC;
}
.food{
  display: flex;
  align-items: center;
  height: 170rpx;
  border-bottom: 1rpx solid #ECECEC;
  background: white;
}
.food::before{
  content: "";
  width: 15rpx;
  height: 100%;
  left: -15rpx;
  top: 0;
  border: 1px solid white;
}
.img{
  width: 120rpx;
  height: 120rpx;
}
.food-info{
  padding-left: 15rpx;
  line-height: 40rpx;
  flex: 1;
}
.name{
  font-size: 30rpx;
}
.sales{
  font-size: 25rpx;
  color: #ACACAC;
}
.price{
  font-size: 30rpx;
```

```
    color: red;
}
.food-numb{
    height: 50rpx;
    display: flex;
    align-items:  center;
    margin-right: 30rpx;
    line-height: 50rpx;
    font-size: 40rpx;
}
.add{
    width: 50rpx; height: 50rpx; border-radius: 25rpx; border: 1rpx;
    background:  #FFD161; font-size: 50rpx;
    display: flex;
    flex-direction: column;
    justify-content: center;
    align-items: center;
}
.mytext{
    width: 80rpx; height: 50rpx; text-align: center;
}
.remove
    {
    width: 50rpx; height: 50rpx; border-radius: 25rpx; font-size: 50rpx;
    border: 1rpx #ECECEC solid; background:  white;
    text-align:  center; line-height: 50rpx;
}
```

14.3 下单页面底部菜单

下面讲解下单页面的底部菜单界面如何实现，效果如图 14-5 所示。

金额：¥253.00 下单支付

图 14-5 下单页面的底部菜单

1. 布局分析

下单页面的底部菜单结构布局分析如图 14-6 所示。

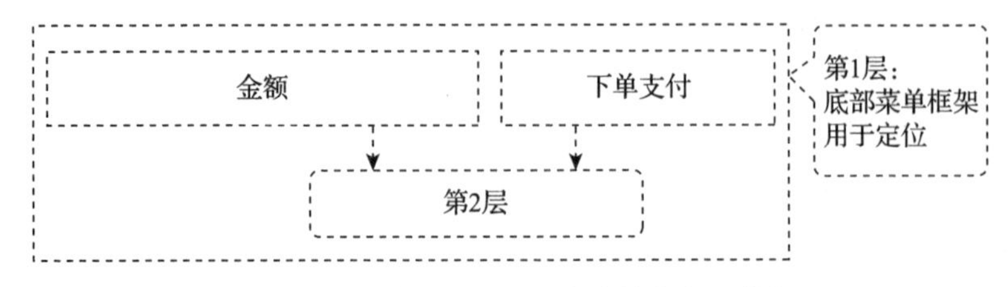

图 14-6 下单页面的底部菜单结构布局分析

根据图 14-6 的布局分析，会产生基础的框架，代码示例如下：

```
<view ><!--第1层-开始-->
  <view>金额</view>
  <view>下单支付</view>
</view><!--第1层-结束-->
```

根据效果图分析出框架的层级后，在每个层级的 view 上加入样式，编码实现即可。

2. 功能实现

.wxml 文件代码示例如下：

```
<view class="footer">

      <view class="howMuch" style='width:50%'>
          <view class="cost">金额：￥253.00</view>
      </view>

      <view class="pay"  style='width:50%' bindtap='zhifu' >下单支付</view>

</view>
```

.wxss 文件代码示例如下：

```
/*底部菜单*/
.footer{
  display: flex;
  position: absolute;
  right: 0;
  left: 0;
  bottom:0;
  height: 100rpx;
}
.howMuch{
  position: relative;
  flex: 1;
  font-size: 28rpx;
  background: #ECECEC;  line-height: 100rpx;
  padding-left: 10rpx;
}
.cost{
  margin-top: 20rpx;
  color: red;
  font-size: 40rpx; font-weight: bold;
  line-height: 50rpx;
  height: 50rpx;
  margin-left: 50rpx;
}
.pay{
  width: 200rpx;
  text-align: center;
  line-height: 100rpx;
```

```
  color: white;
  font-size: 30rpx;
  background: #CCCCCC;
  background:  crimson ;
  color: white;
}
```

14.4 下单页面收货地址

下面讲解下单页面中顶部收货地址界面的实现，效果如图 14-7 所示。

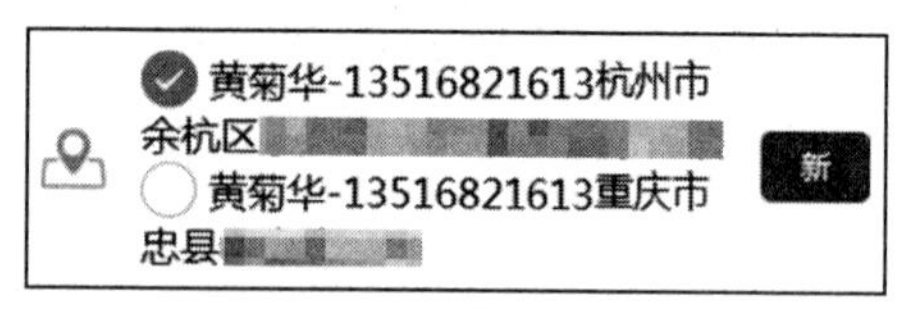

图 14-7 下单页面收货地址

1. 布局分析

下单页面收货地址的结构布局分析如图 14-8 所示。

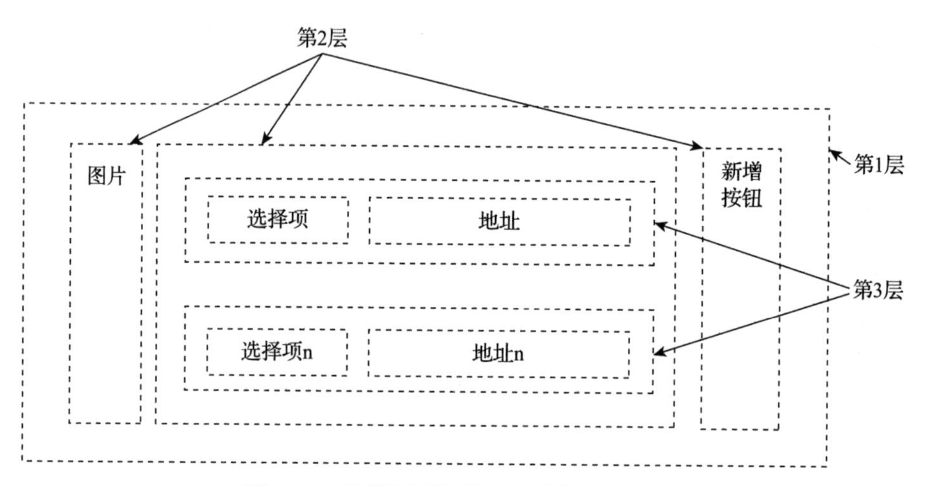

图 14-8 下单页面收货地址结构布局分析

根据图 14-8 的布局分析，会产生基础的框架，代码示例如下：

```
<view>
  <image></image>

  <view>
    <radio-group>
      <view>
        <radio  value="公司" checked="{{true}}" >黄菊华-13516821613</radio>
        <text>杭州市余杭区东港路118号雷恩国际13楼</text>
      </view>
      <view>
        <radio  value="家庭" >黄菊华-13516821613</radio>
        <text>重庆市忠县香山路12号</text>
      </view>
    </radio-group>
```

```
  </view>

  <view>
      <button size='mini'>新</button>
  </view>
</view>
```

根据效果图分析出框架的层级后，在每个层级的 view 上加入样式，编码实现即可。

- 第 1 层：定义地址列表总样式。
- 第 2 层：定义 flex 模式，默认从左到右排列。
- 第 3 层：每个地址的样式。

2. 功能实现

.wxml 文件代码示例如下：

```
<view class="wx-cells">
  <image class="wx-cell-icon" src="/img/dizhi.png"></image>

  <view class="wx-cell-text">
    <radio-group>
      <view>
        <radio  value="公司" checked="{{true}}" >黄菊华-13516821613</radio>
        <text>杭州市余杭区东港路118号雷恩国际13楼</text>
      </view>
      <view>
        <radio  value="公司" >黄菊华-13516821613</radio>
        <text>重庆市忠县香山路12号</text>
      </view>
    </radio-group>
  </view>

  <view class="wx-cell-arrow">
      <button size='mini'>新</button>
  </view>
</view>
```

.wxml 文件代码示例如下：

```
/*收货地址*/
.wx-cells {
  width: 100%;
  margin-top: 15rpx;
  font-size: 34rpx;
  border-top: 1rpx solid #d9d9d9;
  border-bottom: 1rpx solid #d9d9d9;
  background-color: #fff;
  padding: 10rpx 15rpx;
  display: flex;
  align-items: center;
}
.wx-cell-icon{
  width: 56rpx;
```

```
  height: 56rpx;
}
.wx-cell-text{
  flex: 1;
  margin-left: 30rpx;
}
.wx-cell-arrow{
  width: 100rpx;
  height: 56rpx;
  margin: 10rpx;
}
.wx-cell-arrow button{
  background:  darkgreen ;
  color:  white;
  width: 56rpx;
  display: flex;
  justify-content: center;
}
```

14.5 下单页面的产品列表和留言

下面讲解下单页面中的产品列表和留言界面的实现，效果如图 14-9 所示。

图 14-9 下单页面的产品列表和留言

1. 布局分析

下单页面产品列表和留言结构布局分析如图 14-10 所示。

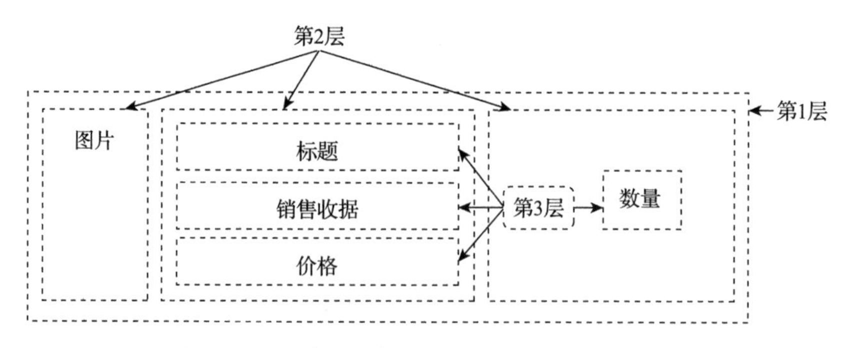

图 14-10 下单页面产品列表和留言结构布局分析

根据图 14-10 的布局分析，会产生基础的框架，代码示例如下：

```
<view><!—第1层-开始-->
  <image></image><!—第2层-->

  <view><!—第2层-->
    <view>珀莱雅水动力护肤品套装</view><!—第3层-->
```

```
    <view>月售：11件/库存：121件</view><!—第3层-->
    <view class="price">¥：129.00</view><!—第3层-->
  </view>

  <view class="food-numb"><!—第2层-->
    <text>数量</text><!—第3层-->
  </view>
</view><!—第1层-结束-->
```

根据效果图分析出框架的层级后，在每个层级的 view 上加入样式，编码实现即可。

- 第 1 层：定义每行产品的总样式。
- 第 2 层：定义 flex 模式，默认从左到右排列。
- 第 3 层：多行文字的总体排列样式。

2. 功能实现

.wxml 文件代码示例如下：

```
<scroll-view class="foodList" scroll-y="true">

  <view class="food">
    <image class="img" src="/img/cp01.jpg"></image>
    <view class="food-info">
      <view class="name">珀莱雅水动力护肤品套装</view>
      <view class="sales">月售：11件/库存：121件</view>
      <view class="price">¥：129.00</view>
    </view>
    <view class="food-numb">
      <text class="mytext" hidden=""> 2件</text>
    </view>
  </view>

  <view class="food">
    <image class="img" src="/img/cp02.jpg"></image>
    <view class="food-info">
      <view class="name">HFP秋冬季补水保湿亮肤套装</view>
      <view class="sales">月售：231件/库存：11件</view>
      <view class="price">¥ 398.00</view>
    </view>
    <view class="food-numb">
      <text class="mytext" hidden=""> 1件</text>
    </view>
  </view>

  <view class="food" style='height: 100rpx;'>
    留言：<input type='text' class='txt01'></input>
  </view>

</scroll-view>
```

.wxss 文件代码示例如下：

```
/*下单页面-产品列表和留言*/
```

```
.foodList{
  flex: 1;
  display: flex;
  flex-direction: column;
  height: 100%;
  background: #ECECEC;
}
.food{
  position: relative;
  display: flex;
  align-items: center;
  height: 170rpx;
  border-bottom: 1rpx solid #ECECEC;
  background: white;
}
.food::before{
  content: "";
  width: 15rpx;
  height: 100%;
  left: -15rpx;
  top: 0;
  border: 1px solid white;
}
.food .img{
  width: 120rpx;
  height: 120rpx;
}
.food-info{
  padding-left: 15rpx;
  line-height: 40rpx;
  flex: 1;
}
.name{
  font-size: 30rpx;
}
.sales{
  font-size: 25rpx;
  color: #ACACAC;
}
.price{
  font-size: 30rpx;
  color: red;
}
.food-numb{
  height: 50rpx;
  display: flex;
  justify-content: flex-end;
  margin-top: 30rpx;
  margin-right: 30rpx;
  line-height: 50rpx;
  font-size: 40rpx;
}
.mytext{width: 80rpx; height: 50rpx; text-align: center;}
```

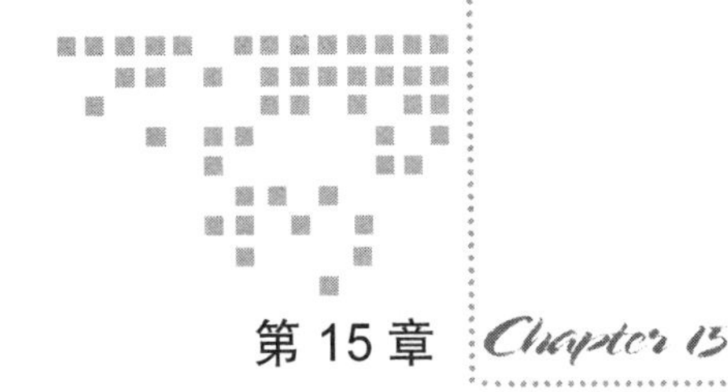

第 15 章 Chapter 15

会员界面

本章主要介绍与会员功能相关的界面实战。包含：会员首页界面，我的订单页面，收货地址管理，新增、修改页面，我的收藏页面，常见问题页面，联系客服页面等。本章不再分析界面层级了，读者可以根据示意图分析，然后结合代码进行实战。

15.1 会员首页

下面讲解会员首页界面的实现，效果如图 15-1 所示。

图 15-1 会员首页

1. 布局分析

会员首页结构布局分析如图 15-2 所示。

根据图 15-2 的布局分析，会产生基础的框架，代码示例如下：

```
<view>
  <image></image>
  <view >
    <text>用户昵称</text>
    <text>等级：普通会员</text>
    <text>手机：【绑定手机号码】</text>
  </view>
</view>

<navigator >
  <view>
    <image></image>
```

```
    <text>我的订单</text>
    <image ></image>
  </view>
</navigator>
```

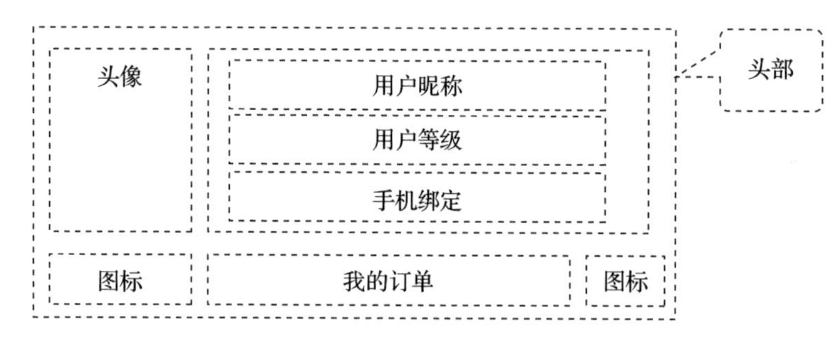

图 15-2 会员首页结构布局分析

2. 功能实现

.wxml 文件代码示例如下：

```
<view class='toubu'>
  <image class="toubu-img" src="{{userInfo.avatarUrl}}" background-size="cover">
      </image>
  <view class='two-line-text'>
    <text class='txt1'>{{userInfo.nickName}}</text>
    <text class="txt2">等级：普通会员</text>
    <text class="txt3">手机：【绑定手机号码】</text>
  </view>
</view>

<navigator url='/pages/huiyuan/order/order_list2'>
  <view class="wx-cell">
    <image class="wx-cell-icon" src="/images/sys01.png"></image>
    <text class="wx-cell-text">我的订单</text>
    <image class="wx-cell-arrow" src="/images/right.png"></image>
  </view>
</navigator>

<navigator url='/pages/huiyuan/addr/index'>
  <view class="wx-cell">
    <image class="wx-cell-icon" src="/images/sys02.png"></image>
    <text class="wx-cell-text">收货地址管理</text>
    <image class="wx-cell-arrow" src="/images/right.png"></image>
  </view>
</navigator>

<navigator url='/pages/huiyuan/qita/01-shoucang'>
  <view class="wx-cell">
    <image class="wx-cell-icon" src="/images/sys03.png"></image>
    <text class="wx-cell-text">我的收藏</text>
```

```
    <image class="wx-cell-arrow" src="/images/right.png"></image>
  </view>
</navigator>

<navigator url='/pages/huiyuan/qita/02-wenti'>
  <view class="wx-cell">
    <image class="wx-cell-icon" src="/images/sys06.png"></image>
    <text class="wx-cell-text">常见问题</text>
    <image class="wx-cell-arrow" src="/images/right.png"></image>
  </view>
</navigator>

<navigator url='/pages/huiyuan/qita/03-kefu'>
  <view class="wx-cell">
    <image class="wx-cell-icon" src="/images/sys05.png"></image>
    <text class="wx-cell-text">联系客服</text>
    <image class="wx-cell-arrow" src="/images/right.png"></image>
  </view>
</navigator>

<view class="wx-cell">
  <image class="wx-cell-icon" src="/images/sys04.png"></image>
  <text class="wx-cell-text">退出登录</text>
  <image class="wx-cell-arrow" src="/images/right.png"></image>
</view>
```

.wxss 文件代码示例如下：

```
/*头部样式*/
.toubu{
  display: flex;
  margin: 1rpx;
  border: #ddd solid 1px;
  padding: 10rpx;
  background-color:  crimson;
}
.toubu-img{
  width: 80px;
  height: 80px;
  margin: 20rpx;
  border-radius: 50%;
}
.two-line-text{
  padding: 3px;
  display: flex;
  flex-direction: column;
}
.txt1{
  margin: 3px 3px;
  font-size: 16px;
  font-weight: bold;
```

```
  white-space: nowrap; color: white;
}
.txt2{
  margin: 5px 3px 5px;
  font-size: 14px;
  color: white;
  white-space: nowrap; background-color:  darkorange;
}
.txt3{
  margin: 3px 3px;
  font-size: 15px;
  color: white;
  white-space: nowrap;
}
/*会员首页菜单样式*/
.wx-cell {
  width: 100%;
  margin-top: 15rpx;
  font-size: 34rpx;
  border-top: 1rpx solid #d9d9d9;
  border-bottom: 1rpx solid #d9d9d9;
  background-color: #fff;
  padding: 20rpx 25rpx;
  display: flex;
   flex-direction: row;
  align-items: center;
}
.wx-cell-icon{
  width: 56rpx;
  height: 56rpx;
}
.wx-cell-text{
  flex: 1;
  margin-left: 30rpx;
}
.wx-cell-arrow{
  width: 30rpx;
  height: 30rpx;
  margin-right:30rpx;
}
```

15.2 我的订单

下面讲解会员功能中我的订单界面的实现，效果如图 15-3 所示。

图 15-3 我的订单

1. 布局分析

顶部的菜单（全部订单 / 待支付 / 待收货）的布局可以参考 13.3 节，沿用该节的内容，只需要改造每个菜单对应的 swiper-item 即可。

我们接下来分析其中一个订单的布局，多个订单循环显示即可。

订单结构布局分析如图 15-4 所示。

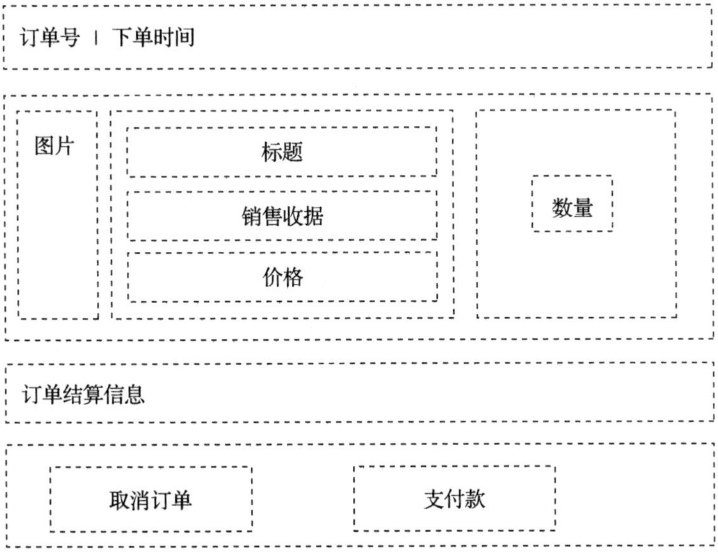

订单号 丨 下单时间		
图片	标题 销售收据 价格	数量
订单结算信息		
取消订单	支付款	

图 15-4　订单结构布局分析

根据图 15-4 的布局分析，会产生基础的框架，代码示例如下：

```
<scroll-view>
  <view >
    单号：201808081102 丨时间：2018/9/10 11:44:19
  </view>

  <view >
    <image ></image>
    <view >
      <view >珀莱雅水动力护肤品套装</view>
      <view >月售：11件/库存：121件</view>
      <view >¥：129.00</view>
    </view>
    <view >
      <text > 2件</text>
    </view>
  </view>

  <view>
    <text >
      【待付款】共1件商品，产品金额：¥150（运费¥6）
    </text>
  </view>
```

```
  <view >
    <button  size='mini' >取消订单</button>
    <button  size='mini' >去付款</button>
  </view>
</scroll-view>
```

2. 功能实现

.wxml 文件代码示例如下：

```
<scroll-view class="chanpins" scroll-y="true">

  <view class="danhao">
    单号: 201808081102 |时间: 2018/9/10 11:44:19
  </view>
  <view class="chanpin">
    <image class="chanpin-img" src="/img/cp01.jpg"></image>
    <view class="chanpin-info">
      <view class="name">珀莱雅水动力护肤品套装</view>
      <view class="sales">月售: 11件/库存: 121件
      </view>
      <view class="price">¥: 129.00</view>
    </view>
    <view class="chanpin-num">
      <text class="mytext" hidden=""> 2件</text>
    </view>
  </view>
  <view class="chanpin">
    <image class="chanpin-img" src="/img/cp02.jpg"></image>
    <view class="chanpin-info">
      <view class="name">HFP秋冬季补水保湿亮肤套装</view>
      <view class="sales">月售: 231件/库存: 11件
      </view>
      <view class="price">¥: 329.00</view>
    </view>
    <view class="chanpin-num">
      <text class="mytext" hidden=""> 1件</text>
    </view>
  </view>

  <view class="jiesuan" >
    <text>【待付款】共1件商品, 产品金额: ¥150 (运费¥6) </text>
  </view>
  <view class="caozuo">
    <button  size='mini'>取消订单</button>
    <button  size='mini' >去付款</button>
  </view>

</scroll-view>
```

.wxss 文件代码示例如下：

```
/*全部订单*/
.chanpins{
  flex: 1;
  display: flex;
  flex-direction: column;
  height: 100%;
  background:  white;
}
.danhao{
  font-size: 12px; color: gray;
  height: 100rpx; margin-left: 20rpx;
  border-bottom: 1rpx solid #ECECEC;
  background: white;
  display: flex;
  align-items: center;
}
.chanpin{
  display: flex;
  padding: 15rpx;
  height: 130rpx;
  border-bottom: 1rpx solid #ECECEC;
  background: white;
}
.chanpin-img{
  width: 120rpx;
  height: 120rpx;
}
.chanpin-info{
  display: flex;
  flex-direction:  column;
  align-items:  flex-start;
  flex: 1;
  margin-left: 20rpx;
}
.name{
  font-size: 30rpx;
}
.sales{
  font-size: 25rpx;
  color: #ACACAC;text-align: left;
}
.price{
  font-size: 30rpx;
  color: red;text-align: left;
}
.chanpin-num{
  height: 50rpx;
  display: flex;
  margin-top: 30rpx;
  margin-right: 30rpx;
  line-height: 50rpx;
```

```
  font-size: 40rpx;
}
.jiesuan{
  font-size: 13px; color: gray;
  height: 100rpx; margin-left: 20rpx;
  border-bottom: 1rpx solid #ECECEC;
  background: white;
  display: flex;
  align-items: center;
}
.caozuo{
  height: 100rpx;
  border-bottom: 1rpx solid #ECECEC;
  background: white;
  display: flex;
  align-items: center;
}
```

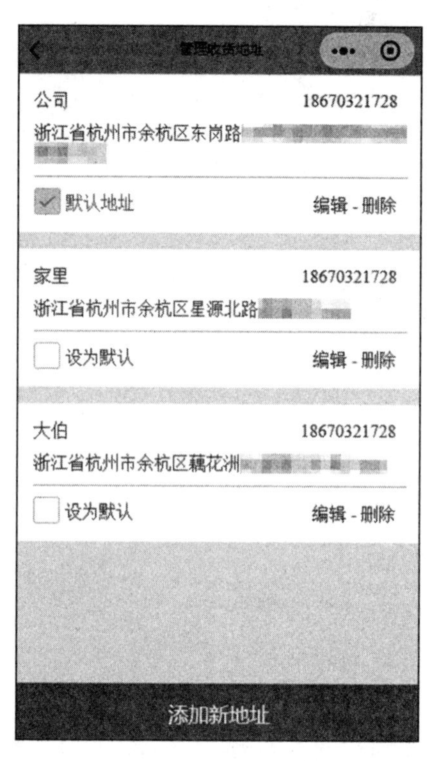

图 15-5　收货地址列表

15.3　收货地址列表

下面讲解收货地址列表界面的实现，效果如图 15-5 所示。

1. 布局分析

收货地址列表结构布局分析如图 15-6 所示。

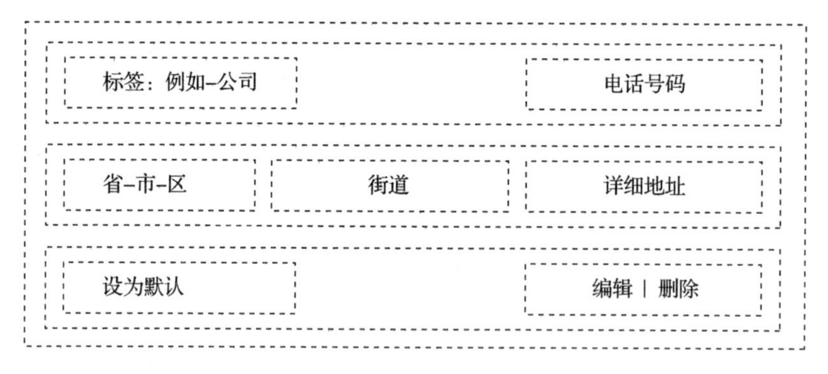

图 15-6　收货地址列表结构布局分析

根据图 15-6 的布局分析，会产生基础的框架，代码示例如下：

```
<view >

  <view >
    <text>测试</text>
    <text class='right'>18670321728</text>
```

```
  </view>

  <view >
    <text>浙江省杭州市江干区</text>
    <text>东岗路118号</text>
    <text>雷恩国际</text>
  </view>

  <view >
    <view>
      <switch type="checkbox" bindchange="beDefault"
        data-id="1" checked="{{true}}" />
      <text>设为默认</text>
    </view>
    <view >
      <text>编辑</text> |
      <text>删除</text>
    </view>
  </view>
</view>
```

2. 功能实现

.wxml 文件代码示例如下：

```
<view class='list-item' >

  <view class='item-head'>
    <text>测试</text>
    <text class='right'>18670321728</text>
  </view>

  <view class='item-desc'>
    <text>浙江省杭州市江干区</text>
    <text>东岗路118号</text>
    <text>雷恩国际</text>
  </view>

  <view class='item-edit'>
    <view class='left'>
      <switch type="checkbox" bindchange="beDefault"
        data-id="1" checked="{{true}}" />
      <text class='ctr'>设为默认</text>
    </view>
    <view class='right'>
      <text bindtap="navigateToEdit" data-id="1">编辑</text> -
      <text bindtap="delAddr" data-id="1">删除</text>
    </view>
  </view>
</view>
```

.wxss 文件代码示例如下：

```
.list-item {
  font-size: 16px;
  padding: 30rpx;
  padding-bottom: 80rpx;
  margin-bottom: 30rpx;
  background: white;
}
.item-head {
  padding-bottom: 20rpx;
}
.item-desc {
  font-size: 16px;
}
.item-edit {
  margin-top: 20rpx;
  padding-top: 20rpx;
  border-top: 1px #ccc solid;
}
.right {
  padding-top: 10rpx;
  float: right;
  padding-right: 20rpx;
}
.left {
  float: left;
  vertical-align: middle;
}
.chk-active {
  color: #f31;
}
.ctr {
  position: relative;
  top: 6rpx;
}
```

15.4　收货地址修改和新增

下面讲解如何实现收货地址管理中的修改和新增界面，效果如图 15-7 所示。

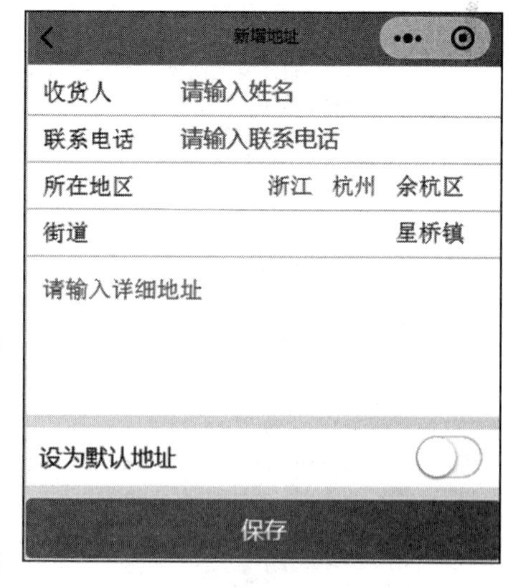

图 15-7　收货地址的新增和修改

1. 布局分析

收货地址新增和修改结构布局分析如图 15-8 所示。

根据图 15-8 的布局分析，会产生基础的框架，代码示例如下：

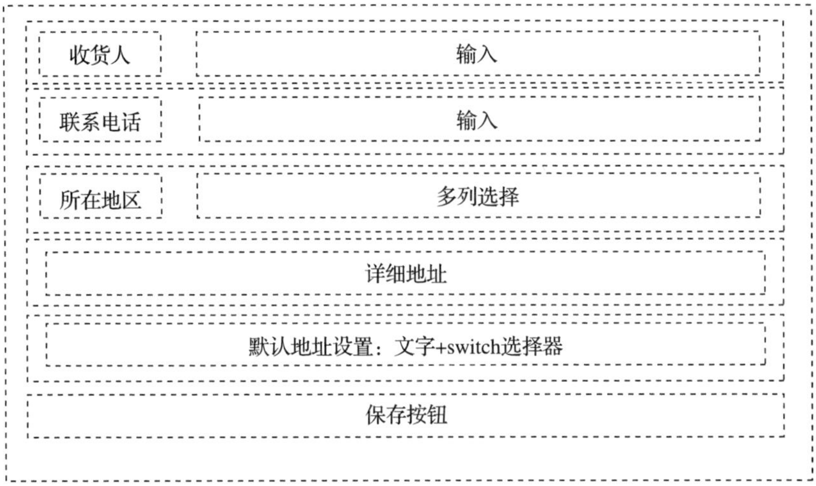

收货人 | 输入
联系电话 | 输入
所在地区 | 多列选择
详细地址
默认地址设置：文字+switch选择器
保存按钮

图 15-8　收货地址新增和修改结构布局分析

```
<form>

  <view>
    <view >
      <text>收货人</text>
      <input type="text" />
    </view>
    <view class='hr'></view>

    <view >
      <text>联系电话</text>
      <input type="text" />
    </view>
    <view class='hr'></view>

    <view class='edit-item'>
      <text>所在地区</text>
      <picker/>
    </view>
    <view class='hr'></view>

  <view class='edit-item'>
    <textarea />
  </view>
</view>

<view>
  设为默认地址<switch/>
  </view>

  <view>
```

```
      <button type="primary" form-type="submit">保存</button>
    </view>

</form>
```

2. 功能实现

.wxml 文件代码示例如下：

```
<form bindsubmit="saveAddr">
    <view id='edit'>
      <view class='edit-item'>
        <text>收货人</text>
        <input type="text" maxlength="13" placeholder="请输入姓名"
          name="name" value="{{addr.name}}" />
        </view>
        <view class='hr'></view>

        <view class='edit-item'>
          <text>联系电话</text>
        <input type="text" maxlength="11" placeholder="请输入联系电话" name="phone"
            value="{{addr.phone}}" />
        </view>
        <view class='hr'></view>

        <view class='edit-item'>
          <text>所在地区</text>
        <picker mode="selector" name='area' value='{{area_idx}}' range="{{areas}}"
          bindchange="areaChange">
        <view class='picker_last'>
        {{areas[area_idx]}}
        </view>
      </picker>
      <picker mode="selector" name='city' value='{{city_idx}}' range="{{citys}}"
        bindchange="cityChange">
        <view>
          {{citys[city_idx]}}
        </view>
      </picker>
      <picker mode="selector" name='province' value='{{province_idx}}' range=
        "{{provinces}}" bindchange="provinceChange">
        <view>
          {{provinces[province_idx]}}
        </view>
      </picker>
    </view>
    <view class='hr'></view>

    <view class='edit-item'>
    <textarea name="desc" maxlength="500" placeholder="请输入详细地址" style=
      "height:200rpx;" value="{{addr.desc}}" />
    </view>
```

```
  </view>

  <view id='default'>
    设为默认地址
    <switch type="switch" checked="{{addr.isDefault}}" name="isDefault" />
  </view>

  <view id='submit'>
    <button type="primary" form-type="submit">保存</button>
  </view>

</form>
```

.wxss 文件代码示例如下：

```
#edit{
  background: white;
  font-size: 18px;
  font-family: 'Times New Roman', Times, serif;
}

.edit-item{
  clear: both;
  padding: 12rpx 0rpx;
}
.edit-item text{
  line-height: 30px;
  padding-left: 25rpx;
  float: left;
}
.edit-item input{
  float: right;
  position: relative;
}
.edit-item picker{
  float: right;
  padding-right: 30rpx;
  padding-top: 8rpx;
  color:#666;
}
.edit-item textarea{
  padding-top: 25rpx;
  padding-left: 25rpx;
}
.picker_last{
  padding-right: 30rpx;
}
.hr{
  position: relative;
  width: 100%;
  height: 1px;
```

```
  background: #ccc;
  top: 52rpx;
}
#default{
  margin: 10px 0px;
  padding: 20rpx;
  background: white;
  clear: both;
  font-size: 18px;
}
#default switch{
  float: right;
  position: relative;
  bottom: 10rpx;
}
```

.js 文件代码示例如下：

```
data: {
  addr: {},
  provinces: [
    "浙江",
    "湖南"
  ],
  citys: [
    "杭州",
    "长沙"
  ],
  areas: [
    "余杭区",
    "开福区"
  ],
  streets: [
    "星桥镇",
    "芙蓉北路",
    "湘江中路"
  ],
  street_idx: 0,
  province_idx: 0,
  city_idx: 0,
  area_idx: 0
},
```

15.5 我的收藏

下面讲解我的收藏界面的实现，效果如图 15-9 所示。

我的收藏的结构布局分析可以参考 12.8 节“销售排行”。

图 15-9 我的收藏

实现“我的收藏”功能的.wxml文件代码示例如下：

```
<!--收藏-1行2列：左侧图片，右侧3行文本-->
<view class='text'>
  <view class='line_y'></view>
  <text>我的收藏列表</text>
</view>

<navigator url='/pages/fenlei/yemian/01-xiangxi'>
  <view class='paihang'>
    <image class="paihang-img" src='/img/cp01.jpg' />
    <view class='two-line-text'>
      <text class='txt1'>销售排行产品名称01</text>
      <text class="txt2">150g加量装（洗面奶护肤化妆品</text>
      <text class="txt2">¥：168</text>
    </view>
  </view>
</navigator>

<navigator url='/pages/fenlei/yemian/01-xiangxi'>
  <view class='paihang'>
    <image class="paihang-img" src='/img/cp02.jpg' />
    <view class='two-line-text'>
      <text class='txt1'>我的收藏产品01</text>
      <text class="txt2">150g加量装（洗面奶护肤化妆品</text>
      <text class="txt2">¥：258.00</text>
    </view>
  </view>
</navigator>

<navigator url='/pages/fenlei/yemian/01-xiangxi'>
  <view class='paihang'>
    <image class="paihang-img" src='/img/cp03.jpg' />
    <view class='two-line-text'>
      <text class='txt1'>御泥坊亮颜补水面膜贴21片</text>
      <text class="txt2">补水保湿面膜亮肤淡斑晒后修护</text>
      <text class="txt2">¥：368.00</text>
    </view>
  </view>
</navigator>

<navigator url='/pages/fenlei/yemian/01-xiangxi'>
  <view class='paihang'>
    <image class="paihang-img" src='/img/cp04.jpg' />
    <view class='two-line-text'>
      <text class='txt1'>自然堂雪域精粹系列</text>
      <text class="txt2">冰肌水（清润型）+乳液</text>
      <text class="txt2">¥：155.00</text>
    </view>
  </view>
</navigator>
```

.wxss 文件代码示例如下：

```
/*区块标题*/
.line_y{
  width: 3px;
  height: 18px;
  display: inline-block;
  background-color:  darkcyan;
}
view.text
{
  display: flex;
  align-items: center;
  position: relative;
  padding: 6px 6px 6px 6px ;
  background-color:  lightgoldenrodyellow;
}
view.text text{
  margin-left: 6px;
}

/* 1行2列：左图片，右文字（多行文字） */
/*第2层样式*/
.paihang{
    display: flex; /* felx模式，默认图片和文字区块，从左到右排列，也就是1行2列*/
    margin: 1rpx;
    border: #ddd solid 1px;  /*每个产品信息下面的横线*/
    padding: 10rpx;
}
.paihang-img{
    width: 80px;
    height: 80px;
}
.two-line-text{
    padding: 3px;
    display: flex; /*定义flex后，下面的属性才能生效*/
    flex-direction: column; /*将默认的从左到右布局重新定义为从上到下的多行排列布局*/
}
.txt1{
    margin: 3px 3px;
    font-size: 16px;
    font-weight: bold;
    white-space: nowrap; color:  #09bb07;
}
.txt2{
    margin: 3px 3px;
    font-size: 13px;
    color: #656565;
    white-space: nowrap;
}
.txt3{
```

```
    margin: 3px 3px;
    font-size: 13px;
    color: #656565;
    white-space: nowrap;
}
```

15.6　常见问题列表

下面讲解会员功能中的常见问题列表界面的实现，效果如图 15-10 所示。

图 15-10　常见问题列表

常见问题列表的结构布局分析可以参考 12.6 节。

实现“常见问题列表”功能的 .wxml 文件代码示例如下：

```
<view class='text'>
  <view class='line_y'></view>
  <text>常见问题</text>
</view>

<navigator url='/pages/tmp/yemian/01-xiangxi?id={{888}}'>
  <view class="wx-cells">
    <view class="wx-cell">
      <image class="wx-cell-icon"src="/images/news.png"></image>
      <text class="wx-cell-text">08/08本地界面-微信小程序上线通知</text>
      <image class="wx-cell-arrow" src="/images/right.png"></image>
    </view>
  </view>
</navigator>

<view class="wx-cells">
  <view class="wx-cell">
    <image class="wx-cell-icon"src="/img/tubiao01.png"></image>
    <text class="wx-cell-text">如何登录平台和注册账号的问题? </text>
    <image class="wx-cell-arrow" src="/img/right-gray.png"></image>
  </view>
</view>

<view class="wx-cells">
  <view class="wx-cell">
    <image class="wx-cell-icon"src="/img/tubiao02.png"></image>
    <text class="wx-cell-text">关于会员积分和等级的说明? </text>
    <image class="wx-cell-arrow" src="/img/right-gray.png"></image>
  </view>
</view>

<view class="wx-cells">
  <view class="wx-cell">
    <image class="wx-cell-icon"src="/img/tubiao03.png"></image>
```

```
            <text class="wx-cell-text">关于商品快递的问题请看这里！</text>
            <image class="wx-cell-arrow" src="/img/right-gray.png"></image>
        </view>
    </view>

    <view class="wx-cells">
        <view class="wx-cell">
            <image class="wx-cell-icon"src="/img/tubiao04.png"></image>
            <text class="wx-cell-text">付费和充值的问题请看这里！</text>
            <image class="wx-cell-arrow" src="/img/right-gray.png"></image>
        </view>
    </view>
```

.wxss 文件代码示例如下：

```
.line_y{
    width: 3px;
    height: 18px;
    display: inline-block;
    background-color:  darkcyan;
}
view.text
{
    display: flex;
    align-items: center;
    position: relative;
    padding: 10px 10px 10px 10px ;
    background-color:  beige;
}
view.text text{
    margin-left: 10px;
}

/*最新消息:1行3列：左图片，中文字，右图片（最新通告）*/
.wx-cells {
    width: 100%;
    margin-top: 15rpx;
    font-size: 34rpx;
    border-top: 1rpx solid #d9d9d9;
    border-bottom: 1rpx solid #d9d9d9;
    background-color: #fff;
}
.wx-cell {
    padding: 20rpx 25rpx;
    display: flex;
    align-items: center;
}
.wx-cell-icon{
    width: 56rpx;
```

```
  height: 56rpx;
}
.wx-cell-text{
  flex: 1;
  margin-left: 30rpx;
}
.wx-cell-arrow{
  width: 30rpx;
  height: 30rpx;
  margin-left: 10rpx;
}
```

15.7　联系客服

下面讲解会员功能中的联系客服界面的实现，效果如图 15-11 所示。

图 15-11　联系客服

1. 布局分析

联系客服的结构布局分析如图 15-12 所示。

客服图片

客服姓名

介绍文字

联系方式
地址
电话
商务合作
拨打客服按钮

图 15-12　联系客服结构布局分析

```
<view>

  <view >
    <view >
      <image>客服图片</image>
    </view>
    <view >客服姓名</view>
```

```
  </view>
  <view >
   介绍文字
  </view>
  <view >
    <view >联系方式</view>
    <view>地址:浙江杭州余杭雷恩科国际</view>
    <view>联系电话: 135-1234-xxxx</view>
    <view>商务合作: xxxx@qq.com</view>
    <view>
      <button type='default' >拨打客服电话</button>
    </view>
  </view>

</view>
```

2. 功能实现

.wxml 文件代码示例如下：

```
<view class="about">
  <view class="about-tou">
    <view class="about-img">
      <image src="/images/hjh.jpg" class="in-img"  model="scaleToFill"></image>
    </view>
    <view class="about-title">讲师: 黄菊华</view>
  </view>
  <view class="about-content">微信小程序-电商平台: 适合经营电子商务平台移动端所需要</view>
  <view class="about-addr">
    <view class="about-tab">联系方式</view>
    <view>地址:浙江杭州余杭雷恩科国际</view>
    <view>联系电话: 135-1234-xxxx</view>
    <view>商务合作: xxxx@qq.com</view>
    <view>
      <button  class='.tel' type="default" bindtap="calling">
      点击拨打客服电话</button>
    </view>
  </view>
</view>
```

.wxss 文件代码示例如下：

```
.about-tou {
  text-align: center;
}
.about-img {
  display: block;
  width: 110px;height: 110px;
  margin: 10px auto 0;
}
.about-title {
  display: inline-block;
```

```
  margin: 10px 0;
}
.about-content {
  text-indent: 2em;
  font-size: 16px; margin: 0 8px;
  line-height: 1.5;
}
.about-addr {
  font-size: 16px;
  line-height: 2;
  text-indent: 2em;
}
.about-tab {
  margin-top: 20px;
  font-weight: bold;
}
.in-img {
  width:110px;height: 110px;
  border-radius: 50%;
}
.image{
  width:110px;height: 110px;
}
.tel{
  width: 90%;
}
```

.js 文件代码示例如下：

```
data: {
},
calling: function () {
  wx.makePhoneCall({
    phoneNumber: '4000000000',
    success: function () {
      console.log("拨打电话成功！")
    },
    fail: function () {
      console.log("拨打电话失败！")
    }
  })
}
```

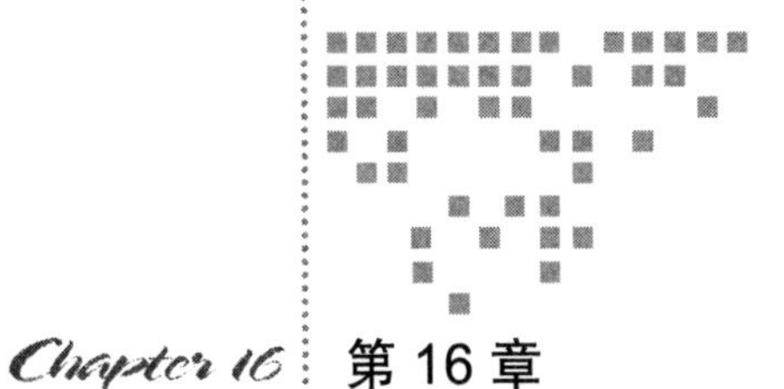

Chapter 16 第 16 章

公用功能

本节主要讲解微信商城小程序的公用模块界面的实现。包含：留言反馈界面的实现，活动信息列表页面的实现，帮助中心列表页面的实现，关于我们列表页面的实现，简易信息页面的实现，复杂信息页面的实现。

16.1 留言反馈

下面讲解留言反馈界面的实现，效果如图 16-1 所示。

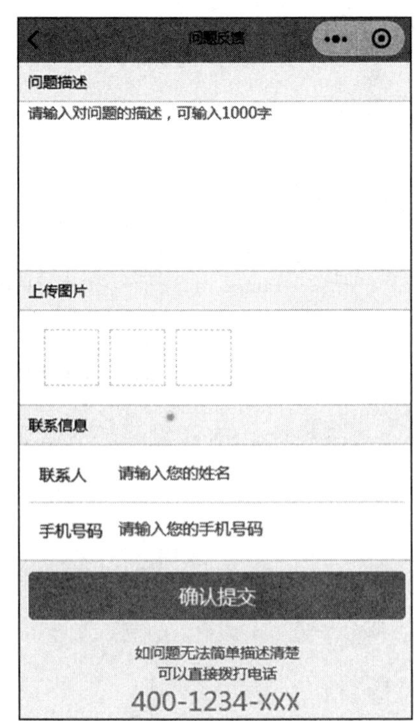

图 16-1 留言反馈

1. 布局分析

留言反馈的结构布局分析如图 16-2 所示。

2. 功能实现

.wxml 文件代码示例如下：

```
<view class="group">

  <view class="group-header">问题描述</view>
  <view class="group-body">
     <textarea placeholder="请输入对问题的描述，可输入1000字" maxlength="1000">
    </textarea>
  </view>

  <view class="group-header">上传图片</view>
  <view class="group-body">
    <view class="img-upload">
      <view class="img-add" bindtap="chooseImage">
        </view>
```

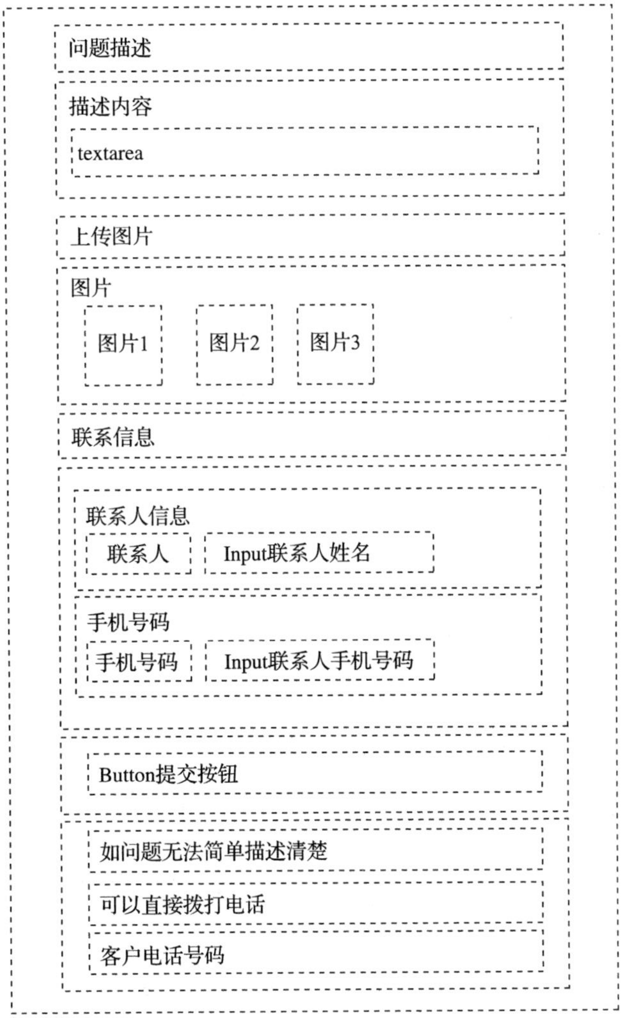

问题描述
描述内容
textarea
上传图片
图片
图片1　图片2　图片3
联系信息
联系人信息
联系人　Input联系人姓名
手机号码
手机号码　Input联系人手机号码
Button提交按钮
如问题无法简单描述清楚
可以直接拨打电话
客户电话号码

图 16-2　留言反馈结构布局分析

```
    <view class="img-add" bindtap="chooseImage"></view>
    <view class="img-add" bindtap="chooseImage"></view>
  </view>
</view>

<view class="group-header">联系信息</view>
<view class="group-body">
  <view class="input-item">
    <text class="input-item-label">联系人</text>
    <view class="input-item-content">
      <input type="text" auto-focus placeholder="请输入你的姓名" ></input>
    </view>
  </view>
  <view class="input-item">
```

```
        <text class="input-item-label">手机号码</text>
        <view class="input-item-content">
          <input type="idcard" placeholder="请输入你的手机号码" maxlength="11">
          </input>
        </view>
      </view>
    </view>

    <view class="btn-submit">
      <button class="btn-block btn-orange" bindtap="questionSubmit">
        确认提交
      </button>
    </view>

    <view class="question-text">
      <text>如问题无法简单描述清楚</text>
      <text>可以直接拨打电话</text>
      <view bindtap="callContact" data-tel="400-1234-567">400-1234-XXX</view>
    </view>

  </view>
```

.wxss 文件代码示例如下：

```
.group{
  flex: 1;
  display: flex;
  flex-direction: column;
  box-sizing: border-box;
  background: #f9f9f9; font-size: 14px;
}
.group-header{
  line-height: 70rpx;
  display: flex;
  padding: 0 20rpx;
  background: #f9f9f9;
}
.group-body{
  background: #fff;
  border-top: 1rpx solid #ddd;
  border-bottom: 1rpx solid #ddd; padding: 5rpx 20rpx;
}

.img-upload{
  padding: 20rpx;
  font-size: 0;
  overflow: hidden;
}
.img-add{
  width: 100rpx;
  height: 100rpx;
  float: left;
  margin: 10rpx;
```

```
  border: 1rpx dashed #ddd;
}
.input-item{
  padding: 20rpx;
  line-height: 2;
  display: flex;
  font-size: 30rpx;
  border-top: 1rpx solid #e8e8e8;
}
.input-item:first-child{
  border-top: 0;
}
.input-item-label{
  display: block;
  width: 5em;
  color: #666;
}
.input-item-content{
  color: #333;
  flex:1;
}
.btn-submit{
  padding: 20rpx;
}
.btn-block{
  width: 100%;
  line-height: 88rpx;
}
.btn-orange{
  background: #f7982a;
  color: #fff;
}
.question-text{
  padding: 20rpx;
  text-align: center;
}
.question-text text{
  display: block;
  color: #888;
  font-size: 28rpx;
}
.question-text view{
  font-size: 48rpx;
  color: #f7982a;
}
```

16.2 活动信息列表

下面讲解活动信息列表界面的实现，效果如图 16-3 所示。

活动信息列表的结构布局分析可以参考 12.6 节。

实现活动信息列表功能的 .wxml 文件代码示例如下：

```
<view class='text'>
  <view class='line_y'></view>
  <text>活动列表</text>
</view>

<view class="wx-cells">
  <view class="wx-cell">
    <image class="wx-cell-icon"src="/img/
      tubiao01.png"></image>
    <text class="wx-cell-text">2018年国庆最新活
      动活动</text>
    <image class="wx-cell-arrow" src="/img/
      right-gray.png"></image>
  </view>
</view>

<view class="wx-cells">
  <view class="wx-cell">
    <image class="wx-cell-icon"src="/img/tubiao02.png"></image>
    <text class="wx-cell-text">2018年中秋活动邀请说明</text>
    <image class="wx-cell-arrow" src="/img/right-gray.png"></image>
  </view>
</view>

<view class="wx-cells">
  <view class="wx-cell">
    <image class="wx-cell-icon"src="/img/tubiao03.png"></image>
    <text class="wx-cell-text">2018年夏季会员卡办理优惠</text>
    <image class="wx-cell-arrow" src="/img/right-gray.png"></image>
  </view>
</view>

<view class="wx-cells">
  <view class="wx-cell">
    <image class="wx-cell-icon"src="/img/tubiao04.png"></image>
    <text class="wx-cell-text">2018年劳动节活动</text>
    <image class="wx-cell-arrow" src="/img/right-gray.png"></image>
  </view>
</view>
```

图 16-3 活动信息列表

.wxss 文件代码示例如下：

```
.line_y{
  width: 3px;
  height: 18px;
  display: inline-block;
  background-color:  darkcyan;
}
view.text
```

```
{
  display: flex;
  align-items: center;
  position: relative;
  padding: 10px 10px 10px 10px ;
   background-color:  beige;
}
view.text text{
  margin-left: 10px;
}

.wx-cells {
  width: 100%;
  margin-top: 15rpx;
  font-size: 34rpx;
  /*border-top: 1rpx solid #d9d9d9;*/
  border-bottom: 1rpx solid #d9d9d9;
  background-color: #fff;
}
.wx-cell {
  padding: 20rpx 25rpx;
  display: flex;
  align-items: center;
}
.wx-cell-icon{
  width: 56rpx;
  height: 56rpx;
}
.wx-cell-text{
  flex: 1;
  margin-left: 30rpx;
}
.wx-cell-arrow{
  width: 30rpx;
  height: 30rpx;
  margin-left: 10rpx;
}

.wx-cell-inner{
  padding: 30rpx 30rpx 30rpx 0;
  margin-left: 30rpx;
  border-bottom: 1rpx solid #d9d9d9;
}

.wx-cell-left{
  font-size: 35rpx;
  align-items: center;
}

.wx-cell-right{
  align-items: center;
```

```
}

.wx-cell-right-text{
  font-size: 30rpx;
  color: #808080;
}
.no-border{
  border: 0;
}
```

16.3 帮助中心列表

下面讲解帮助中心列表界面的实现，效果如图 16-4 所示。

图 16-4 帮助中心列表

帮助中心列表的结构布局分析可以参考 12.8 节。

实现帮助中心列表功能的 .wxml 文件代码示例如下：

```
<view  class="container2">

  <view >
    <navigator url='/pages/tmp/xinxi/01-jianjie?id=1'>
      <view class="line toutiao">
        <image class="toutiao-img" src="/images/menu01.png"></image>
        <view class="two-line-text">
          <text  class="text-center txt1">平台的功能概要</text>
          <text  class="text-center txt2">2018/10/10（管理员）</text>
          <text  class="text-center txt3">功能介绍</text>
        </view>
      </view>
    </navigator>

    <navigator url='/pages/tmp/xinxi/01-jianjie?id=1'>
      <view class="line toutiao">
        <image class="toutiao-img" src="/images/menu02.png"></image>
        <view class="two-line-text">
          <text  class="text-center txt1">关于平台会员的问题集合</text>
          <text  class="text-center txt2">2018/10/10（管理员）</text>
          <text  class="text-center txt3">会员的问题在这里</text>
        </view>
      </view>
    </navigator>

    <navigator url='/pages/tmp/xinxi/01-jianjie?id=1'>
      <view class="line toutiao">
        <image class="toutiao-img" src="/images/menu03.png"></image>
        <view class="two-line-text">
          <text  class="text-center txt1">关于产品的问题</text>
          <text  class="text-center txt2">2018/10/10（管理员）</text>
          <text  class="text-center txt3">产品的售后等</text>
        </view>
```

```
      </view>
    </navigator>

    <navigator url='/pages/tmp/xinxi/01-jianjie?id=1'>
      <view class="line toutiao">
        <image class="toutiao-img" src="/images/menu04.png"></image>
        <view class="two-line-text">
          <text  class="text-center txt1">订单发货问题</text>
          <text  class="text-center txt2">2018/10/10（管理员）</text>
          <text  class="text-center txt3">物流等发货问题</text>
        </view>
      </view>
    </navigator>
  </view>
</view>
```

.wxss 文件代码示例如下：

```
.container2 {
  height: 100%;
  display: flex;
  flex-direction: column;
  padding: 0;
  box-sizing: border-box;
}
.line{
    display: flex;
    margin: 5rpx;
    border-bottom: #ddd solid 1px;
    padding: 5rpx;
}
.toutiao{
    padding: 10rpx;
}
.toutiao-img{
    width: 80px;
    height: 80px;
}
.two-line-text{
    padding: 3px;
    display: flex;
    flex-direction: column;
}
.text-center{
    margin: 0 auto;
}
.txt1{
    margin: 3px 3px;
    font-size: 16px;
    font-weight: bold;
    white-space: nowrap;
}
.txt2{
    margin: 3px 3px;
    font-size: 12px;
```

```
     color: #656565;
    white-space: nowrap;
}
.txt3{
    margin: 3px 3px;
    font-size: 13px;
    color: #656565;
    white-space: nowrap;
}
```

16.4 关于我们列表

下面讲解关于我们列表界面的实现，效果如图 16-5 所示。

1. 布局分析

关于我们列表的结构布局分析如图 16-6 所示。

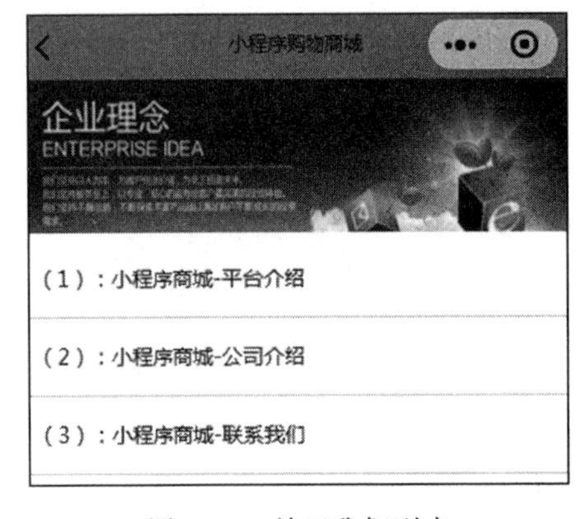

图 16-5 关于我们列表

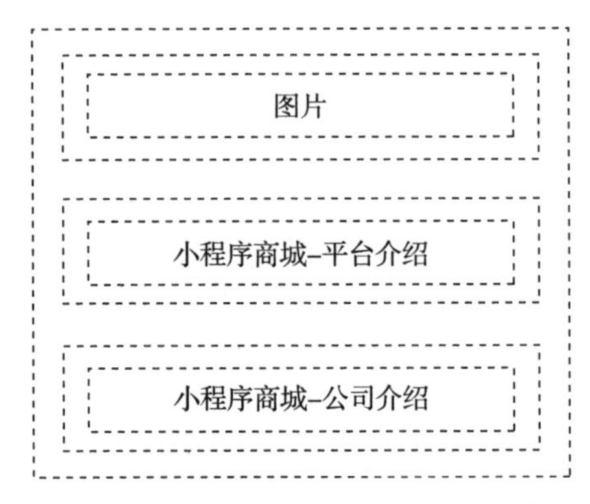

图 16-6 关于我们列表结构布局分析

根据图 16-6 的布局分析，会产生基础的框架，代码示例如下：

```
<view>
  <view>
    <image></image>
  </view>

  <view class="node-item">
    <navigator url='/pages/index/pub/05-xiangqing01?id={{1}}'>
      <text>(1)：小程序商城-平台介绍</text>
    </navigator>
  </view>

</view>
```

2. 功能实现

.wxml 文件代码示例如下：

```
<view class="container2">
  <view>
    <view class='gy1'>
      <image src='/img/qyln.jpg'></image>
    </view>

    <view class="node-item">
      <navigator url='/pages/tmp/xinxi/01-jianjie?id={{1}}'>
        <text>(1): 小程序商城-平台介绍</text>
      </navigator>
    </view>

    <view class="node-item">
      <navigator url='/pages/tmp/xinxi/01-jianjie?id={{2}}'>
        <text>(2): 小程序商城-公司介绍</text>
      </navigator>
    </view>

    <view class="node-item">
      <navigator url='/pages/tmp/xinxi/01-jianjie?id={{3}}'>
        <text>(3): 小程序商城-联系我们</text>
      </navigator>
    </view>

  </view>
</view>
```

.wxss 文件代码示例如下：

```
.gy1 image{ width: 750rpx; height: 200rpx; }

.node-item {
    height:100rpx;
    line-height: 100rpx;
    border-bottom:1px solid #ddd;
    font-size:14px;
    color:#333;
    padding-left:10px;
}
.container2 {
  height: 100%;
  display: flex;
  flex-direction: column;
  padding: 0;
  box-sizing: border-box;
}
```

16.5 信息详情（简易版）

下面讲解简易版信息详情界面的实现，效果如图 16-7 所示。

1. 布局分析

简易版信息详情的结构布局分析如图 16-8 所示。

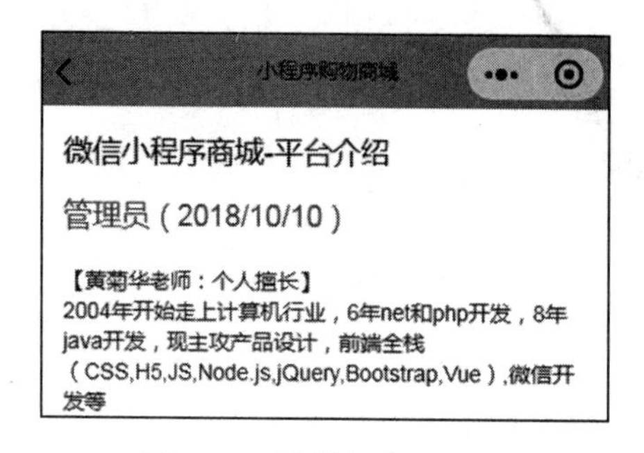

图 16-7 简易版信息详情

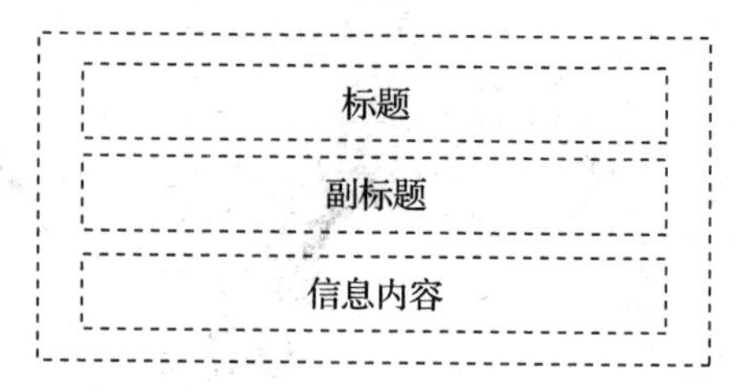

图 16-8 简易版信息详情结构布局分析

根据图 16-8 的布局分析，会产生基础的框架，代码示例如下：

```
<view>
  <view >
    <view >微信小程序商城-平台介绍</view>
  </view>
  <view>
    <text>管理员</text>
    <text class="topic-created">（2018/10/10）</text>
  </view>
<view class="topic-desc">
    <text>【黄菊华老师：个人擅长】2004年开始走上计算机行业，6年net和php开发，8年java开发，
        现主攻产品设计，前端全栈（CSS,H5,JS,Node.js,jQuery,Bootstrap,Vue），微信开发等
    </text>
</view>
</view>
```

2. 功能实现

.wxml 文件代码示例如下：

```
<view class="container">
  <view class="topic-detail">
    <view class="topic-owner">
      <view class="topic-tit">微信小程序商城-平台介绍</view>
    </view>
  </view>
    <view class="topic-info">
      <text>管理员</text>
      <text class="topic-created">（2018/10/10）</text>
    </view>

    <view class="topic-desc">
      <text>【黄菊华老师：个人擅长】
2004年开始走上计算机行业，6年net和php开发，8年java开发，现主攻产品设计，前端全栈
    （CSS,H5,JS,Node.js,jQuery,Bootstrap,Vue），微信开发等
</text>
```

```
    </view>
</view>
```

.wxss 文件代码示例如下：

```
.container {
  padding:30rpx;
}
.topic-owner {
  display: flex;
  align-items: center;
  margin-bottom: 30rpx;
}
.topic-info {
  margin-bottom: 40rpx;
  color:#777;
}
.topic-desc {
  margin-bottom: 20rpx;
  line-height: 1.4;
  word-wrap: break-word;
  word-break: normal;
  font-size:14px;
  color:#333;
}
```

16.6　信息详情（带底部评论）

下面讲解相对复杂的信息详情界面的实现，效果如图 16-9 所示。

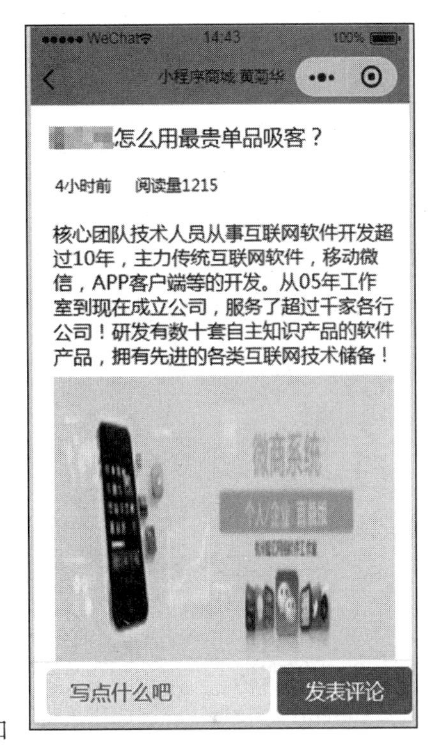

图 16-9　带底部评论的信息详情

1. 布局分析

带底部评论的信息详情，其结构布局分析如图 16-10 所示。

标题

副标题：时间，阅读量等

内容：
文字
图片
文字……

评论

评论输入框　　发表评论

图 16-10　带底部评论的信息详情结构布局分析

根据图 16-10 的布局分析，会产生基础的框架，代码示例如下：

```
<view>

    <view>
      星巴克怎么用最贵单品吸客?
    </view>
    <view>
      <text>4小时前</text>
      <text>阅读量1215</text>
</view>

    <view>
      <text>

      </text>
      <image ></image>
      <text>
      </text>
</view>

</view>

<view>
  <input type="text"/>
  <button type="default">发表评论</button>
</view>
```

2. 功能实现

.wxml 文件代码示例如下：

```
<view id="main">
  <view class="title">
    ×××怎么用最贵单品吸客?
  </view>
  <view class="numbers">
    <text>4小时前</text>
    <text>阅读量1215</text>
  </view>
  <view class="content">
    <text>
    核心团队技术人员从事互联网软件开发超过10年，主力传统互联网软件，移动微信，APP客户端等的开
      发。从05年工作室到现在成立公司，服务了超过千家各行公司！研发有数十套自主知识产品的软件产
      品，拥有先进的各类互联网技术储备！
    <br/>
    </text>
    <image src="http://www.honghuang.net/img/680x200-1.png" style="width:100%;"> </image>
    <text>
    <br/>
    核心团队技术人员从事互联网软件开发超过10年，主力传统互联网软件，移动微信，APP客户端等的开
      发。从05年工作室到现在成立公司，服务了超过千家各行公司！研发有数十套自主知识产品的软件产
      品，拥有先进的各类互联网技术储备！
    </text>
```

```
  </view>
  <view class="comments_list">

  </view>
</view>
<view id="comments">
  <view class="input">
    <input class="text" type="text" placeholder="写点什么吧"/>
    <button type="default" class="submit">发表评论</button>
  </view>
</view>
```

.wxss 文件代码示例如下：

```
#main{}
#main .title{
  font-size:18px;
  padding:15px;
}
#main .numbers text{
  padding-left: 20px;
  font-size: 13px;
}
#main .content{
  width:90%;
  height:auto;

  padding-left:18px;
  font-size:16px;
  line-height: 20px;
  padding-bottom: 70px;
}
#main .content image{
  padding-top:7px;
  padding-bottom: 7px;
}
#comments{
  position: fixed;
  bottom: 0px;
  height:50px;
  width: 100%;
  background: #fff;
}
#comments .input{
  border-top: 0.5px solid #eff2f7;
  padding-top:5px;
  padding-left:10px;
}
#comments .input .text{
  width:222px;
  height:39px;
```

```
  background: #eeeeee;
  border-radius: 7px;
  font-size:17px;
  text-indent: 10px;
  padding-left:10px;
  float: left;
}
#comments .input .submit{
  width:115px;
  height:39px;
  float: left;
  margin-left:6px;
  padding:0px;
  text-align: center;
  line-height:39px;
  background:#3581be;
  font-size:17px;
  color:#fff;
}
```

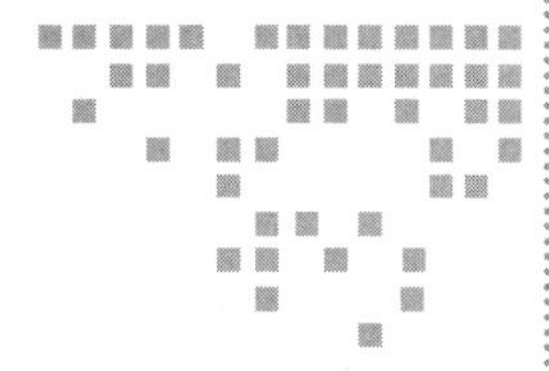

第 17 章 Chapter 17

杂项知识

17.1 WeUI

你在使用小程序从零开始开发的时候，一定会想：小程序是否有一个 UI 库，类似于前端中的 Bootstrap、MD、Semantic UI 这样的框架 UI 库，如果有的话，一定是一件完美的事情。上帝总是宠爱着我们，这样的好事情真的有，那就是 weui.wxss。

WeUI 是一套同微信原生视觉体验一致的基础样式库，由微信官方设计团队为微信内网页和微信小程序量身设计，可令用户的使用感知更加统一。包含 buttoncell、dialog、progress、toastarticle、actionsheet、icon 等各式元素。

在 app.wxss 内或者需要的页面引入 weui.wxss，代码示例如下：

```
/**app.wxss**/
@import  'weui.wxss';
```

根组件使用 class="page"，代码示例如下：

```
<view class="page"> </view>
```

页头和主体使用 class="page_ _xx"（注意是两个下划线），代码示例如下：

```
<view class="page">
<view class="page__hd"></view>  <!--页头-->
<!--主体-->
<view class="page__bd"></view>
</view>
```

其他组件采用 weui-xx，例如 class = "weui-flex"，代码示例如下：

```
<view id="{{item.id}}" class="weui-flex" >
```

组件的子组件样式，例如 weui-flex，还有 weui-flex__item 信息。

注意 子组件样式后面使用的两个下划线，"_ _"。

17.1.1 实战项目框架的制作

官方 WeUI 框架的 weui.wxss 放置于根目录 style 目录下，菜单图片位于根目录 weixin 里。app.json 代码示例如下：

```
{
  "pages":[
    "pages/01jichuzujian/index"
  ],
  "window":{
    "backgroundTextStyle":"light",
    "navigationBarBackgroundColor": "#eee",
    "navigationBarTitleText": "WeUI-Wxss:讲师黄菊华",
    "navigationBarTextStyle":"black"
  },
  "tabBar":{
    "list":[
      {
        "pagePath": "pages/01jichuzujian/index",
        "text": "基础组件",
        "iconPath": "weixin/b-off.png",
        "selectedIconPath": "weixin/b-on.png"
      },
      {
        "pagePath":"pages/02biaodan/index",
        "text":"表单",
        "iconPath":"weixin/a-off.png",
        "selectedIconPath":"weixin/a-on.png"
      },

      {
        "pagePath": "pages/03caozuofankui/index",
        "text": "操作反馈",
        "iconPath": "weixin/c-off.png",
        "selectedIconPath": "weixin/c-on.png"
      }
      ,
      {
        "pagePath": "pages/04daohang/index",
        "text": "导航相关",
        "iconPath": "weixin/d-off.png",
        "selectedIconPath": "weixin/d-on.png"
      }
      ,
      {
        "pagePath": "pages/05sousuo/index",
```

```
        "text": "搜索相关",
        "iconPath": "weixin/e-off.png",
        "selectedIconPath": "weixin/e-on.png"
      }
    ]
  }
}
```

app.wxss 代码示例如下：

```
@import 'style/weui.wxss';
page{
  background-color: #F8F8F8;
  font-size: 16px;
  font-family: -apple-system-font,Helvetica Neue,Helvetica,sans-serif;
}
.page__hd {
  padding: 10px;
}
.page__bd {
  padding-bottom: 40px;
}
.page__bd_spacing {
  padding-left: 15px;
  padding-right: 15px;
}
.page__ft{
  padding-bottom: 10px;
  text-align: center;
}
.page__title {
  text-align: left;
  font-size: 20px;
  font-weight: 400;
}
.page__desc {
  margin-top: 5px;
  color: #888888;
  text-align: left;
  font-size: 14px;
}
```

WeUI 框架效果如图 17-1 所示。

图 17-1 空白 WeUI 框架

17.1.2 栏目首页

.wxml 文件代码示例如下：

```
<view class="weui-cells  weui-cells_show ">

  <navigator url="/pages/01jichuzujian/01-article" class="weui-cell weui-cell_access">
```

```
    <view class="weui-cell__bd">article文章</view>
    <view class="weui-cell__ft weui-cell__ft_in-access"></view>
  </navigator>

  <navigator url="/pages/01jichuzujian/02-badge" class="weui-cell weui-cell_access">
    <view class="weui-cell__bd">Badge徽章</view>
    <view class="weui-cell__ft weui-cell__ft_in-access"></view>
  </navigator>

  <navigator url="/pages/01jichuzujian/03-flex" class="weui-cell weui-cell_access">
    <view class="weui-cell__bd">Flex的布局和样式</view>
    <view class="weui-cell__ft weui-cell__ft_in-access"></view>
  </navigator>

  <navigator url="/pages/01jichuzujian/04-grid" class="weui-cell weui-cell_access">
    <view class="weui-cell__bd">Grid九宫格</view>
    <view class="weui-cell__ft weui-cell__ft_in-access"></view>
  </navigator>

  <navigator url="/pages/01jichuzujian/05-icon" class="weui-cell weui-cell_access">
    <view class="weui-cell__bd">Icon图标</view>
    <view class="weui-cell__ft weui-cell__ft_in-access"></view>
  </navigator>

  <navigator url="/pages/01jichuzujian/06-loadmore" class="weui-cell weui-cell_access">
    <view class="weui-cell__bd">Loadmore加载更多</view>
    <view class="weui-cell__ft weui-cell__ft_in-access"></view>
  </navigator>

  <navigator url="/pages/01jichuzujian/07-panel" class="weui-cell weui-cell_access">
    <view class="weui-cell__bd">Panel画板</view>
    <view class="weui-cell__ft weui-cell__ft_in-access"></view>
  </navigator>

  <navigator url="/pages/01jichuzujian/08-preview" class="weui-cell weui-cell_access">
    <view class="weui-cell__bd">Preview表单预览</view>
    <view class="weui-cell__ft weui-cell__ft_in-access"></view>
  </navigator>

  <navigator url="/pages/01jichuzujian/09-progress" class="weui-cell weui-cell_access">
    <view class="weui-cell__bd">Progress进度条</view>
    <view class="weui-cell__ft weui-cell__ft_in-access"></view>
  </navigator>

  <navigator url="/pages/01jichuzujian/10-footer" class="weui-cell weui-cell_access">
    <view class="weui-cell__bd">Footer页脚</view>
    <view class="weui-cell__ft weui-cell__ft_in-access"></view>
  </navigator>

</view>
```

.wxss 文件代码示例如下：

```
.weui-cells{
  margin-top:0;opacity:0;
  -webkit-transform:translateY(-50%);
  transform:translateY(-50%);
  -webkit-transition:.3s;transition:.3s
}
.weui-cells:after,.weui-cells:before{
  display:none
}
.weui-cells_show{
  opacity:1;
  -webkit-transform:translateY(0);
  transform:translateY(0)
}
.weui-cell:before{
  right:15px
}
```

WeUI 基础组件及栏目效果如图 17-2 所示。

其他几个栏目，如表单组件、操作反馈、导航、搜索首页代码与此类似。

图 17-2　WeUI 基础组件栏目首页

17.1.3　article 文章

.wxml 文件代码代码如下：

```
<view class="page">
  <view class="page__hd">
      <view class="page__title">Article文章的排版布局</view>
       <view class="page__desc">我是文章的描述信息，这个章节主要讲解布局要使用哪些WXSS的元素</
view>
  </view>
  <view class="page__bd">
      <view class="weui-article">
          <view class="weui-article__h1">大标题</view>
          <view class="weui-article__section">
              <view class="weui-article__title">章标题</view>

              <view class="weui-article__section">
                  <view class="weui-article__h3">1.1节标题</view>
                  <view class="weui-article__p">
                      Lorem ipsum dolor sit amet, consectetur adipisicing elit, sed do
                        eiusmod
                      tempor incididunt ut labore et dolore magna aliqua. Ut enim ad
                        minim veniam,
                      quis nostrud exercitation ullamco laboris nisi ut aliquip ex ea
                        commodo
                      consequat.
                  </view>
                  <view class="weui-article__p">
```

```
                <image class="weui-article__img" src="/images/pic_article.png"
                    mode="aspectFit" style="height: 180px" />
                <image class="weui-article__img" src="/images/pic_article.png"
                    mode="aspectFit" style="height: 180px" />
            </view>
        </view>

        <view class="weui-article__section">
            <view class="weui-article__h3">1.2节标题</view>
            <view class="weui-article__p">
                Lorem ipsum dolor sit amet, consectetur adipisicing elit, sed do
                    eiusmod
                tempor incididunt ut labore et dolore magna aliqua. Ut enim ad
                    minim veniam,
                cillum dolore eu fugiat nulla pariatur. Excepteur sint occaecat
                    cupidatat non
                proident, sunt in culpa qui officia deserunt mollit anim id est
                    laborum.
            </view>
        </view>

    </view>
  </view>
</view>
</view>
```

文章效果如图 17-3 所示。

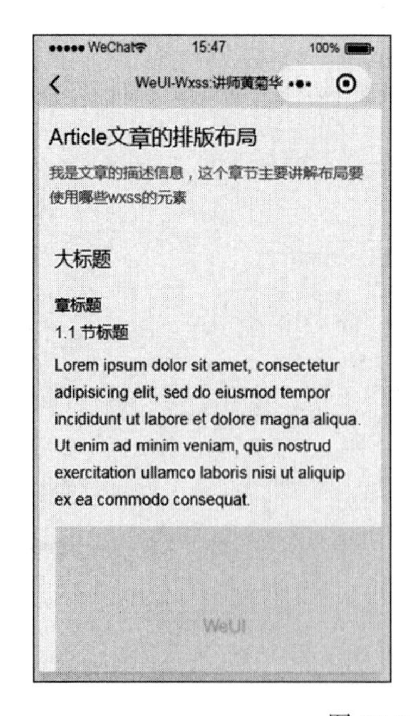

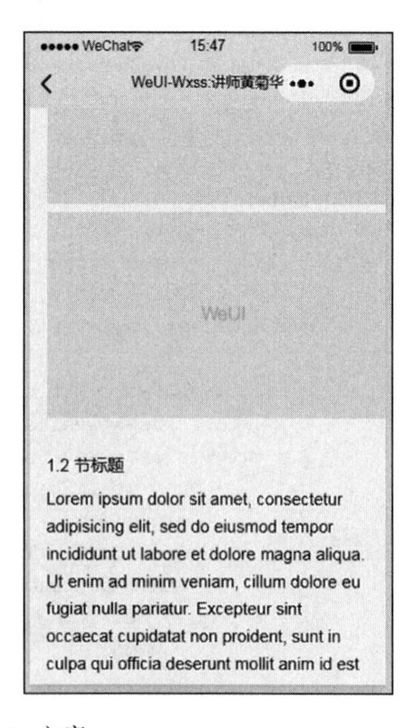

图 17-3 article 文章

17.1.4 badge 徽章

.wxml 文件代码示例如下：

```
<view class="page">
  <view class="page__hd">
    <view class="page__title">Badge</view>
    <view class="page__desc">徽章</view>
  </view>

  <view class="page__bd">
    <view class="weui-cells__title">新消息提示跟摘要信息后，统一在列表右侧</view>
    <view class="weui-cells weui-cells_after-title">
      <view class="weui-cell weui-cell_access">
        <view class="weui-cell__bd">单行列表</view>
        <view class="weui-cell__ft weui-cell__ft_in-access" style="font-size: 0">
               <view style="display: inline-block;vertical-align:middle; font-size:
                 17px;">详细信息</view>
               <view class="weui-badge weui-badge_dot" style="margin-left: 5px;margin-
                 right: 5px;"></view>
            </view>
          </view>
      </view>

      <view class="weui-cells__title">未读数红点跟在主题信息后，统一在列表左侧</view>
      <view class="weui-cells weui-cells_after-title">
          <view class="weui-cell">
              <view class="weui-cell__hd" style="position: relative;margin-right: 10px;">
                  <image src="/images/pic_160.png" style="width: 50px; height: 50px;
                    display: block"/>
                  <view class="weui-badge" style="position: absolute;top: -.4em;right:
                    -.4em;">8</view>
              </view>
              <view class="weui-cell__bd">
                  <view>联系人名称</view>
                  <view style="font-size: 13px;color: #888888;">摘要信息</view>
              </view>
          </view>
          <view class="weui-cell weui-cell_access">
              <view class="weui-cell__bd">
                  <view style="display: inline-block; vertical-align: middle">单行列表</
                    view>
                  <view class="weui-badge" style="margin-left: 5px;">8</view>
              </view>
              <view class="weui-cell__ft weui-cell__ft_in-access"></view>
          </view>
          <view class="weui-cell weui-cell_access">
              <view class="weui-cell__bd">
                  <view style="display: inline-block; vertical-align: middle">单行列表</
                    view>
                  <view class="weui-badge" style="margin-left: 5px;">8</view>
```

```
                </view>
                <view class="weui-cell__ft weui-cell__ft_in-access">详细信息</view>
            </view>
            <view class="weui-cell weui-cell_access">
                <view class="weui-cell__bd">
                    <view style="display: inline-block; vertical-align: middle">单行列表</view>
                    <view class="weui-badge" style="margin-left: 5px;">New</view>
                </view>
                <view class="weui-cell__ft weui-cell__ft_in-access"></view>
            </view>
        </view>
    </view>
</view>
```

微章效果如图 17-4 所示。

17.2 WxParse 解析富文本（html）代码

微信小程序支持富文本编辑器代码，我们这里使用 WxParse 插件。

步骤 1：WxParse 插件下载地址 https://github.com/icindy/wxParse，成功解压后，如图 17-5 所示。

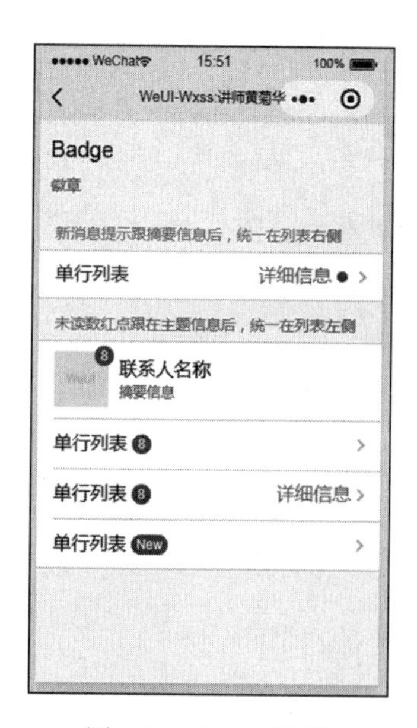

图 17-4 badge 徽章

image	alpha 0.1
pages	1.增加简易table的支持
screenshoot	增加流程图
utils	休整代码
wxParse	1.增加简易table的支持
.travis.yml	travis
LICENSE	Initial commit
README.md	补充信息
app.js	alpha 0.1
app.json	添加实验室demo
app.wxss	修改及增加标签

图 17-5 WxParse 插件

步骤 2：将 WxParse 文件夹粘贴到项目，文件夹如图 17-6 所示。

步骤 3：引入文件。

index.js 文件引入，代码示例如下：

```
var WxParse = require('../wxParse/wxParse.js');

onLoad: function (e) {
    var article = '<div>我是HTML代码<img src="http://image.
      chunshuitang.com/goods/401078.jpg"></img></div>';
     WxParse.wxParse('article', 'html', article, that,
5);    //实例化对象
},
```

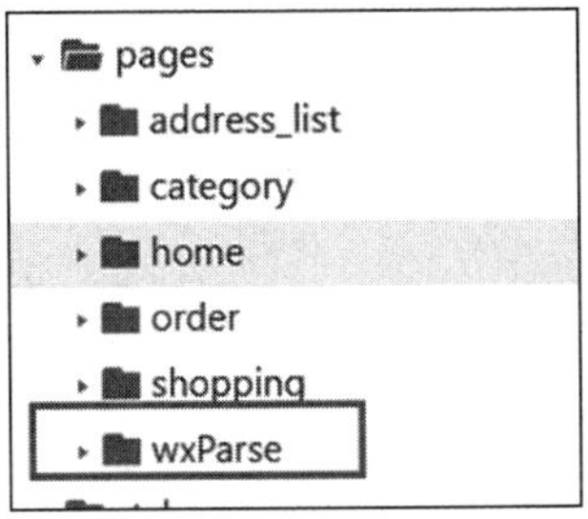

index.wxss 引入默认样式，代码示例如下：

```
@import "../wxParse/wxParse.wxss";
```

图 17-6 WxParse 文件夹内容

index.wxml 直接使用，代码示例如下：

```
<import src="../wxParse/wxParse.wxml" />    //引入文件
<view class="content {{tabArr.curBdIndex=='0'? 'active' : ''}}">
  <template is="wxParse" data="{{wxParseData:article.nodes}}">
</view>    //这段放入需要显示的位置
```

在实际应用中，wx.request 和 WxParse 一起使用有可能会出现，ajax 请求属于同步与异步的问题，解决该问题的代码示例如下：

```
onLoad: function (e) {
  //设置全局变量 商品id
  var that = this;
  that.gid = e.gid;

  //获取详情
  that.requestGoodsInfo(that.gid);
  //console.log(that.data);

  //如果wxparse放这里，会出现数据为空（ajax异步这里是没有数据的）；
   //var article = '<div>我是HTML代码<img src="http://image.chunshuitang.com/
goods/401078.jpg"></img></div>';
  //WxParse.wxParse('article', 'html', article, that, 5);
  },

  //获取详情
  requestGoodsInfo:function(gid){
    var that = this;
    var goodsInfo = api.url.goodsInfo;
    //console.log(goodsInfo);
    wx.request({
      url: "https://api.xxx.com/goods/index",
      method:'get',
      data:{gid:gid},
      success:function(res){
        //console.log(res.data.data);
        if(res.data.code ==0){
          that.setData({
            goods: res.data.data
```

```
            })
              //这里是完美方案
            //var  article  =  '<div>我是HTML代码<img  src="http://image.chunshuitang.
              com/goods/401078.jpg"></img></div>';     //这里是文字版
            var article = res.data.data.content;      //这里是ajax请求数据
            WxParse.wxParse('article', 'html', article, that, 5);
          }else{
            wx.showLoading({
              title: '数据出现故障',
              duration: 1000,
            })
          }
        },
        fail:function(){
          wx.showLoading({
            title: '网络出现故障',
            duration: 1500
          })
        }
      })
    },
```

1. 远程数据

远程复杂数据的解析和使用。数据地址：http://gs.8895.org/m/wx_api_CpInfo.asp?id=32

代码示例如下：

```
<p style='font-family:宋体, Arial, Helvetica, sans-serif;background-color:#FFFFFF;'>
  适用于单层和多层饼干、夹心饼干、苏打饼干、面包干、威化饼等的自动供料包装。
</p>
<p style='font-family:宋体, Arial, Helvetica, sans-serif;background-color:#FFFFFF;'>
  <img  src='http://gs.8895.org/kindeditor/attached/image/20181125/20181125102539383938.
    jpg' alt='' />
</p>
<p style='font-family:宋体, Arial, Helvetica, sans-serif;background-color:#FFFFFF;'>
  性能特点：
</p>
<p style='font-family:宋体, Arial, Helvetica, sans-serif;background-color:#FFFFFF;'>
  <strong>—可同时喂料多种口味的物料</strong>
</p>
<p style='font-family:宋体, Arial, Helvetica, sans-serif;background-color:#FFFFFF;'>
  <em>—同步性好，喂料快、误差小</em>
</p>
<p style='font-family:宋体, Arial, Helvetica, sans-serif;background-color:#FFFFFF;'>
  <u>—供料输送机速度与包装机同步控制</u>
</p>
<p style='font-family:宋体, Arial, Helvetica, sans-serif;background-color:#FFFFFF;'>
  <br />
</p>
<p style='font-family:宋体, Arial, Helvetica, sans-serif;background-color:#FFFFFF;'>
  <br />
</p>
```

2. 小程序实战

远程复杂数据解析的最终效果如图 17-7 所示。

.js 文件代码示例如下：

```
/*页面的初始数据 */
  data: {
    tmp1:"",
    hidden:false
  },
  /*生命周期函数--监听页面加载*/
  onLoad: function (options) {
    var that=this;
    wx.request({
      url: 'http://gs.8895.org/m/wx_api_CpInfo.asp?id=32',
      success:function(res)
      {
        console.log(res.data)
        that.setData({
          //tmp1: res.data
        })

        var article = res.data;      //这里是ajax请求数据
        WxParse.wxParse('article', 'html', article, that, 5);

        setTimeout(function () {
          that.setData({
            hidden: true
          })
        }, 500)
      }
    })
  },
```

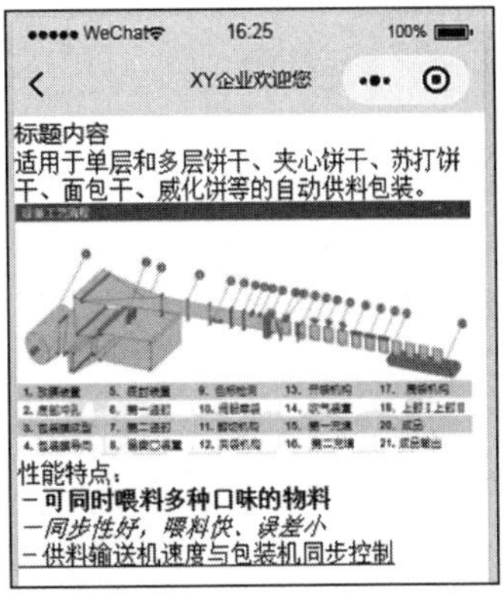

图 17-7　远程复杂数据的解析

.wxml 文件代码示例如下：

```
<import src="../../wxParse/wxParse.wxml"/>

<view>
  <text>{{tmp1}}标题内容</text>
</view>

<view  class=" bianju content {{tabArr.curBdIndex=='0'? 'active' : ''}}">
    <template is="wxParse" data="{{wxParseData:article.nodes}}" />
</view>

<loading hidden="{{hidden}}">
 加载中...
</loading>
```

.wxss 文件代码示例如下：

```
@import "/wxParse/wxParse.wxss";
```

推荐阅读

Design Strategies from Silicon Valley
硅谷设计之道
探寻硅谷科技公司的体验设计策略

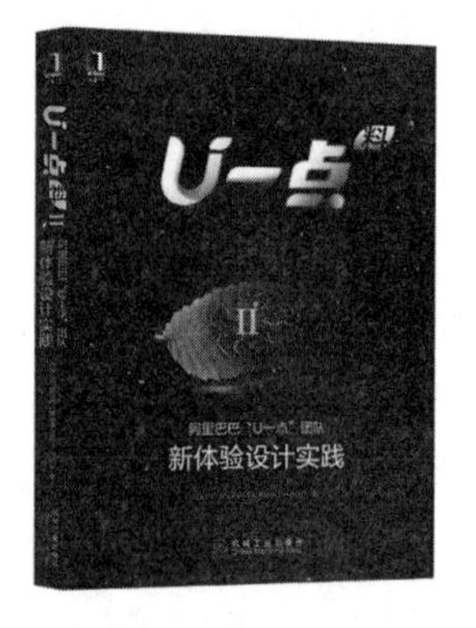
U一点
II
阿里巴巴"U一点"团队
新体验设计实践

THE ESSENCE of ALIPAY DESIGN
支付宝体验设计精髓
AUX

THE JOY OF UX
用户体验乐趣多

视觉链
VISUAL LINK

好设计，有方法
我们在搜狐做产品体验设计
Good Method, Good Design

Steve Krug
DON'T MAKE ME THINK
原书第3版
Third Edition
点石成金
访客至上的Web和移动可用性设计秘笈
A Common Sense Approach to Web Usability

用户体验要素
THE ELEMENTS OF USER EXPERIENCE
以用户为中心的产品设计

Quantifying the User Experience
用户体验度量
量化用户体验的统计学方法
（原书第2版）

推荐阅读

UX权威指南：确保良好用户体验的流程和最佳实践

作者：Rex Hartson；Pardha Pyla ISBN：978-7-111-55087-7 定价：129.00元

成功的用户体验：打造优秀产品的UX策略与行动路线图

作者：Elizabeth Rosenzweig ISBN：978-7-111-55440-0 定价：59.00元

交互系统新概念设计：用户绩效和用户体验设计准则

作者：Avi Parush ISBN：978-7-111-55873-6 定价：79.00元

用户至上：用户研究方法与实践（原书第2版）

作者：Kathy Baxter, Catherine Courage, Kelly Caine ISBN：978-7-111-56438-6 定价：99.00元

推荐阅读

“微商”系列图书：为各个阶段、各种形式的微商提供最佳指导方案